SHIYONGJUN GONGCHANGHUA
SHENGCHAN ZHILIANG ZHUISU
GUANJIAN JISHU JI YINGYONG

食用菌

工厂化生产质量追溯
关键技术及应用

王风云 等 著

中国农业出版社
农村读物出版社
北 京

著 者 名 单

著 者 王风云 王 磊 王 帅
万鲁长 何青海

前 言
FOREWORD

当前，我国经济社会发展在新时期已经进入了新的发展阶段，经济新常态成为目前的发展模式，经济的增长速度逐渐减缓，从高速转变为中高速发展，将经济增长的速度转变为经济发展的质量，实现高质量发展。在这种背景下，如何实现增加农民收入、提高农民生活水平、巩固第一产业的基础地位，成为需要思考的重要问题。然而，当前我国农业发展情况不容乐观，农产品种植者进行农业生产工作的成本大幅度增长，我国农产品与国际农产品相比，价格普遍较高，使我国农产品竞争力不足。同时，农产品保护政策不够完善，资源在过度开发的情形下越来越紧缺，农业生产的健康、绿色、可持续化的道路受到威胁，农产品质量安全的有效供给受到挑战。

农产品质量和食品安全问题与人民群众的幸福息息相关，多年来一直是党和政府关注的重点。2016年12月31日的中央1号文件提出，要从9个方面推动农产品质量安全、提高群众食品安全水平。2017年11月，党的十九大报告指出："实施食品安全战略，让人民吃得放心"。2018年11月，农业农村部《关于农产品质量安全追溯与农业农村重大创建认定、农产品优质品牌推选、农产品认证、农业展会等工作挂钩的意见》要求各级农业农村部门要充分认识开展追溯工作挂钩的重要意义。提出新时代推动我国农业高质量发展，实现质量兴农、绿色兴农和品牌强农的任务要求，为实现农产品质量安全监管体系和监管能力现代化的体制机制创新提供了宏观指导。2019年12月，司法部出台《中华人民共和国食品安全法实施条例》明确规定，食品生产经营者应当建立食品安全追溯体系，依照食品安全法的规定如实记录并保存进货查验、出厂检验、食品销售等信息，保证食品可追溯，更好地保障人民群众"舌尖上的安全"。

食用菌味道极其鲜美，营养丰富，素有"山中之珍"的美称，不仅富含蛋白质、维生素及氨基酸，还具有抗癌以及强化免疫功能。中国是认识和栽培食用菌最早、栽培种类最多的国家。近年来，随着人们生活水平的不断提高和食物结构的变化，高血压、糖尿病等慢性疾病的患病率大大增加，因而使对人体有着独特保健功能的菌类食品越来越受到人们的青睐，食用菌成为中国人餐桌上的新宠。联合国强调"科学饮食视域下，一荤一素一饭的时代已经过去了，取而代之的是一荤一素一饭一菇"，国际市场对食用菌的需求也在不断上升。

在我国政府一系列方针政策的指引下，食用菌产业迎来了前所未有的良好机遇。全国已建立数千个食用菌种植村、数百个食用菌种植基地县，工厂化生产食用菌也逐步成熟。生产及加工技术的进步，带动食用菌消费量的增长，专业化的食用菌交易市场应运而生，完善了食用菌流通环节，促进了国内乃至国际贸易量的提升。作为食用菌的生产以及出口大国，社会各界越来越重视我国食用菌的食品安全问题。

基于大数据、区块链、计算机等现代信息技术的可追溯系统不仅能对食用农产品追根溯源，也能做到有效监管，从而大大提高食用农产品的安全质量，在解除百姓日常生活中顾虑的同时，提升人民群众的生活质量，实现对投入市场的食用农产品顺向可追踪、逆向可溯源、风险可管控、产品可召回、责任可追究，使食用农产品安全问题从源头上得到有效解决。

本书共分8章。第一章为绪论，介绍了可追溯系统产生的背景、农产品跟踪与追溯系统的含义及其分类、标准对可追溯性的要求、可追溯系统的目标、建立可追溯体系的原则和可追溯体系的设计。第二章为食用菌追溯信息指标模型，分析追溯信息指标模型，以确认追溯信息指标选择和评估方法的科学性，制定覆盖生产全过程、实用性较强的追溯信息，为基于区块链的食用菌工厂化追溯体系提供有效的理论支撑。第三章为食用菌追溯信息采集技术，包括生长环境感知、基质信息感知、子实体生长感知及工厂化作业装备参数感知。第四章为食用菌追溯信息传输技术，包括射频识别技术、GPRS 无线通信技术、无线宽带、NFC 和蓝牙等无线方式以及 RJ-45/USB/RS232/RS485 等有线方式。第五章为区块链相关技术与溯源，对区块链的概念、区块链的发展历程、区块链的类型、区块链的特征、区块的结构及原理、基础架构模型进行了详细阐述，接着对 Hyperledger Fabric 技术进行详细分析，包括 Fabric 的逻辑架构、事务流、特点、共识算法以及应用开发。第六章为追溯中的防伪认证技术，主要介绍追溯系统实现过程中利用的防伪认证技术，包括数字签名技术、哈希算法、图像隐藏技术和二维码技术。第七章为追溯系统开发相关技术，介绍可追溯软件开发需要的 Web 端和移动端技术。Web 端技术包括前端开发技术、后台开发技术、前后端分离技术以及 Web 集成开发工具。移动端技术包括原生 App、Web App 和混合 App 技术。第八章为基于区域链的食用菌工厂化追溯系统研发，包括系统总体架构设计、系统功能模块设计、系统数据库设计、追溯系统防篡改详细设计与实现和系统部署。

　　本书的出版得到了多方的支持和帮助，凝聚了众多同志的智慧和见解。感谢山东省农业科学院封文杰、郑纪业、任鹏飞、任海霞，山东省农业机械科学研究院郭洪恩、褚幼辉，山东农发菌业集团有限公司周元科、陈利民、刘霞等相关课题研究人员在工作中的付出和努力。感谢赵一民先生的大力帮助。

　　由于本书内容涉猎面广，加之现代信息技术、大数据、区块链等技术创新和实践应用发展迅速，限于笔者的知识水平，不妥和错误之处在所难免，诚恳希望同行和专家批评指正，以便今后完善和提高。

著　者

2022 年 10 月

目 录
CONTENTS

第一章

绪　　论

人类文明的健康可持续发展离不开食物，食品安全涉及成千上万的家庭，是国民经济以及民生稳定可持续发展的保障。近年来，频频出现在新闻报道里的食物中毒事件，使得食品安全成为首要要求。借助信息技术对食品的生产、检验、监测以及消费进行安全监测，记录数据的使用可以跟踪产品的过去以及现在，让消费者能够了解符合健康和安全要求的食品生产和分配过程，并增强消费者的信心。同时，一旦出现问题，方便企业查找问题，对问题产品进行召回或撤回，减少危害。本章介绍可追溯系统产生的背景、农产品跟踪与追溯系统含义及其分类、标准对可追溯性的要求、可追溯系统的目标、建立可追溯体系的原则和可追溯体系的设计。

第一节　可追溯系统背景

可追溯系统的产生起因于 1996 年英国疯牛病引发的恐慌（图 1-1），另两起食品安全事件——丹麦的猪肉沙门菌污染事件和苏格兰大肠杆菌事件也使得欧盟消费者对政府食品安全监管缺乏信心。但这些食品安全危机也促进了可追溯系统的建立。

图 1-1　疯牛病

食品可追溯性（food traceability）最初是由法国等欧盟国家在国际食品法

典委员会（CAC）生物技术食品政府间特别工作会议上提出的，旨在作为风险管理的措施，一旦发现危害人类健康安全问题时，可按照从原料到成品再到最终消费过程中各个环节所记载的信息追踪流向，召回未消费的食品，撤销上市许可，切断源头，消除危害，减少损失。为了提高消费者的安全信心以及畜产品的地区和品牌优势，世界各国争相发展和实施家畜标识制度和畜产品追溯体系，有的已立法强制执行。

1. 中国

21世纪初，我国开始重视对于农产品的跟踪和溯源体系的研究，并且制定了相关的制度指南。在研究过程中，我国充分对国外的相关追溯制度进行研究，并且出台了《出境水产品溯源规程（试行）》。

2006年6月，农业部（现农业农村部）发布《畜禽标识和养殖档案管理办法》，为"国家实施畜禽标识及养殖档案信息化管理，实现畜禽及畜禽产品可追溯"提供技术支撑。

2011年10月，商务部发布《关于"十二五"期间加快肉类蔬菜流通追溯体系建设的指导意见》（商秩发〔2011〕376号），要求"加快建设完善的肉类蔬菜流通追溯体系"。

2012年3月，农业部发布《关于进一步加强农产品质量安全监管工作的意见》（农质发〔2012〕3号），提出"加快制定农产品质量安全可追溯相关规范，统一农产品产地质量安全合格证明和追溯模式，探索开展农产品质量安全产地追溯管理试点"。

2014年1月，农业部发布《关于加强农产品质量安全全程监管的意见》（农质发〔2014〕1号），提出"加快建立覆盖各层级的农产品质量追溯公共信息平台，制定和完善质量追溯管理制度规范，以点带面，逐步实现农产品生产、收购、储藏、运输全环节可追溯"。

2014年11月，农业部发布《关于加强食用农产品质量安全监督管理工作的意见》（农质发〔2014〕14号），提出"农业部门要按照职责分工，加快建立食用农产品质量安全追溯体系，逐步实现食用农产品生产、收购、销售、消费全链条可追溯"。

另外，我国物品编码中心还进一步编制了《牛肉制品溯源指南》，对于相关工作规定了具体的管理程序。

各地根据工作实践也出台了一些地方性法规，如上海市2001年发布《上海市食用农产品安全监管暂行办法》（2004年修订），要求"生产基地在生产活动中，应当建立质量记录规程，保证产品的可追溯性"；甘肃省2014年1月发布《甘肃省农产品质量安全追溯管理办法（试行）》；陕西省标准化研究院在充分调研的基础上制定了《牛肉质量跟踪与溯源系统实用方案》，对牛肉质量进行更为全面的把关等。

2. 加拿大

2008 年，加拿大有 80％的农业食品联合体实行农产品可追溯行动，推进"品牌加拿大"战略。加拿大强制性的牛标识制度于 2002 年 7 月 1 日正式生效，要求所有的牛采用 29 种经过认证的条形码、塑料悬挂耳标或两个电子纽扣耳标来标识初始牛群。据报道，生产商已经售出 1 200 万只耳标，而加拿大有 1 300 万头牛。

3. 日本

日本政府已通过新立法，要求肉牛业实施强制性的零售点到农场的追溯系统，系统允许消费者通过互联网输入包装盒上的牛身份号码，获取他们所购买的牛肉的原始生产信息。作为对疯牛病的反应，该法规要求日本肉品加工者在屠宰时采集并保存每头家畜的 DNA 样本。但是，日本政府没有要求进口肉类的可追溯。

4. 澳大利亚

澳大利亚 70％的牛肉产品销往海外，对欧盟市场外贸出口值为 5 200 万澳元。国家牲畜标识计划（NLIS）是澳大利亚的家畜标识和可追溯系统，它是一个永久性的身份系统，能够追踪家畜从出生到屠宰的全过程。

5. 荷兰

荷兰建立了禽与蛋商品理事会的综合质量系统（IKB），它是一种质量控制系统，其目的是保证生产链中所有重要活动都在受控情况下进行。为此，在 IKB 范围的所有涉及禽肉和禽蛋生产、加工和销售的部门都必须为其业务操作方式提供保证。这点适用于家禽饲养场、饲料供应商、兽医师和产品加工商。每一生产链各自都有专门的 IKB 规章制度。IKB 最终目的是对消费者保证产品的安全性，其核心在于贯穿整个生产链的信息交换。IKB 有关家禽的各种情况（一般和特殊）都有书面记录。参加 IKB 的公司必须在所有时间都能体现出它们是根据 IKB 规章制度进行操作的，这就是说它们应有记录在案，必须在任何时候接受检查。参加 IKB 的畜牧场只准使用来自 GMP（认证的供应商和动物饲料良好生产操作规范）的饲料和只准聘用认可的兽医师。兽医师应根据 GVP（良好兽医操作规范）指南开展工作。屠宰厂则必须把 GHP（良好卫生操作规范）标准与有关转运中的动物福利特别条款相结合起来。

6. 英国

英国政府建立了基于互联网的家畜跟踪系统（CTS），这套家畜跟踪系统是家畜辨识与注册综合系统的四要素之一。在 CTS 系统中，与家畜相关的饲养记录都被政府记录下来，以便这些家畜可以随时被追踪定位。家畜辨识与注册综合系统的四要素是标牌、农场记录、身份证和家畜跟踪系统。

标牌：每头家畜都有唯一的号码，家畜号码一般通过两只耳朵的耳标来进行记录。

农场记录：农场必须记录有关家畜出生、转入、转出和死亡的信息。

身份证：1996 年 7 月 1 日出生后的家畜必须有身份证来记录它们出生后的完整信息，在此之前的家畜由 CTS 来颁发认证证书。

家畜跟踪系统：它记录了获得身份证的家畜从出生到死亡的转栏情况。农场主可以通过 CTS 在线网络来登记注册他们新的家畜，也可以查询他们拥有的其他家畜的情况。CTS 系统可以查询如下信息：查询在栏的家畜情况；查询任一头家畜的转栏情况；对处于疾病危险区的家畜进行跟踪；为家畜购买者提供质量担保，并以此来提供消费者对肉制品的信心。

7. 欧盟

欧盟要求大多数国家对家畜和肉制品开发实施强制性可追溯制度。欧盟的畜体身份和登记系统由包含唯一的个体注册信息的耳标、出生、死亡和迁移信息的计算机数据库、动物护照以及农场注册机构组成。此外，从 2002 年 1 月 1 日起，要求所有店内销售的产品必须具有可追溯标签的规定开始生效，要求所有欧盟牛肉产品的标签必须包含如下信息：出生国别、育肥国别与牛肉关联的其他畜体的引用数码标识、屠宰国别以及屠宰厂标识、分割包装国别以及分割厂的批准号和是否欧盟成员国生产等重要信息。在欧盟，家畜标识和注册系统已经实施，提供动物产品源头追踪，饲料和饲养操作透明公开。

8. 美国

美国是高度发达的国家，对于食品安全的重视程度非常高，并且同样推出了农产品可跟踪与追溯系统。美国的该追溯系统是由企业资源建立的，政府在整个过程中并不起主导作用，只起到了促进作用，该系统实际上是由美国行业协会和企业共同建立起来的。并且，来自协会、组织和畜牧业专业人员共同组成了家畜开发标识小组，共同制定了该追溯工作计划，目的是更好、更及时地发现外来疾病，确保能够及时将疾病扼杀在源头，不让疾病扩散。2003 年，美国的 FDA 出台了《食品安全跟踪条例》，要求企业对于食品相关的事项进行全过程的记录。

第二节　农产品跟踪与追溯系统

一、农产品可追溯系统的含义

可跟踪与追溯系统是一种以信息处理为技术基础，增进产品质量为目的的质量安全保障体系。根据传递信息方向的不同，将整个系统分为上游和下游跟踪两方面，如图1-2所示。

图1-2 可追溯系统的跟踪与追溯过程

其中，上游追溯是对某个产品来源进行记录和追溯的能力，而下游跟踪是从供应链的上游至下游跟随某个产品单元通过供应链参与方之间运行路径的能力。

二、可追溯系统与供应链

供应链是围绕核心企业，通过对信息流、物流、资金流的控制，对各个环节从原材料的采购开始，最后把产品送到消费者手中，同时将生产商、分销商、供应商、零售商、制造商和消费者连成一个整体的功能网络结构模式。一条典型的供应链包括信息流、物流和资金链。

如图1-3所示，资金流是从消费者到供应商的单向流动，物流是从供应商到消费者的单向流动，信息流是双向流动。从供应链的角度分析，可跟踪与追溯系统的对象就是供应链中的信息流，通过对信息的识别、记录等一系列操作来加强对农产品的质量控制。尤其是当农产品出现安全问题时，可以利用农产品跟踪与追溯系统的查询功能，结合相关法规和合同文本的规定，明确企业的责任和义务，对有问题的产品进行及时召回，对企业制定针对性的惩罚措施和改进对策。

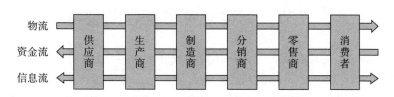

图1-3 供应链中的资金流、信息流和物流

三、农产品跟踪与追溯系统

农产品供应链由不同的环节和组织载体构成：产前种子、饲料、活体牲畜等生产资料的供应环节，到产中种养、生产加工环节，再到产后包装、存储、流通、销售环节，最后进入消费者手上。

农产品可跟踪与追溯系统是产品可追溯性在农产品质量安全管理方面的应用，它是农产品供应链上对各种产品信息进行搜集、记录、存储和传递的质量安全保障体系，实施农产品可跟踪与追溯系统的目的在于刺激食品企业生产优质安全农产品，控制食源性疾病的危害范围，增进农产品质量安全。

四、农产品跟踪与追溯系统分类

从追溯的范围来进行分析，则该追溯系统可以分为全程和内部追溯两种。食用菌内部跟踪与追溯的具体过程如图 1-4 所示，这一追溯只是在食用菌生产企业内部进行，对于企业外部不进行追溯。在这种追溯之下，食用菌每个关键环节都是需要被追溯的点。内部跟踪与追溯体系是食用菌质量控制系统的重要组成部分。

图 1-4　食用菌内部跟踪与追溯过程

全程追溯是对整个供应链进行监管，对于涉及的每个企业的产品信息进行跟踪和追溯（图 1-5）。全程追溯模式下，企业的原材料、半成品都是追溯点。全程追溯是产品供应链管理的核心内容之一。

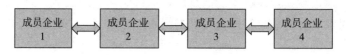

图 1-5　供应链上的全程追溯

第三节　标准对可追溯性的要求

ISO 22000：2018（E）要求可追溯系统能够唯一地识别出从供应商的材料来源到终端产品初始分销的路径，并且能够考虑到终端产品有关的所接收原料、辅料和中间产品的批次与终端产品的关系，产品/原料的返工和终端产品的分销路径。在这一过程中，应确保组织和追溯系统符合法律法规和客户的要求，并且保留一定时间的追溯证据，至少要到产品的保证期，即整体的生命周期。组织要验证可追溯系统的有效性，必要的时候，验证计划应当包括确认终端产品数量和原辅材料数量之间的关联和一致性。

可追溯系统的建立是为了保证组织食品安全管理体系持续改进以及能够及时召回、撤回不安全产品，消除危害。通过可追溯系统的建立，可以对发现的问题及相应产品进行系统的原因分析，实现生产过程的改进，可以及时召回、撤回问题产品，避免对消费者造成危害，对组织的产品信誉造成不利影响。

追溯应沿着整个食品链过程，针对组织生产的产品要求能够从原料追溯到最终消费者，生产过程通过产品的标识和工艺流程单、生产记录可以追溯到加工过程影响产品安全的生产过程数据。例如，批产品的原料来源，原料检测报告，加工周期、班组、生产线，关键工序操作人员，生产过程工艺参数。

流通过程通过产品标识、合格证明、发货记录和财务台账追溯到不同的批次产品、分销区，实现终端产品由消费到生产过程，再由生产过程到原料来源的系统追溯，如图1-6所示。

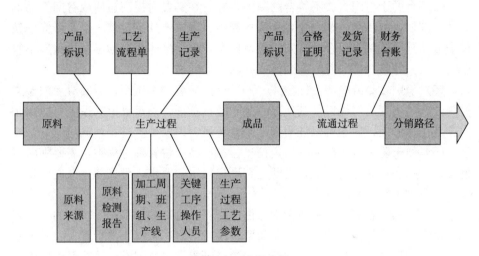

图1-6　追溯流程

记录保持是实现产品可追溯性目的的最主要的方式，通常记录保存期应不少于产品的保质期或货架期，法律法规和顾客有要求时，应满足其记录保持要求。

《中华人民共和国食品安全法》第五十条"食品生产企业应当建立食品原料、食品添加剂、食品相关产品进货查验记录制度，如实记录食品原料、食品添加剂、食品相关产品的名称、规格、数量、生产日期或者生产批号、保质期、进货日期以及供货者名称、地址、联系方式等内容，并保存相关凭证。记录和凭证保存期限不得少于产品保质期满后六个月；没有明确保质期的，保存期限不得少于二年。"

第四节　可追溯系统的目标

可追溯系统是帮助食品链各个组织实现食品安全管理体系所确定目标的有效工具。目标如下：

（1）支持食品安全或质量目标。整个食品链任一个环节，产品质量都会为下一个环节提供前提条件，因此产品的安全和质量指标、目标和稳定性在可追溯体系中具有传导性与影响力，支持了食品链下一个环节的食品安全和质量目标。

（2）满足客户要求。组织的可追溯体系要考虑客户的要求，并且传导和满足客户的要求。

（3）证明产品的来源，确定产品在食品链中的位置。可追溯体系具备快捷、实时、高效证明产品来源的特点，随时确定其在食品链中的位置。

（4）有助于组织查找不符合的原因，并且在必要时提高撤回或召回产品的能力。例如，肉制品生产企业要从畜禽养殖、屠宰、加工、储运以及最终消费整个食品链中控制不符合肉类安全质量危害，可追溯体系有助于查找这些不符合的原因，并且在必要时提高撤回或召回产品的能力。

（5）识别食品链中的责任主体。一旦有产品离开本组织，需要对无法亲自控制的产品出现的污染以及其他的一些问题负责任，通过可追溯系统可以保护生产者免除责任，记录可以证明产品来自哪里，以及生产过程、流向何方。

（6）便于验证有关产品的特定信息。在产品质量管理过程中，需要随时对过程、产品和特性进行验证，判断是否满足规定的要求，可追溯体系便于这些操作，及时了解控制的操作。

（7）与利益相关方和消费者沟通信息。产品可追溯体系作为市场的一个工具，跟产品利益相关的相关方以及消费者沟通信息，来解决消费者关心的可追溯性信息。例如，牛肉的加工，可以向消费者提供一个网站，消费者可以输入产品的代码或密码，来获取养殖过程中的位置、农场主以及肉类主体的性别、体重、屠宰的相关信息，让消费者更好地了解相应的食品安全。

（8）满足所在国家或国际法规的要求。

（9）提高组织的效率和盈利能力。

第五节　建立可追溯体系的原则

1. 可验证

养殖、运输、屠宰、加工、储藏和流通，可追溯体系的任何过程、环节都应可以随时进行验证，确立其符合性。

2. 连贯合理应用

可追溯体系是连续性的、可逆的，符合生产流程的，而不是脱离生产实际的分支。

3. 注重结果

可追溯体系的应用，最终是为了监控、验证产品的质量，及时发现、确立、纠正不符合流程的产品，强调其实施的结果。

4. 成本经济性

实施可追溯体系，考虑到成本经济性，体系的建立既不能复杂，又要考虑经济、适用，具备可操作性。

5. 实用性

可追溯体系需要第一线的生产者、操作者去实施，其效果通过快捷、准确的方式实现，因而应具备实用性。

6. 合规性

体系的建立应符合《中华人民共和国农产品质量安全法》《中华人民共和国食品安全法》及有关标准和食品召回管理规定的要求。

7. 符合预期的准确度

准确性是可追溯体系建立的根本，没有预期的准确性，体系的实施就失去了意义。

第六节　可追溯体系的设计

可追溯体系的设计主要包括：识别其可追溯体系的目标；识别其可追溯体系需要满足的相关法规和政策要求；识别其可追溯体系目标中的产品或成分；在食品和饲料链中所处的位置，至少应通过识别供应方和顾客来确定其在食品链中的位置；以满足可追溯性目标要求的方式，确定和证明其所控制的物料流向；为实现可追溯目标，应明确信息需求；建立程序文件要求和食品链各环节协调。

1. 识别可追溯体系的目标

首先，建立并实施可追溯体系来确保能够识别产品批次以及原料批次生成的交付记录关系；其次，可追溯体系应该能够识别直接供方的供料和终产品初始分销的途径；最后，可追溯体系应该按照规定的期限保持可追溯性的记录，以便于对体系进行评估潜在的不安全产品的处理，产品撤回时也应该按照规定的期限保持记录，可追溯系统记录应符合法律法规的要求和顾客的要求。

2. 建立程序

程序是为进行某项活动或过程所规定的途径。可追溯体系的程序至少应包括产品定义、批定义及其识别、物料流向文件、包括记录保持媒介在内的信息、数据管理和记录规则、信息检索规则。

在建立和实施可追溯体系时，有必要考虑组织现有的操作和管理体系。需要时，管理可追溯信息的程序应包括物料和产品信息流向的记录及链接方法。应在可追溯体系中建立处理不符合的程序，这些程序应包括纠正和纠正措施。

3. 文件要求

为实现可追溯体系目标文件至少应包括：食品链中相关步骤描述，追溯数据管理的职责描述，记录可追溯性活动和制造工艺、流程、追溯验证及审核结果的书面或记录信息，管理与建立的可追溯体系有关的不符合所采取措施的文件和记录保持时间。

文件控制管理，应确保对所提出的更改在实施前加以评审；文件发布前得到批准，以确保文件的充分与适宜，必要时对文件进行评审与更新，并再次批准；确保文件清晰，其更改和现行修订状态得到识别；确保在使用时获得适用文件的有关版本，外来文件得到识别，并控制其分发；防止作废文件的非预期使用，若因任何情况而保留作废文件时，确保对这些文件进行适当标识。

记录管理应建立并保持记录，以提供符合要求的证据；记录应清晰，易于识别和检索；应规定记录的标识、储存、保护、检索、保存期限和处理所需的控制。

4. 标签与记录

标签与记录是实现产品可追溯最简单有效的手段。表 1-1 反映了一个从原辅料及包装材料验收、入库、领用，生产计划，到生产过程再到销售全过程的追溯流程所需要的标识和记录。

表 1-1　追溯流程标识与记录

流程	标识	记录	备注
原辅料及包装材料验收	采购产品标签：生产组织名称、产品名称、产品批号	入库记录、验收记录中记录此批原料唯一性标识（如批号和入库时间等）	因多数产品是以生产日期作为生产的批号，组织可以给不同产地、不同品种的采购原辅料增加前缀以示区别
生产计划		合同号或生产批号、原料批号	
原辅料及包装材料领用	领用品标签：生产组织名称、产品名称、产品批号	出库记录：原料批次或其他唯一性代码、记录时间	
腌制过程	腌制标签：腌制缸号、品名、合同号或生产批号、腌制时间	配料记录：合同号或生产批号、配料、时间、配料人	

（续）

流程	标识	记录	备注
封口过程	杀菌笼标签：第一罐封口时间、最后一罐封口时间	封口记录：品名、合同号或生产批号、"三率"监测数据、时间、班组	
杀菌过程		杀菌记录：杀菌锅号、品名、合同号或生产批号、杀菌工、时间	
产品库房堆码1	标签：检验状态、品名、合同号或生产编号、杀菌锅号		
喷码	生产日期、生产批号		
贴标	生产日期、生产批号		
产品库房堆码2	标签：检验状态、品名、生产组织名称、地址、合同号或生产批号		
装箱	合格证：检验员代码、工作时段代码		时段代码与杀菌锅码对应
外箱印刷	生产批号、箱号、时间	装箱记录：品名、规格、合同号或生产批号时段代码、杀菌锅代码	
产品库房堆码3	标签：合同号或生产批号、入成品库时间，包装箱不能区别产品时品名、规格	库房堆码记录：位置、品名、合同号或生产批号	
销售		销售合同：合同号、品名、规格、时间、销售对象	
出库		出库单：合同号、品名、规格、销售对象。出库记录：合同号、生产批号、箱号范围	

第二章
食用菌追溯信息指标模型

　　追溯信息是食用菌工厂化生产质量追溯体系的数据主体。追溯信息指标模型的建立，首先依据已有的相关标准规范，并阅读相关文献分析食用菌质量安全的基础追溯单元。然后根据危害分析与关键点控制（hazard analysis and critical control point，HACCP）管理体系进行危害性分析，得出食用菌工厂化生产过程中的关键控制点；在基础追溯单元和关键控制点分析基础上，结合食用菌工厂化生产技术标准分析质量检测指标；运用层次分析法，计算追溯精度评价指标的权重作为指标选取的参考因素。最后结合专业经验知识，形成科学的适用于工厂化生产的食用菌质量追溯体系的指标模型。

　　本章分析食用菌工厂化生产过程中追溯信息的指标模型，以确认追溯信息指标选择和评估方法的科学性，制定覆盖生产全过程、实用性较强的追溯信息，为基于区块链的食用菌工厂化追溯体系提供有效的理论支撑。

第一节　追溯单元

　　追溯单元是食用菌全产业链追溯过程中的一个具有独立标识的实体，具有唯一性。它的定义和建立是实现食用菌工厂化生产质量追溯的基础，能被唯一识别。追溯单元需要对其来源、用途和位置的相关信息进行记录。

　　自 2002 年由农业部主导开始在我国开展农产品质量安全追溯试点工作，颁布了一系列的标准，包括《农产品产地编码规则》《农产品追溯编码导则》《农产品质量安全追溯操作规程 通则》。

一、农产品产地编码规则

　　2007 发布了《农产品产地编码规则》，规定了农产品产地编码术语和定义、产地单元划分原则、产地编码规划和产地单元数据要求。

　　1. 农产品产地编码

　　农产品产地编码由 20 位数字组成，其结构如图 2-1 所示。

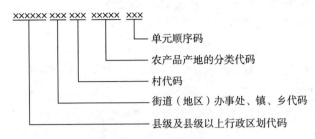

图 2-1 农产品产地编码形式

代码第一段为 6 位县级及县级以上行政区代码，应按照 GB/T 2260《中华人民共和国行政区划代码》规定执行。

代码第二段为 3 位街道（地区）办事处、镇、乡代码，应按照 GB/T 10114《县级以下行政区划代码编制规则》规定执行。

代码第三段为 3 位村代码，由所属乡镇编订。

代码第四段为 5 位农产品产地属性代码，根据 GB/T 13923《基础信息数据分类与代码》规定了农产品产地的分类与代码，对于食用菌工厂化产地代码应属于温室，代码为 94130。

代码第五段为 3 位单元顺序码，由所属行政村编订。

2. 产地单元数据要求

产地单元数据要求一般包括记录了农产品产地单元划分与变更的历史过程的时间和用法定计量单位描述的单元数据。

二、农产品追溯编码导则

在《农产品产地编码规则》发布的同时，还发布了《农产品追溯编码导则》，《农产品追溯编码导则》规定了农产品追溯编码的术语和定义、编码原则和编码对象。

（一）农产品追溯的相关术语

1. 可追溯性

可追溯性是指从供应链的终端（产品使用者）到始端（产品生产者或原料供应商）识别产品或产品成分来源的能力，即通过记录或标识追溯农产品的历史、位置等的能力。

2. 农产品流通码

农产品流通码是指农产品流通过程中承载追溯信息向下游传递的专用系列代码，所承载的信息是关于农产品生产和流通两个环节的。

3. 农产品追溯码

农产品追溯码是指农产品终端销售时承载追溯信息直接面对消费者的专用

代码，是展现给消费者具有追溯功能的统一代码。

（二）编码原则

1. 唯一性

一个编码对象仅应有一个代码，一个代码只唯一表示一个编码对象。

2. 可扩充性

代码应留有适当的后备容量，以便适应不断扩充的需要。

3. 简明性

代码结构和形式应简单明了，便于手工输入。

（三）编码对象

1. 农产品流通码

针对农产品生产和流通两个环节，分别确定各环节的编码对象。应包含确保农产品可追溯性的必要项，对农产品流通码的提供与传递主体不做要求，也不对代码结构、代码形式等做具体规定。

（1）农产品生产环节的编码内容。在农产品生产环节，农产品流通码包括：

①生产者代码，标识农产品生产者（企业或个人）身份的唯一代码。

②农产品生产领域产品代码，标识农产品身份的唯一代码。

③产地代码，标识农产品生产地点的唯一代码。

④产出批次代码，标识农产品产出日期的唯一代码。

农产品生产环节的代码编制：

①生产者代码和产品代码可以合二为一，合称为贸易项目代码。代码形式可采用 EAN. UCC 系统应用标识符 AI＝01（全球贸易项目代码），具体编制规则参见 GB/T 16986—2018《商品条码 应用标识符》第7.2条。

②生产者代码和产品代码也可单独使用，代码形式应符合《农产品追溯编码导则》的要求。

③产地代码和产出批次代码可以合二为一，合称为产品批号代码。代码形式可采用 EAN. UCC 系统应用标识符 AI＝10（批号），具体编制规则参见 GB/T 16986—2018《商品条码 应用标识符》第7.4条。

④产地代码和产出批次代码也可单独使用。产地代码应按 NY/T 1430—2007《农产品产地编码规则》规定执行。产出批次代码形式应符合《农产品追溯编码导则》的要求。

（2）农产品流通环节的编码内容。农产品流通环节包括分装加工、批发、分销和运输等各类活动。在农产品流通环节，农产品流通码包括：

①流通作业主体代码，标识流通作业主体身份的唯一代码。

②农产品流通领域产品代码，标识产品身份的唯一代码。

③流通作业批次代码，标识农产品流通作业日期的唯一代码。

农产品流通环节的代码编制：

①流通作业主体代码和产品代码可合二为一。代码形式可采用 EAN. UCC 系统应用标识符 AI＝01（全球贸易项目代码），具体编制规则参见 GB/T 16986—2018《商品条码　应用标识符》第 7.2 条。

②流通作业主体代码和产品代码也可单独使用，代码形式应符合《农产品追溯编码导则》的要求。

③流通作业批次代码的形式可采用 EAN. UCC 系统应用标识符 AI＝10（批号），具体编制规则参见 GB/T 16986—2018《商品条码　应用标识符》第 7.4 条。

2. 农产品追溯码

所承载信息来源于农产品流通码，应包含确保农产品可追溯性的必要信息，对提供主体不做要求，具有防伪功能，展现形式简单、统一，易于识读。

农产品追溯码采用无序码（参见 GB/T 7027—2002《信息分类和编码的基本原则与方法》），由 20 位阿拉伯数字码依次连接而成，其中最后一位为校验码，具体表示形式如图 2-2 所示。

图 2-2　农产品追溯码的代码表示形式

三、农产品质量安全追溯操作规程　通则

NY/T 1761—2009《农产品质量安全追溯操作规程 通则》规定了农产品质量安全追溯的术语与定义、实施原则与要求、体系实施、信息管理、体系运行自查、质量安全处置，适用于农产品质量安全追溯体系的建立与实施。

（一）质量安全追溯的术语与定义

1. 追溯单元

农产品生产、加工、流通过程中不再细分的管理对象。

2. 批次

由一个或多个追溯单元组成的集合。

3. 记录信息

农产品生产、加工、流通中任意环节记录的信息内容。

4. 追溯信息

具备质量追溯能力的农产品生产、加工、流通各环节记录信息的总和。

5. 追溯精度

农产品质量追溯中可追溯到产业链源头的最小追溯单元。

6. 追溯深度

农产品质量追溯中可追溯到的产业链的最终环节。

7. 组合码

由一些相互依存的并有层次关系的描述编码对象不同特性代码段组成的复合代码。

8. 层次码

以编码对象集合中的层次分类为基础，将编码对象编码成连续且递增的代码。

9. 并置码

由一些相互独立的描述编码对象不同特性代码段组成的复合代码。

（二）实施原则与要求

1. 实施原则

（1）合法性原则。遵循国家法律、法规和相关标准的要求。

（2）完整性原则。追溯信息应覆盖农产品生产、加工、流通全过程；信息内容应覆盖本环节操作时间、地点、责任主体、产品批次、质量安全相关内容。

（3）对应性原则。应对农产品质量追溯过程中各相关单元进行代码化管理，确保农产品质量追溯信息与产品的唯一对应。

（4）高效性原则。应充分运用网络技术、通信技术、条码技术等建立高效、精准、快捷的农产品质量追溯系统。

2. 实施要求

建立农产品质量安全追溯体系的企业（组织或机构）应符合以下要求：

（1）依据 NY/T 1761—2009《农产品质量安全追溯操作规程 通则》及农产品质量追溯操作规程制定本企业的农产品质量追溯实施计划，明确追溯产品、追溯目标、追溯深度、实施内容、实施进度、保障措施、责任主体等内容。

（2）在产业链各实施主体间建立农产品质量追溯系统协调机制，明确责任主体在各环节记录信息的责任、义务和具体要求。

（3）由指定部门或人员负责农产品质量追溯系统各环节的组织、实施与监控，承担信息的记录、核实、上报、发布等工作。

（4）配置必要的计算机、网络设备、标签打印设备、条码读写设备及相关软件等。

（5）建立农产品质量安全追溯制度。

（三）体系实施

1. 确定追溯产品

应明确企业（组织或机构）可追溯农产品的品牌、品种、生产规模、生产加工特点，划分追溯单元，确定生产、加工、流通过程中各环节的追溯精度。

2. 追溯标识

农产品经过生产、加工、包装等过程后形成最终产品时应同时形成追溯标识，它是质量追溯信息的载体或查询媒介。追溯标识内容应包括农产品追溯码、信息查询渠道、追溯标志。追溯标识载体根据包装特点采用不干胶纸制标签、锁扣标签、捆扎带标签等形式，标签规格大小由企业（组织或机构）自行决定。

3. 编码

（1）从业者编码[①]。应采用组合码对农产品生产、加工、流通过程中相关从业者进行分级分类编码管理。企业（组织或机构）应记录其全球贸易项目代码或组织机构代码，个体应记录居民身份证号。

（2）产地编码。编码方法按 NY/T 1430—2007《农产品产地编码规则》的规定执行，对追溯单元所包含的地块实行编码管理，建立统一规定的农产品产地编码。

国有农场产地编码由 31100＋全球贸易项目代码＋7 位地块代码组成。地块代码采用固定递增格式层次码，第一位、第二位代表管理区代码，第三位、第四位代表生产队代码，第五位至第七位代表地块顺序代码。

（3）产品编码。采用组合码对农产品进行分级分类，编码管理。

（4）批次编码。应采用并置码对农产品生产、加工、流通各个环节的物流状况进行定点、定时、定量管理。批次编码应表达环节特征、设施、日期信息。

（5）追溯信息编码。农产品质量追溯编码是用于农产品追溯信息查询的唯一代码，示例见图 2 - 3。

---

① 编码是从实施的角度来形成代码，图 2 - 3 的示例是通过编码形成了代码，并组合形成追溯码，示例中以生产者为例。

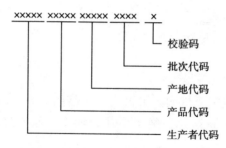

图 2-3　农产品质量追溯编码示例

企业（组织或机构）应从下面 3 种方式中选择适宜的编码方法：

①按 NY/T 1431—2007《农产品追溯编码导则》规定执行，由 EAN. UCC 编码体系中全球贸易项目代码 AI（01）和产品批号代码 AI（10）等应用标识符组成。

②以批次编码作为质量追溯编码。

③企业（组织或机构）自定义质量追溯信息编码。

4. 信息采集

信息应包括产地、生产、加工、包装、储运、销售、检验等环节与质量安全有关的内容。信息记录应真实、准确、及时、完整、持久，易于识别和检索。采集方式包括纸质记录和计算机录入等。

（四）信息管理

1. 信息整理

对采集的信息进行分类、归类、分析、汇总，保持信息的真实性。

2. 信息存储

对整理后的信息应及时进行存储和备份。信息存储期应与追溯产品的保质期一致；保质期不足 2 年的，追溯信息应至少保存 2 年。

3. 信息传输

上一环节操作结束时，应及时通过网络、纸质记录等形式将信息传输给下一环节。企业（组织或机构）汇总诸环节信息后传输到追溯系统。

4. 信息查询

凡经相关法律法规规定，应向社会公开的质量安全信息均应建立用于公众查询的技术平台。

（五）体系运行自查

企业（组织或机构）应建立追溯体系的自查制度，定期对农产品质量追溯体系的实施计划及运行情况进行自查，以确定计划的可操作性、完善性与实施程度，测评追溯信息的真实性、及时性、有效性。检查结果应形成记录，必要时提出追溯体系的改进意见。

（六）质量安全问题处置

农产品生产、加工、流通各环节企业（组织或机构）应对上一环节提供的产品进行验收，对追溯信息进行核实。如发现问题，按相关规定对该批次产品采取召回或销毁等措施。

农产品出现质量问题时，企业（组织或机构）应依据追溯体系迅速界定产品涉及范围，提供相关记录，确认追溯深度，确定农产品质量问题发生的地点、时间、追溯单元和责任主体，为问题处理提供依据。

四、食用菌质量安全追溯操作规程

2020 年发布了 NY/T 3819—2020《农产品质量安全追溯操作规程 食用菌》，规定了食用菌质量安全追溯术语和定义、要求、追溯码编码、追溯精度、信息采集、信息管理、追溯标识、体系运行自查和质量安全问题处置，适用于人工栽培的食用菌鲜品及其初级加工品的质量安全追溯操作和管理。

对于食用菌鲜品的追溯精度宜确定为产品批次。当追溯精度不能确定为产品批次时，可根据生产实际确定为栽培场所菇房（棚）或生产者（组）。对于食用菌初级加工品的追溯精度宜确定为加工原料批次。

（一）信息采集

1. 信息采集要求

信息采集应真实、及时、规范。信息应以表格形式记录，表格中不应留空项，空项应填"—"；上下栏信息内容相同时不应用省略号"……"，应填"同上"或具体内容；更改方法应采用杠改方式。下一环节的信息中应具有与上一环节信息的唯一性对接的信息，以实现可追溯。

例如，农药使用表中列入通用名、生产企业、产品批次号（或生产日期），能与农药购入记录唯一性对接。

2. 信息采集点设置

应在食用菌产品生产、加工、检验、包装、储运、销售等环节设置信息采集点。

3. 信息采集内容

信息采集内容应包括环节信息（名称或代码）、责任信息（信息采集的地点、时间和责任人）及要素信息。要素信息包含但不限于以下内容。

（1）生产环节。

①菌种制备信息。应采集菌种名称、来源、等级等信息。

②原材料信息。应采集栽培基质（主料、辅料）名称、来源、比例等信息。

③栽培管理信息。应采集栽培数量、起止日期、菌包培养（时间、条件）、基质发酵、发菌、出菇管理等信息。

④投入品管理信息。应采集栽培食用菌所用农药、清洗消毒剂等投入品的购入、使用信息，包括通用名、生产企业、生产许可证号、产品批次号（或生产日期）、采购人、购入日期、有效期、剂型、混配配方、稀释倍数、使用方式、使用量、使用频率和日期、安全间隔期、使用人等信息。

⑤环境条件信息。应采集温度、湿度、光照、通风等信息。

⑥采收信息。应采集采收时间、地点、采收人等信息。

⑦其他信息。包括栽培方式、用水水质、栽培基质（pH、检测）等信息。

（2）加工环节。

①原料。应采集原料食用菌名称、品种、来源、数量、地点、日期、运输车船号、储存温度、湿度、储存起止日期、检验、产品批次等信息，以干品为原料的还应采集处理方式、添加辅料等信息。

②加工。

加工信息：设备名称、加工方式、关键加工参数（如时间、温度、湿度、辐照等）。

添加剂信息：包括通用名、生产企业、生产许可证号、批准文号、产品批次号（或生产日期）、使用时间、用量等。

其他信息：包括食用菌加工用水（深井水及城镇自来水除外）、清洁方式等。

（3）检验环节。应采集追溯码或产品批次号、产品标准、检验结果等信息。

（4）包装环节。应采集追溯码或产品批次号、包装形式、包装材料、产品规格、标签使用记录（追溯码或产品批次号、日期、数量）等信息。

（5）储运环节。应采集追溯码或产品批次号、数量、储存温度和湿度、储存起止日期、运输车船号等信息。

（6）销售环节。应采集追溯码或产品批次号、销售日期、销售量、经销（采购）商、运输车船号等信息。

（二）信息管理

1. 信息审核和录入

信息审核无误后方可录入。

2. 信息存储

纸质记录及其他形式的记录应由责任人签字确认并及时归档，且采取相应的安全措施备份保存。所有记录和凭证保存期限不得少于产品保质期满后6个月；没有明确保质期的，保存期限不得少于2年。

3. 信息传输

上一环节操作结束时，应及时将信息传输给下一环节。

4. 信息查询

食用菌生产经营主体的产品追溯信息应可查询。建立信息化追溯体系的应纳入相应的追溯信息公共查询平台，查询信息应至少包括生产者、产品、产地或加工厂、批次（或生产日期）、产品标准、检验结果等内容。

体系运行自查和质量安全问题处置按照 NY/T 1761—2009《农产品质量安全追溯操作规程 通则》的规定执行。

上述标准规范重点规定了农产品质量安全追溯的术语与定义、实施原则与要求、体系实施、信息管理、体系运行自查和质量安全问题处置等内容，有效指导并规范了农产品质量安全追溯体系的建立和实施。根据这些标准规范，采用标准参考和文献阅读的方法，针对食用菌开展研究，对追溯单元初步分析如表 2-1 所示。

表 2-1 食用菌基础追溯单元的初步分析

追溯单元		主要内容
产地信息		产地代码、种植者档案、产地环境质量（温度、生产用水和空气质量）等
生产环节	菌种制备信息	菌种名称、来源、等级等
	原材料信息	栽培基质（主料、辅料）名称、来源、比例等
	栽培信息	栽培数量、起止日期、菌包培养（时间、条件）、基质发酵、发菌、出菇管理等
	投入品信息	食用菌所用农药、清洗消毒剂等投入品的购入、使用信息，包括通用名、生产企业、生产许可证号、产品批次号（或生产日期）、采购人、购入日期、有效期、剂型、混配配方、稀释倍数、使用方式、使用量、使用频率和日期、安全间隔期、使用人等
	环境信息	温度、湿度、光照度、通风等
	采收信息	采收时间、地点、采收人等
	其他信息	栽培方式、用水水质、栽培基质（pH、检测）等
加工环节	原料信息	原料食用菌名称、品种、来源、数量、地点、日期、运输车船号、储存温度和湿度、储存起止日期、检验、产品批次，以干品为原料的还应包括处理方式、添加辅料等
	加工信息	设备名称、加工方式、关键加工参数（如时间、温度、湿度、辐照）等
	添加剂信息	通用名、生产企业、生产许可证号、批准文号、产品批次号（或生产日期）、使用时间、用量等
	其他信息	食用菌加工用水（深井水及城镇自来水除外）、清洁方式等

（续）

追溯单元	主要内容
包装环节	追溯码或产品批次号、包装形式、包装材料、产品规格、标签使用记录（追溯码或产品批次号、日期、数量）等
储运环节	追溯码或产品批次号、数量、储存温度和湿度、储存起止日期、运输车船号等
销售环节	追溯码或产品批次号销售日期、销售量、经销（采购）商、运输车船号等
检验环节	追溯码或产品批次号、产品标准、检验结果等

从目前已发布的追溯相关规程来看，所规定的需要采集的追溯信息均按照食用菌工厂化生产与加工过程制定，覆盖了产地、生产、加工、销售、检验等全过程。但运用于食用菌质量安全追溯系统时，主要存在以下问题：

（1）规程中所规定的追溯内容太多，数据采集的可操作性不强。

（2）规程中所规定的采集内容多以描述性语言为主，缺少可定量的准确指标。

因此，初步分析得到的追溯信息指标模型无法满足追溯系统建设的需求，有必要开展进一步的研究分析。

第二节 关键控制点分析

关键控制点分析（HACCP）体系表示危害分析的关键控制点。HACCP体系是国际上共同认可和接受的食品安全保证体系，主要是对食品中微生物、化学和物理危害进行安全控制。

一、HACCP体系简介

联合国粮食及农业组织（FAO）和世界卫生组织 20 世纪 80 年代后期开始大力推荐这一食品安全管理体系。开展 HACCP 体系的领域包括饮用牛乳、奶油、发酵乳、乳酸菌饮料、奶酪、生面条类、豆腐、鱼肉火腿、蛋制品、沙拉类、脱水菜、调味品、蛋黄酱、盒饭、冻虾、罐头、牛肉食品、糕点类、清凉饮料、机械分割肉、盐干肉、冻蔬菜、蜂蜜、水果汁、蔬菜汁、动物饲料等。我国食品和水产界较早引进 HACCP 体系。2002 年，我国正式启动对 HACCP体系认证机构的认可试点工作。目前，HACCP 体系推广应用较好的国家，大部分是强制性推行采用 HACCP 体系。

二、HACCP 定义

GB/T 15091—1994《食品工业基本术语》对 HACCP 的定义：生产（加工）安全食品的一种控制手段；对原料、关键生产工序及影响产品安全的人为因素进行分析，确定加工过程中的关键环节，建立、完善监控程序和监控标准，采取规范的纠正措施。国际标准 CAC/RCP—1《食品卫生通则》（1997 年第 3 次修订）对 HACCP 的定义：鉴别、评价和控制对食品安全至关重要的危害的一种体系。

三、HACCP 发展阶段

1. 创立阶段

HACCP 体系是 20 世纪 60 年代由美国 Pillsbury 公司 H. Bauman 博士等与美国航空航天局和美国陆军 Natick 研究所共同开发的，主要用于航天食品中。1971 年，在美国第一次国家食品保护会议上提出了 HACCP 原理，立即被美国食品药品监督管理局（FDA）接受，并决定在低酸罐头食品的 GMP 中采用。FDA 于 1974 年公布了将 HCCP 原理引入低酸罐头食品的 GMP。1985 年，美国科学院（NAS）就食品法规中 HACCP 有效性发表了评价结果。随后，由美国农业部食品安全检验署（FSIS）、美国陆军 Natick 研究所、食品药品监督管理局（FDA）、美国海洋渔业局（NMFS）四家政府机关及大学和民间机构的专家组成的美国食品微生物学基准咨询委员会（NACMCF）于 1992 年采纳了食品生产的 HACCP 七原则。1993 年，FAO/WHO 食品法典委员会批准了《HACCP 体系应用准则》，1997 年颁发了新版法典指南《HACCP 体系及其应用准则》，该指南已被广泛地接受并被国际上普遍采纳，HACCP 概念已被认可为世界范围内生产安全食品准则。

2. 应用阶段

近年来 HACCP 体系已在世界各国得到了广泛的应用和发展。联合国粮食及农业组织（FAO）和世界卫生组织（WHO）在 20 世纪 80 年代后期就大力推荐，至今不懈。1993 年 6 月，食品法典委员会（FAO/WHO CAC）考虑修改《食品卫生的一般性原则》，把 HACCP 纳入该原则内。1994 年，北美和西南太平洋食品法典协调委员会强调了加快 HACCP 发展的必要性，将其作为食品法典在 GATT/WTOSPS 和 TBT（贸易技术壁垒）应用协议框架下取得成功的关键。FAO/WHO CAC 积极倡导各国食品工业界实施食品安全的 HACCP 体系。根据世界贸易组织（WTO）协议，FAO/WHO 食品法典委员会制定的法典规范或准则被视为衡量各国食品是否符合卫生、安全要求的尺度。另外，有关食品卫生的欧洲共同体理事会指令 93/43/EEC 要求食品工厂建立 HACCP

体系，以确保食品安全的要求。在美国，FDA 在 1995 年 12 月颁布了强制性水产品 HACCP 法规，又宣布自 1997 年 12 月 18 日起所有对美出口的水产品企业都必须建立 HACCP 体系，否则其产品不得进入美国市场。FDA 鼓励并最终要求所有食品工厂都实行 HACCP 体系。加拿大、澳大利亚、英国、日本等国也都在推广和采纳 HACCP 体系，并分别颁发了相应的法规，针对不同种类的食品分别提出了 HACCP 模式。

HACCP 推广应用较好的国家有加拿大、泰国、越南、印度、澳大利亚、新西兰、冰岛、丹麦、巴西等国，这些国家大部分是强制性推行采用 HAC-CP。开展 HACCP 体系的领域包括饮用牛乳、奶油、发酵乳、乳酸菌饮料、奶酪、冰激凌、生面条类、豆腐、鱼肉火腿、炸肉、蛋制品、沙拉类、脱水菜、调味品、蛋黄酱、盒饭、冻虾、罐头、牛肉食品、糕点类、清凉饮料、腊肠、机械分割肉、盐干肉、冻蔬菜、蜂蜜、高酸食品、肉禽类、水果汁、蔬菜汁、动物饲料等。

中国食品和水产界较早关注和引进 HACCP 质量保证方法。1991 年，农业部（现农业农村部）渔业局派遣专家参加了美国 FDA、NOAA、NFI 组织的 HACCP 研讨会。1993 年，国家水产品质检中心在国内成功举办了首次水产品 HACCP 培训班，介绍了 HACCP 原则、水产品质量保证技术、水产品危害及监控措施等。1996 年，农业部结合水产品出口贸易形势颁布了冻虾等 5 项水产品行业标准，并进行了宣讲贯彻，开始了较大规模的 HACCP 培训活动。国内有 500 多家水产品出口企业获得商检 HACCP 认证。2002 年 12 月，中国认证机构国家认可委员会正式启动对 HACCP 体系认证机构的认可试点工作，开始受理 HACCP 认可试点申请。通过对 HACCP 体系近 10 年的认证和摸索，2011 年为规范食品行业危害分析与关键控制点（HACCP）体系认证（以下简称 HACCP 体系认证）工作，根据《中华人民共和国食品安全法》《中华人民共和国认证认可条例》等有关规定，国家认证认可监督管理委员会制定了《危害分析与关键控制点（HACCP）体系认证实施规则》，自 2012 年 5 月起实施。

四、HACCP 原理

HACCP 是一种控制食品安全危害的预防性体系，用来使食品安全危害风险降低到最小或可接受的水平，预测和防止在食品生产过程中出现影响食品安全的危害，防患于未然，降低产品损耗。HACCP 包括 7 个原理：

（1）进行危害分析。

（2）确定关键控制点。

（3）确定各关键控制点关键限值。

（4）建立各关键控制点的监控程序。

（5）建立当监控表明某个关键控制点失控时应采取的纠偏行动。

（6）建立证明 HACCP 系统有效运行的验证程序。

（7）建立关于所有适用程序和这些原理及其应用的记录系统。

五、HACCP 组成

HACCP 质量管制法是美国 Pillsbwg 公司于 1973 年首先发展起来的管制法。它是一套确保食品安全的管理系统，这种管理系统一般由下列各部分组成：

（1）对原料采购、产品加工、消费各个环节可能出现的危害进行分析和评估。

（2）根据这些分析和评估来设立某一食品从原料直至最终消费这一全过程的关键控制点（CCPS）。

（3）建立起能有效监测关键控制点的程序。

六、HACCP 控制体系的特点

HACCP 作为科学的预防性食品安全体系，具有以下特点：

（1）HACCP 是预防性的食品安全保证体系，但它不是一个孤立的体系，必须建立在良好操作规范（GMP）和卫生标准操作程序（SSOP）的基础上。

（2）每个 HACCP 计划都反映了某种食品加工方法的专一特性，其重点在于预防，设计上防止危害进入食品。

（3）HACCP 不是零风险体系，但使食品生产最大限度地趋近于"零缺陷"，可用于尽量减少食品安全危害的风险。

（4）恰如其分地将食品安全的责任首先归于食品生产商及食品销售商。

（5）HACCP 强调加工过程，需要工厂与政府的交流沟通。政府检验员通过确定危害是否正确地得到控制来验证工厂 HACCP 实施情况。

（6）克服传统食品安全控制方法（现场检查和成品测试）的缺陷，当政府将力量集中于 HACCP 计划制定和执行时，对食品安全的控制更加有效。

（7）HACCP 可使政府检验员将精力集中到食品生产加工过程中最易发生安全危害的环节上。

（8）HACCP 概念可推广延伸应用到食品质量的其他方面，控制各种食品缺陷。

（9）HACCP 有助于改善企业与政府、消费者的关系，树立食品安全的信心。

上述诸多特点根本在于 HACCP 是使食品生产厂或供应商从以最终产品检验为主要基础的控制观念转变为建立从收获到消费、鉴别并控制潜在危害、保证食品安全的全面控制系统。

七、HACCP 应用步骤

1. 进行危害分析和提出预防措施

进行危害分析是实施 HACCP 的基础，危害分析就是分析可能存在隐患的显著性危害并加以控制。危害分析需要从供应链视角出发建立全供应链的危害一览表。HACCP 小组通过梳理供应链的各个环节，从原料、设备、生产、仓储、销售、预期用途到终端的消费者，最终确定在全供应链中可能遭遇生物危害、化学危害、物理危害的步骤，并建立危害一览表。在危害预览表建立后，HACCP 小组针对危害的发生可能性、危害严重性进行评价分析，并针对性地设计危害控制措施。

2. 确定关键控制点

关键控制点（critical control point，CCP）是可以有效控制危害的节点、步骤或程序，通过利用防止发生、消除危害等有效控制措施，使危害降低到可以接受的水平。CCP 与产品和生产加工的差异性息息相关，产品不同、步骤不同，CCP 就可能不同。

3. 确定与关键控制点相关的关键限值

关键限值（critical limit，CL）是指在某一关键控制点上将物理、化学、生物的参数限制到最恰当的水平，如最大或者最小，从而预防或消除前期确定危害的发生，或者将其降低到可接受范围。关键限值是评判危害严重性的重要指标，因此在设计过程中要重视实际性和实用性，将其合理化、科学化，可观测性强、可操作性强。

4. 确定关键控制点的监控程序

监控是指遵循原来制定的计划进行观察、观测，看一个 CCP 是否还在可控范围，并将观测结果进行如实记录，为后期的验证做好准备。监控程序应该包括 4 个方面：监控什么、怎么监控、监测的频率、谁来监控。

5. 纠偏措施

纠偏措施是指当监控显示关键限值偏离正常水准时，需要采取的步骤或者程序。纠偏措施一般来说分为两步走：第一步是纠正或者消除致使 CCP 偏离 CL 的原因，重新进行生产控制；第二步是对偏离 CL 期间生产的产品进行确认、评估和处理。

6. 建立验证程序

验证是监控之外，用来确认 HACCP 有效性的手段。验证 HACCP 体系是否按照 HACCP 的原定计划进行生产，或者计划是否有地方需要修改，以及如何确认可以再被使用的步骤、程序、检测及审核方式。

7. 记录保持程序

记录的保存对于企业产品的追溯具有重要的作用。所需保存的记录应涵盖体系的相关文件、关键控制点的监控记录、采取纠偏措施的记录、验证程序的记录等。所有的记录必须真实可靠，否则就失去了记录意义。

八、食用菌 HACCP 分析

应用 HACCP 原理对食用菌工厂化生产过程中各个环节可能产生的危害进行生物学、化学及物理学因素分析，对整个供应链（种植、加工、运输、销售）中实际存在和潜在的危害进行危害评价，找出对终端产品的安全有重大影响的关键控制点，能够科学准确地确定质量追溯系统中的相关溯源信息，使质量追溯系统与 HACCP 质量管理体系相结合，以适应现代农产品安全生产管理的要求。

（一）食用菌工厂化生产企业引入 HACCP 的必要性

食用菌工厂化生产企业是否应该引入 HACCP 作为企业日常生产的管理体系？HACCP 的进驻会对企业产生哪些方面的影响？纵观食用菌产业的现实处境，引入 HACCP 进行质量管控十分必要。

1. 政策推动性

20 世纪 80 年代，我国开始关注 HACCP，几十年的发展历程正是 HACCP 重要性一步步提升的见证者。2001—2004 年，第一个专门适用于 HACCP 的行政规章《食品生产企业危害分析与关键控制点（HACCP）管理体系认证管理规定》正式出台，首次强制规定在 6 类出口食品生产企业构建和实施 HACCP，构建 HACCP 体系被列入我国出口食品法规。《全国食品工业"十五"发展规划》中指出，肉类、水产品类等产业对企业建立 HACCP 体系应起到积极的监督作用。原卫生部出台的《食品安全行动计划》，要求食品生产经营企业需大力推广 HACCP。国家食品药品监督管理总局（现为国家市场监督管理总局）会同 8 个部委要求结合 HACCP 体系的建立，加强企业信用管理。

2009 年，食品生产经营企业实施 HACCP 体系得到《中华人民共和国食品安全法》的支持。2011 年，《出口食品生产企业备案管理办法》规定所有的出口食品生产企业被要求建立和实行 HACCP。2011 年 11 月，《危害分析与关键控制点（HACCP）体系认证实施规则（CNCA-N-008：2011）》对 HACCP 的认证进行了规范。同时，国家相关机构对于 HACCP 认证机构和认证机构的相关人员开展了进一步的监督管理。2015 年，为促进国内食品企业质量安全管理水平的上升，新修订的《中华人民共和国食品安全法》再次明确表示，鼓励食品生产经营企业积极通过运用 HACCP 体系来提升食品安全管理等级。这表明 HACCP 体系的应用在我国已经上升到国家法律层面。

回顾 HACCP 方面相关法律规章的制定和具体要求可以发现，国家对 HACCP 的重视程度逐渐上升，HACCP 的具体应用得到了行政监管，HACCP 的应用范围也在逐步扩大，国家在认证监管方面的意识也逐步增强。这反映了国家对待 HACCP 的态度是鼓励其持续性发展、扩张性发展，与国家对食品安全的重视程度完美契合。食用菌作为近年来新兴的重要健康食品，与国家食品安全紧密相关。在国家大力支持构建 HACCP 体系的趋势下，全食用菌行业建立 HACCP 体系是大势所趋。

2. 市场导向性

食用菌工厂化生产企业在市场导向方面遭遇双重挑战：一方面，国内消费者对食品安全的重视程度越来越高、需求也日渐增长，市场需要高品质食用菌产品；另一方面，国际市场对食用菌品质的要求明显高于国内大多数企业的生产水准，国内食用菌工厂化生产企业遭遇贸易壁垒。

近年来，民众对食用菌的喜爱程度逐渐提高，这不仅缘于食用菌味道鲜美，更得益于食用菌的保健功效。食用菌除作为基本的料理食材外，更被开发为多种休闲食品和保健品。随着生活水平的上升，人们对于食品的诉求也不再止于温饱，人们如今更多地注重食品的安全性以及食用功效，因此食用菌的保健功效成为追捧热点。近年来，食品安全事件的曝光使得大众的食品安全意识更强，对于食用菌质量安全的要求也越来越高。这就要求食用菌工厂化生产企业构建能够预防食品安全风险、保证食品质量安全的 HACCP 体系。

相对于欧盟指令中 127 项食用菌农药残留限量指标，我国仅有 9 种农药和 6 种重金属进行了明确限量。因此，我国在食用菌出口方面劣势凸显。仅 2021 年下半年，共收集到美国、欧盟、韩国、日本相关机构扣留/召回我国出口食用菌产品 43 批次，通报原因如下：37.2% 是由于全部或部分含有污秽的、腐烂的、分解的物质，不适合食用；23.4% 是由于农药残留被扣留/召回；20% 是由于疑含单核细胞增生李斯特菌或标签错误，含有毒有害物质被扣留或召回；还有其他问题。2020 年主要受疫情影响，我国食用菌年产量为 4 061.4 万 t，出口量有所下降，出口量为 64.72 万 t，占比仅为 1.6%，出口金额为 27.28 亿美元，较 2019 年分别下降 4.8%、25.0%。发达国家对于食品安全的检验标准和检验要求要明显严于我国，因此食用菌出口遭遇贸易壁垒，要想顺利进行食用菌出口必须满足国外的品质标准，而 HACCP 为我国食用菌产业提供了达到国际水准的可能性。

2011 年以来，美国、欧盟等主要发达国家相继出台法规，要求全部高风险食品生产企业建立实施 HACCP 体系。全球食品安全倡议（Global Food Safety Initiative，GFSI）组织在 2015 年 11 月正式承认中国危害分析与关键控制点认证制度。GFSI 秉承的"一次认证，全球承认"原则充分肯定了中国 HACCP 认证的权威性。这表明中国的 HACCP 认证体系成为首个发展中国家，也是亚洲首个和唯一一个获得 GFSI 承认的食品安全认证制度，是被 GFSI 承认的第十一个制度。这表明获得中国的 HACCP 认证，就获得了国际贸易的通行证，这对于食用菌行业破除贸易壁垒十分有利。

3. 收益驱动性

HACCP 之所以受到国家的大力推广，还因为其切实有效。根据 HACCP 实施企业的使用效果可以发现，HACCP 的收益分为显性和隐性两个方面。

HACCP 质量管理体系深受国际认可，采用 HACCP 体系最鲜明的效果就是食品质量水平得以显著提升。因 HACCP 规范了产品的生产过程，大大提高了产品质量的均匀性，这使得质量提升成为 HACCP 体系最直接的显性收益。在市场供求的变动中，高质往往会带来高价，因此商品价格上涨是 HACCP 体系的第二个显性收益。国民生活品质的改善使人们更青睐于高品质食品，因此良好的食品质量更容易赢得更好的市场机会。尤其是在政府部门的不断抽查中始终品质优良，这种官方认可能最大限度地提升民众对该企业产品的信任度，所以使用 HACCP 质量管理体系的第三个显性收益是产品销量上涨。

产品出现问题，轻则出现退货、退款，重则消费者食用后出现健康问题，甚至引起投诉或起诉，从而增加企业的法律和保险方面的支出，这对企业的收益和形象都会产生极大影响。如果遭到媒体报道，影响力更是爆炸性增长。全球牛奶巨头日本雪印公司因为金黄色葡萄球菌中毒事件一蹶不振的案例说明食品安全事件对一个企业来说可以是毁灭性的，必须十分重视企业生产食品的安全。而 HACCP 管理体系的实施能够预防风险的发生，极大地提升食品生产的安全性，实现产品的质量保证，因此 HACCP 的隐性收益首先表现为降低企业的负面效应。HACCP 的实施可以推动公司全员食品安全意识的提升，这种员工素质的提升也是 HACCP 的隐性收益。企业实施 HACCP 有助于改善国家的食品安全，这在一定程度上有利于维护社会安定，因此企业实施 HACCP 也是企业担负社会责任的体现，于无形中树立企业正面形象也是实施 HACCP 的隐性收益。

4. 生产和管理的科学性

我国经济历经几十年已经发生了翻天覆地的变化，然而发展带来的不仅仅是社会的前进，还有挑战和变革。2017 年，习近平总书记在中国共产党第十九次全国代表大会上指出，我国经济已由高速增长阶段转向高质量发展阶段，正处在转变发展方式、优化经济结构、转换增长动力的攻关期。要建设现代化经济体系必须坚持质量第一、效益优先，以供给侧结构性改革为主线，提高全要素生产率，从而实现市场机制有效、微观主体有活力、宏观调控有度。在新的经济形势下，食用菌工厂化生产企业也应积极贯彻党的十九大精神，提高企业要素生产率，增强企业的产出比率。

目前，食用菌产业中低端供给过剩、市场上食用菌质量参差不齐、以次充好的现象不绝于市。另外，食用菌菌种的不稳定性易导致不出菇，投入食用菌生产的成本变为无效成本。因此，食用菌工厂化生产企业需要开展供给侧结构性改革，去产能、降成本。所谓去产能，即降低低端供给，增加高端供给，食用菌企业应多生产高质量产品和高档品种产品，提高供给产品的质量水平；所谓降成本，即降低企业因菌种质量差导致的无效生产，减少企业的无效投入。去产能和降成本表明，食用菌供给侧结构性改革对食用菌生产的科学性提出要求。HACCP 的实施旨在通过控制生产的关键环节提升产品的品质，食用菌工厂化生产企业实施 HACCP 可以通过将菌种环节设为关键点来保障菌种的有效性，从而降低生产的无效成本。与此同时，HACCP 可以将企业的资源进行有效整合，提高企业资源的合理利用率，这对于提升企业要素生产率是十分有效的。因此，食用菌工厂化生产企业实施 HACCP 是紧随国家政策、满足供给侧结构性改革的需要，也是满足生产科学性的需要。

在瞬息万变的市场对抗中，赢得了竞争便赢得了企业生存，乃至变大、变强的机会。现代的企业竞争已经不单单是人、财、物的竞争，而是企业综合能力的竞争，这种综合竞争力包含着企业的管理竞争力。所谓的管理竞争力，就是企业通过对自身的管理所表现出来的竞争力，这种竞争力一方面体现在企业所拥有的管理制度的科学性，另一方面体现在企业管理者运用这种管理制度的科学性。HACCP 本身是一种科学有效的管理制度，并且全员培训和参与是制度得以实施的保障，因此实施 HACCP 是食用菌工厂化生产企业追求和实现管理科学性的一种途径。

（二）食用菌工厂化生产企业引入 HACCP 的可行性

从理论上分析，食用菌工厂化生产过程均为"食物"的生产过程，其生产目标要么是食用菌鲜品，要么是食用菌的加工品，但二者产品均经"口"消费。HACCP 体系创始之初就是为了生产出尽可能百分之百安全的食物，并且其在食品工业中应用以控制食品安全的有效性已得到公认。作为人们生活消费的食用菌就是食物，因而在危害分析、预防措施确定、关键控制点确定、关键限值以及监控程序、纠偏措施、验证程序等各步骤存在相同之处，食用菌工厂化生产企业完全可以借鉴和参照食品加工企业的 HACCP 计划经验，或者可以说把食用菌生产过程当作一种食品的生产过程加以考虑。

从实践上考虑，食用菌工厂化生产企业有总经理、质控人员、食用菌专业人员以及工人等诸多不同专业人员，在总经理的协调下，各方面人员完全可以协作起来，保证 HACCP 计划顺利实施。同时，食用菌工厂化企业的生产设备、厂房设计、人员设置和生产工艺等均有一定基础和规范，这是食用菌产品质量的保障，也是 HACCP 计划能够实施的基础。

从以上所述可以看出，将 HACCP 体系引进到食用菌质量安全控制中来，在工厂化生产企业中实施 HACCP 计划是可行的。

（三）食用菌工厂化生产 HACCP 小组组建

根据食用菌工厂化生产的实际情况和部门配置需要，成立 HACCP 小组，其成员及部门职责如下：

1. 总经理

负责 HACCP 计划制定、实施与改进。

2. 副总经理

负责组织全体员工进行培训，并对新员工进行 HACCP 体系的教育和宣传。

3. 行政部

负责公司的安保工作，以保障正常的生产和生活秩序，按公司要求招聘员工，负责组织员工体检，办理健康证。

4. 设备部

负责指导厂房建设及设备安装、更新改造和日常维护保养工作，确保生产设备的完好运行。

5. 生产部

负责公司食用菌生产活动全过程的实施，提高生产效率，保证产品质量和安全生产，负责生产设备及工具的日常保养。

6. 技术部

负责食用菌菌种的制备和检验，实施内部卫生、质量的审核，管理日常卫生工作，负责公司关键区域消毒液的配制及使用监督工作。

7. 质量部

负责建立检验标准及质量控制标准并进行质量控制，保证质量体系有效运行；对原辅料质量进行检验，包装材料的检查、验收工作；全公司计量器具的校验和计量管理；产品包装过程中的质量抽查和发货前的检查，确保出厂产品的合格；公司质量记录的收集、保管、存档等。

（四）食用菌工厂化生产工艺流程

针对食用菌产品追溯系统来看，往往主要侧重于如何使客观信息得到有效标识、交换和传递，缺少将整个产业链追溯的各个环节与 HACCP 的危害识别和关键控制点的结合。因此，建立食用菌质量安全追溯系统，必须对食用菌工厂化生产工艺流程的各阶段可能产生的危害进行识别。危害是指可能导致人体健康不良影响的生物性因素、化学性因素和物理性因素或其存在状态。对食用菌卫生质量构成的危害主要有 3 种，即微生物危害、物理性危害和化学性危害。危害分析过程主要是收集和确定有关的危害以及导致危害产生和存在的条件，评估危害的严重性和危险性，以判定危害的性质、程度和对人体健康的潜在性影响，以确定哪些危害是对食用菌安全是最重要的。

根据食用菌工厂化生产的工艺流程，对食用菌生产过程和关键控制点进行分析，研究食用菌的危害分析并确定关键控制点，进而确定食用菌质量追溯系统中的相关追溯信息，结合 HACCP 质量管理体系，满足食用菌工厂化安全生产管理的要求。

HACCP 小组成员依据食用菌的生产工艺要求进行食用菌生产，其流程如图 2-4 所示。

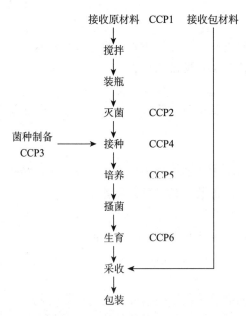

图 2-4　食用菌工厂化生产工艺流程

食用菌工厂化生产工艺包括以下几个方面。

1. 原材料采购验收

依据原材料质量检验标准进行验收，合格采进，不合格退货。

2. 搅拌

把栽培食用菌所需的原辅料加水混合均匀。

3. 装瓶

将混合好的栽培基质装入栽培瓶等容器中。

4. 灭菌

将装满基质的栽培瓶在 121℃高温下彻底灭菌。

5. 制种

将食用菌生产种子按照生产量的需求扩大培养。

6. 接种

将制作好的食用菌菌种接入灭好菌并经冷却的栽培基质中。

7. 培养

将接完种的栽培基质在适宜的环境条件中完成菌丝体培养过程。

8. 搔菌

刮除培养成熟的表层老菌丝，以诱导食用菌完成从营养生长到生殖生长的转换。

9. 生育

对培养好的菌丝体给予适宜的环境条件，完成食用菌子实体的生长阶段。

10. 采收

食用菌生长成熟时，即时采收。将采收的食用菌按照市场的需求进行分等分级包装、销售。

（五）食用菌工厂化生产危害分析

根据各种危害发生的可能风险，确定一种危害的潜在显著性。危害分析是 HACCP 原理的基础，同时是建立 HACCP 体系的第一步。HACCP 小组根据食用菌生产工艺特点，对其生产过程进行危害分析，并提出控制这些危害的有效措施。从食用菌生产的工艺流程来看，其危害主要为生物性危害和化学性危害，表现为生产中容易受微生物的污染，以及农药残留、重金属超标等。

食用菌的生产过程就是食用菌的纯培养过程，需要特别洁净的环境条件，以避免杂菌的污染。食用菌生长对营养条件的要求很高，需要栽培基质提供其生长所需的碳、氮、水、无机盐和生长因子等。劣质的原材料会严重影响生产，但是这些危害可以实施人工控制，使之减少或消除。良好的操作规范和符合卫生的标准操作程序可以为食用菌安全生产提供良好的先决条件。

1. 关键控制点（CCP）的确定

关键控制点是指有必要采取控制措施，以便预防或消除食品安全危害，或者将其降低至可接受水平的某个环节，是 HACCP 控制活动将要发生过程中的点。从确定的食用菌生产流程出发，依据 CCP 判定树原理确定食用菌生产过程中的关键控制点（表 2-2）。

表 2-2 食用菌生产危害分析

工艺步骤		危害因子	危害是否显著	控制/预防措施	是否为关键控制点
原材料	生物	霉变	是	采购新鲜、无霉变的原材料，明确原材料的质量标准，对原材料质量进行检验合格后方可接收	是
	化学	农药残留、重金属			
	物理	无			
搅拌	生物	酸败	否	高温季节控制搅拌时间≤60min，做好搅拌区域卫生	否
	化学	无			
	物理	无			
装瓶	生物	酸败	否	高温季节控制搅拌时间≤60min，做好装瓶区域卫生	否
	化学	无			
	物理	无			
灭菌	生物	灭菌不彻底	是	严格控制灭菌温度和时间，121℃有效灭菌时间≥60min	是
	化学	无			
	物理	无			
菌种	生物	污染、活力下降	是	严格执行菌种生产工艺，接种过程需无菌操作	是
	化学	无			
	物理	无			
接种	生物	微生物污染	是	严格执行接种操作规程，接种过程需无菌操作，做好接种区域环境卫生	是
	化学	无			
	物理	无			
培养	生物	微生物污染	是	控制温度、湿度在适宜范围，注意光照和通风，做好培养区域环境卫生	是
	化学	无			
	物理	无			
搔菌	生物	微生物污染	否	搔菌前及时挑出污染的瓶筐，做好搔菌区域卫生	否
	化学	无			
	物理	无			
生育	生物	病虫害	是	控制温度、湿度在适宜范围，注意光照和通风，做好生育区域环境卫生	是
	化学	无			
	物理	温、湿、气、光			

（续）

工艺步骤	危害因子		危害是否显著	控制/预防措施	是否为关键控制点
采收	生物	微生物污染	否	人员以及车间环境的卫生	否
	化学	无			
	物理	无			
包装	生物	微生物污染	否	人员以及车间环境的卫生	否
	化学	无			
	物理	无			

（1）原材料。原材料的质量和安全是食用菌生产质量安全管理的源头。食用菌生产过程中涉及的原材料分为主料和辅料。主料为玉米芯、棉籽壳、木屑等，为食用菌的生长提供必要的碳源；辅料为米糠、麸皮、玉米粉、大豆皮等，为食用菌的生长提供必要的氮源和维生素。

食用菌生产原材料的选择一方面要满足食用菌生长所需的营养需求，另一方面应避免原材料带来的污染。劣质的原材料可能会带有较多的病原菌以及重金属、农药残留等，因此在选择原材料的时候需要进行质量控制，要选用新鲜、干燥、无霉变的优质原材料。这是食用菌生产的关键控制点之一。

（2）灭菌。经过配制的食用菌栽培基质，需装入一定的容器中，如栽培袋、栽培瓶等，再经过高温高压灭菌，或传统的常压灭菌。灭菌的主要目的是将培养基中的微生物彻底杀灭，为菌种纯培养提供条件。灭菌时，灭菌温度和灭菌时间是关键参数，灭菌的温度过低或者灭菌的时间过短，会导致培养料灭菌不彻底，接种后杂菌滋生。正常情况下，需要在 121℃ 下维持 60min 以上才能将培养料中的微生物全部杀灭。理论上灭菌的时间越长则灭菌越彻底，但会造成培养料营养成分的损失，从而影响后期产品品质和质量。

在食用菌工厂化生产中，为提高生产效率和灭菌效果，大多采用高压蒸汽灭菌方式，同时设定灭菌报警温度和灭菌时间等参数，生产者可根据实际情况适当调整参数，以获得最佳的灭菌效果。

（3）菌种。菌种是食用菌生产的核心和关键所在。菌种制作的质量直接关系到整个生产的成败。目前，食用菌的生产过程一般采用三级制种方式，以扩大菌种培养，供生产接种使用。食用菌生产制种工艺流程如图 2-5 所示。在菌种的制作过程中需要严格无菌操作，合理取用和保藏菌种，防止菌种出现污染和退化，以确保整个生产的正常进行。菌种的培养可以采用固体培养基或液体培养基，培养基为菌种的生长提供营养物质需求，适宜的环境因子为菌种的生长提供必要条件。在菌种的制备过程中需要对菌种的生长情况和活力进行检查，及时挑出污染物，确保供生产接种的菌种质量。

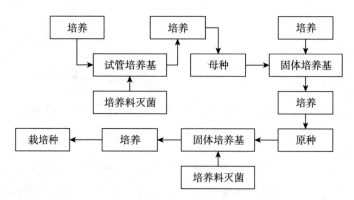

图 2-5　食用菌生产制种工艺流程

（4）接种。接种是食用菌生产过程中十分重要的环节，需要在无菌的环境条件下将菌种接入已经灭菌、冷却后的培养料中。接种操作可以选择手工操作或者自动化的机器操作。由于在接种过程中需要打开栽培瓶（袋）的盖子，让无菌的培养料暴露在空气中，有可能遭受环境中的微生物二次污染，因此无论采用何种接种方式都需要按照无菌操作的要求进行。

接种过程能否做到无菌操作事关接种的成败，在接种之前，需要对接种空间进行消毒，确保接种环境洁净度达到无菌要求。在现代化的食用菌工厂中，接种室均配备有空气净化系统和温度控制系统，安装接种风机过滤器单元，为实现接种零污染提供保障。

（5）培养。菌丝培养是食用菌生产的关键控制点之一。将接好种的栽培袋或栽培瓶放置于单独的培养房间内进行菌丝培养，菌丝培养效果影响后期子实体的生长。菌丝培养过程同样需要洁净的环境，让菌丝的萌发吃料不受其他微生物的影响，在接种后 48h 之内的非常关键时期尤为重要。在这个时期内，食用菌的菌丝还未能将培养料与空气的接触面全部覆盖，尚不具备绝对的竞争优势，容易给微生物的滋生以可乘之机。

不同食用菌品种的生理特性略有差别，培养阶段需要的温、湿、气、光等环境因子不尽相同，因此需要根据食用菌的生理特性制定相应的调控工艺参数，让菌丝在最适宜的环境条件下生长，以获得最佳的培养效果。

（6）生育。食用菌菌丝生长阶段完成后，需要让食用菌完成由营养生长到生殖生长的转换，可以通过改变环境条件刺激食用菌进入子实体生长阶段。不同的食用菌品种子实体阶段的差异明显，对环境条件的需求也不一样，能否提供适宜的环境条件将直接影响食用菌子实体的生长和产品的品质。在食用菌子实体阶段同样需要做好库房的环境卫生，防止杂菌的滋生和病虫危害，要加强对库房的消毒和病虫害的监测，做好预防。在现代化的食用菌工厂中，此阶段均在可以自动调节控制的环境中完成，技术人员只要对食用菌所需的环境参数进行设定，自动化设备就会提供相应的人工环境。生产技术人员一定要充分了解所生产食用菌的生理特性。

2. 建立关键控制点限值并实施监控

关键控制点限值是指区分可接受水平和不可接受水平的标准，合适的关键控制点限值可以从科学刊物、法规性文件给出的指标、专家及实验室研究中收集，也可以通过实验结果和经验分析获得。

依据不同食用菌品种的生产技术和操作规程、行业标准、国家标准，结合食用菌企业实际生产经验，对生产过程中的原材料、灭菌、菌种、接种、培养、生育 6 个关键控制点设置适宜限值。

（1）原材料。选择管理规范、稳定生产的企业作为供应商，并对供应商进行评价，确保原材料采购质量。采购原材料入厂时需要按照制定的原材料质量检验标准进行检验，符合标准的原材料方可接收，不合格的做退货处理。

（2）灭菌。制定灭菌操作规程，控制灭菌温度和灭菌时间。采用高压蒸汽灭菌需要 121℃有效灭菌温度，时间在 60min 以上才能彻底灭菌。在灭菌的过程中对温度、压力进行监测和记录，确保灭菌有效。

（3）菌种。制定制种操作规程，做到菌种的优质、高效生产；同时，加强对菌种质量的监测，检验确认无污染的菌种方可投入生产使用。

（4）接种。制定接种操作规程，加强对接种环境的消毒，做到接种的无菌操作，对接种层流罩内环境洁净度进行监测，确保无污染。

（5）培养、生育。根据不同的食用菌品种特性，提供给菌丝生长最适宜的温、湿、气、光等环境因子，同时做好培养库房的环境卫生，防止发生污染。

3. 纠偏措施

纠偏措施是在监视和测量的基础上进行的，当关键限值发生偏离时，需要采取纠偏行动。制定纠偏措施应当确保实施纠偏行动的人员对生产过程、产品和 HACCP 计划全面了解。当 CCP 发生偏离时，要及时采取纠偏措施，并进行安全评估，必要时对 HACCP 计划进行重新评估。

监测人员通过监控程序对食用菌的生产过程进行监控，对食用菌生产需要的环境条件的相关参数进行纠偏，确保食用菌产品的质量符合要求。一旦失控，需要及时停产并对不合格的产品进行处理，避免导致更大的损失。在对偏差发生的原因进行分析确定后，及时采取措施予以排除，以确保产品生产过程重新受控。

4. HACCP 计划

HACCP 计划见表 2-3。

表 2-3　HACCP 计划

关键控制点	原材料 (CCP1)	灭菌 (CCP2)	菌种 (CCP3)	接种 (CCP4)	培养 (CCP5)	生育 (CCP6)
显著危害	原材料发生霉变，原材料可能有农药残留、重金属超标	灭菌不彻底	菌种污染，菌种退化或变异	无菌操作不规范，消毒不彻底导致微生物滋生	温、湿、气、光等环境因子不适宜，环境卫生消毒不彻底导致微生物滋生	温、湿、气、光等环境因子不适宜，环境卫生消毒不彻底导致微生物滋生
关键限值	符合进厂原材料质量检验标准	执行灭菌操作规程，121℃有效灭菌时间≥60min	菌种检验无污染	执行无菌操作，接种层流罩内环境检测无污染	调控温、湿、气、光等环境因子在工艺范围，环境检测达标	调控温、湿、气、光等环境因子在工艺范围，环境检测达标
监测对象	质检员	灭菌人员	制种人员	接种人员	调控员及培养人员	调控员及消毒人员
监测方法	抽样检验	检查记录	检查记录	观察、环境检测记录	观察记录	观察记录
监测频率	每批1次	灭菌温度、压力每半小时记录1次	每批1次	每周2次	调控员每天进行3次工艺检查并记录，环境检测每周1次	调控员每天进行3次工艺检查并记录
监测人员	质检员	操作工	技术员	技术员	调控员	调控员
纠偏措施	对原材料不符合质量检验标准的拒收	设置温度、压力异常报警记录，严格控制灭菌温度和时间，重新灭菌	制作备用菌种，对菌种检验不合格的舍弃	执行无菌操作，增加接种消毒次数	设置环境因子异常报警记录，及时调控环境因子到工艺范围	设置环境因子异常报警记录，及时调控环境因子到工艺范围
验证	检查记录	检查记录，随时查看	检查记录	检查记录	检查记录，随时查看	检查记录，随时查看

（续）

关键控制点	原材料 （CCP1）	灭菌 （CCP2）	菌种 （CCP3）	接种 （CCP4）	培养 （CCP5）	生育 （CCP6）
记录	质量检验记录	灭菌工艺行程记录	菌种生产与质量检验	接种消毒记录、环境检测记录	培养调控记录、环境检测记录	生育调控记录

5. 验证程序

HACCP 计划有效运行的验证就是检查 HACCP 计划是否被贯彻执行。HACCP 计划的验证频率为每年 1 次，或者根据实际情况的需要进行验证。

6. 建立记录和文件保存体系

HACCP 体系需要建立有效的记录管理程序以便 HACCP 体系文档化。记录就是为工作提供证据。对食用菌生产的每个关键控制点的监控要形成相应的记录并保存，建立长期的食用菌生产数据库，以利于对生产进行质量追溯。HACCP 体系的文件和记录有 4 种：HACCP 计划及其支持性文件、关键控制点监测记录、纠偏行动记录和验证活动记录。

第三节　质量检测指标分析

我国于 1988 年已开始实施农产品质量安全检验检测体系建设，其中《农产品质量安全法》以法律形式对农产品质量安全检验检测体系建设提出明确要求。目前，我国部、省、县三级构成的农产品质量安全检验检测体系框架基本形成，已具备较强的农产品质量检测能力。农产品质量检测机构主要根据国家有关法规、标准和农产品安全卫生质量标准，对农产品、农用生产资料、农业生态环境质量等方面进行检测、监督。

根据农产品的生产加工特点和不同环节，质量检测可分为产前、产中、产后 3 个阶段进行跟踪监督检验。农产品安全的检验检测涉及的指标包括重金属残留、农药残留、兽药残留、食品添加剂、微生物指标及一些营养、品质指标。目前，我国规定的各项农产品检测指标已具备相应的检测技术与设备。

为提升农产品的追溯精度，可将质量检测指标加入追溯信息中。质量检测指标是定量指标，能更直观反映出产品的质量水平，也能提升农产品追溯的效率。食用菌包含香菇、蘑菇、平菇、金针菇、黑木耳、银耳、金耳、猴头菇、灵芝、天麻、白灵菇、杏鲍菇、冬虫夏草等，各种菌类都有相应的测试标准。表 2-4 分析了鲜食用菌主要质量检测指标。

表 2 - 4　鲜食用菌主要质量检测指标

指标分类	指标名称	标准值	引用标准
理化指标	镉（以 Cd 计）	≤0.2mg/kg	GB 2762—2022
	铅	≤0.5mg/kg	GB 2762—2022
	甲基汞	≤0.1mg/kg	GB 2762—2022
	无机砷	≤0.5mg/kg	GB 2762—2022
	六六六（BHC）	≤0.05mg/kg	GB 2763—2021
	滴滴涕（DDT）	≤0.05mg/kg	GB 2763—2021
	乐果	≤0.01mg/kg	GB 2763—2021
	溴氰菊酯	≤0.2mg/kg	GB 2763—2021
	氯氰菊酯	≤0.5mg/kg	GB 2763—2021
	敌敌畏	≤0.2mg/kg	GB 2763—2021
	百菌清	≤5mg/kg	GB 2763—2021
微生物指标	大肠埃希菌 O157：H7	不得检出	GB 29921—2013
	沙门菌	不得检出	GB 29921—2013
	金黄色葡萄球菌	100CFU/g（mL）～ 1 000CFU/g（mL）	GB 29921—2013

第四节　追溯信息指标评价

食用菌工厂化质量追溯系统需要长期持续地应用，选择合理的追溯精度是追溯系统构建且能长期应用的关键。通过对农产品追溯单元、关键控制点、质量检测指标的分析，已经获得食用菌各个生产工艺流程中的主要指标，本节重点研究如何确定各项指标的重要性，从而更有效地构建追溯信息指标模型。通过构建 2 层的追溯精度评价指标体系，采用层次分析法确定各项评价因子的权重，最后为指标选取提供依据。

一、评价指标的选取

1. 指标选取原则

完备的指标评价体系选取时应考虑以下条件：

（1）相关性。指标与评价目标有直接联系，能够综合、全面地反映整体情况。

（2）重要性。应选取有代表性、能反映评价要求的指标。

（3）科学性。指标体系严密，各项指标定义明确，能够清晰理解。

（4）可比性。相似目标的指标选取应具有可衡量的相似指标，能够提供可比较的信息。

（5）可操作性。选取的各项指标值可有效获得。

2. 评价指标选取

主要针对追溯系统的追溯精度进行指标评价，追溯精度主要用于衡量不同追溯系统之间的差异性。追溯精度可分为追溯宽度、追溯深度和追溯精确度 3 个方面。其中，宽度指系统所包含的信息范围，深度指可以向前或向后追溯信息的距离，精确度指可以确定问题源头或产品某种特性的能力。

在充分研究国内外追溯系统和分析各项追溯信息指标的基础上，构建 2 层追溯精度评价指标。评价指标层次框架如图 2-6 所示，第 1 层包括追溯深度、追溯宽度和追溯精确度；第 2 层中，追溯深度包括前向追溯距离和后向追溯距离，追溯宽度包括信息采集范围和信息更新频率，追溯精确度包括最小追溯单元、追溯单元划分和可量化指标。

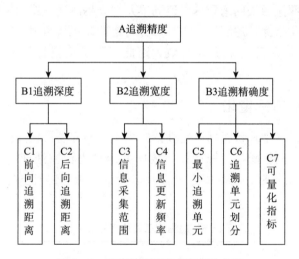

图 2-6　追溯精度评价指标层次框架

（1）前向追溯距离。前向追溯距离是指产品可以向前追溯信息的距离。从产业链最末端开始，向产品加工、生产的源头追溯，追溯的距离越长，追溯深度越高。例如，消费者可从食用菌信息中追溯到生产企业，生产企业可从原料追溯到原料生产企业。目前，按产业链通常可追溯生产、加工、流通 3 级或以上距离。

（2）后向追溯距离。后向追溯是前向追溯的反过程。同样，后向追溯层次越多，其追溯深度越高。

（3）信息采集范围。信息采集范围是追溯宽度的关键指标，农产品信息涉及范围众多，包括产品、产地环境、生产、加工、仓储、流通、销售等信息，即使在同一工艺流程中，信息采集范围也有所不同，如产地环境信息可包括土壤、水质、气象等信息。信息采集范围越广，追溯宽度越广，追溯精度越高。

（4）信息更新频率。农产品追溯信息中因各类信息的性质差异导致其信息更新频率不同，如产地环境信息因其变化缓慢，可采用年度更新，也可采用月度更新，或者通过传感器等信息技术实现实时更新。信息更新频率越高，追溯宽度越广，追溯精度越高。

（5）最小追溯单元。最小追溯单元即食用菌划分追溯单元时可追溯到的最小单元。如食用菌按产品生产批次追溯，也可按生产菌舍追溯。最小追溯单元划分越深，追溯精确度越高。

（6）追溯单元划分。追溯单元划分时可采用不同依据、不同复杂程度。如针对质量安全追溯，可按照食用菌的关键控制点、质量检测等来划分，针对流向跟踪则可按照流通去向来划分。追溯单元划分越清晰，追溯精确度越高。

（7）可量化指标。追溯信息指标可分为定性和定量两种，定量性指标对于衡量食用菌质量是否安全更为有效。因此，可量化指标越多，追溯精确度越高。

二、评价指标量化

追溯信息的各项评价指标以定性指标为主，不容易量化分析，为减少定性指标缺乏可比性的影响，对原始指标数据进行量化转换处理，建立相应的分级标准，采用5分制分级赋值方式获取定性指标的量化值。各指标量化值如表2-5所示。

表2-5　追溯信息评价指标量化值

一级指标	二级指标	指标取值	分值
追溯深度	前向追溯距离	追溯3级以上	5
		追溯2级	3
		追溯1级	1
	后向追溯距离	追溯3级以上	5
		追溯2级	3
		追溯1级	1

（续）

一级指标	二级指标	指标取值	分值
追溯宽度	信息采集范围	产品基本信息、生产过程信息、关键控制点、流通信息、质量检测信息	5
		产品基本信息、生产过程信息、关键控制点、流通信息	4
		产品基本信息、生产过程信息、关键控制点	3
		产品基本信息、生产过程信息	2
		产品基本信息	1
	信息更新频率	实时更新	5
		每小时更新	4
		每天更新	3
		月度更新	2
		年度更新	1
追溯精确度	最小追溯单元	个体追溯	5
		批次追溯	3
		产品追溯	1
	追溯单元划分	按产品上下游全产业链流程划分	5
		按产品工艺流程划分	3
		按产品信息内容划分	1
	可量化指标	可量化	5
		部分可量化	3
		不可量化	1

　　追溯精度指标评价体现为 2 层多因素的指标体系。由于对追溯精度评价的样本数据和专家经验缺乏，选择层次分析法（AHP）测算追溯精度的评价指标权重值。AHP 是一种解决多目标复杂问题的定性与定量相结合的决策分析方法，该方法是将复杂问题分解成多因素，形成一个多目标、多层次、有序的逐级阶次结构模型，通过两两比较的方式确定要素的相对重要性，再对整体权重进行排序判断，最后确定权重，权重确定流程如图 2-7 所示。

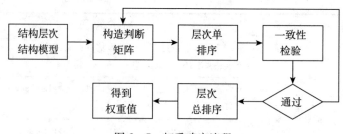

图 2-7　权重确定流程

1. 构造判断矩阵

构造判断矩阵是层次分析法的关键一步。假定 A 层中元素 A_k 与下层次 B 中元素 B_1，B_2，…，B_n 有联系，则将 B 中元素两两比较，可构成如下判断矩阵：

$$
\begin{array}{c|cccc}
A_k & B_1 & B_2 & \cdots & B_n \\
\hline
B_1 & & & & \\
B_2 & \begin{bmatrix} P_{11} & P_{12} & \cdots & P_{1n} \\ P_{21} & P_{21} & \cdots & P_{2n} \\ \vdots & \vdots & & \vdots \\ P_{n1} & P_{n2} & \cdots & P_{nn} \end{bmatrix} & & & = (p_{ij})_{n \times n} \\
\vdots & & & & \\
B_n & & & &
\end{array}
$$

$$(2-1)$$

其中，$p_{ij} = w_i / w_j$ 表示对 A_k 而言，第 i 个元素与第 j 个元素重要度之比。通常的读取按一定规则进行，如表 2-6 所示。

表 2-6　判断矩阵中 p_{ij} 的取值规划

p_{ij} 的取值标度	含义
1	表示两个元素相比，具有相同的重要性
3	表示两个元素相比，一个元素比另一个元素稍重要
5	表示两个元素相比，一个元素比另一个元素明显重要
7	表示两个元素相比，一个元素比另一个元素强烈重要
9	表示两个元素相比，一个元素比另一个元素极端重要
2、4、6、8	两相似判断的中值，即处于 1、3、5、7、9 之间两个判断的折中
倒数	元素 i 与元素 j 比较的判断，则元素 j 与元素 i 比较的判断为 $p_{ij} = 1/p_{ji}$

运用层次分析法时，首先通过会议调查的形式，邀请食用菌质量安全、农产品追溯、农业信息技术及典型消费者等方面的 15 位专家进行指标打分，分值采用 1～9 标度，根据式（2-1），将收回的专家表进行整理和分析，综合大

部分专家意见，构造出 4 组判断矩阵。见表 2-7 至表 2-10。

表 2-7　主因素层矩阵

A	B_1	B_2	B_3
B_1	1	2/3	1/3
B_2	2/3	1	1/2
B_3	3	2	1

表 2-8　B_1 因子层矩阵

B_1	C_1	C_2
C_1	1	4/3
C_2	3/4	1

表 2-9　B_2 因子层矩阵

B_2	C_3	C_4
C_3	1	7/3
C_4	3/7	1

表 2-10　B_3 因子层矩阵

B_3	C_5	C_6	C_7
C_5	1	1/3	1/4
C_6	3	1	6
C_7	4	1/6	1

2. 层次单排序

层次单排序实际是求单目标判断矩阵的权值，即根据专家填写的判断矩阵计算对于上一层某一元素而言，这个层次与其有关的元素的重要性次序的权值，其步骤如下：

（1）计算判断矩阵每行所有元素的几何平均值：

$$\overline{w_i} = \sqrt[n]{\prod_{i=1}^{n} p_{ij}}, i = 1,2,\cdots,n \qquad (2-2)$$

得到 $\overline{w} = (\overline{w_1}, \overline{w_2}, \cdots, \overline{w_n})^{\mathrm{T}}$。

（2）将 $\overline{w}$ 归一化，计算。

$$w_i = \frac{\overline{w_i}}{\sum_{i=1}^{n} \overline{w_i}}, i = 1,2,\cdots,n \qquad (2-3)$$

得到 $w = (w_1, w_2, \cdots, w_n)^{\mathrm{T}}$。根据构造的判断矩阵，进行层次单排序，得到指标权重结果如表 2-11 所示。

表 2 - 11　因素权重

一级指标	一级指标权重	二级指标	二级指标权重	综合权重	排序
追溯深度	0.194	前向追溯距离	0.571 4	0.111 1	4
		后向追溯距离	0.428 6	0.083 3	6
追溯宽度	0.223	信息采集范围	0.700 0	0.155 8	2
		信息更新频率	0.300 0	0.066 8	5
追溯精确度	0.583	最小追溯单元	0.111 1	0.064 8	7
		追溯单元划分	0.666 7	0.388 7	1
		可量化指标	0.222 2	0.129 6	3

其中，二级指标中追溯单元划分的综合权重最高，为 0.388 7，在农产品追溯系统中，追溯单元划分是进行追溯信息指标选择的前提，因此重要性较高。信息采集范围的综合权重排第 2 位，为 0.155 8，信息采集的内容越多、范围越广，追溯系统精度越高，追溯系统的效果越好。可量化指标的综合权重排第 3 位，为 0.129 6，可以看出追溯信息能否量化获取，对于衡量追溯系统也较为重要。相对来说，在权重较大的指标已确定的情况下，前向追溯距离、后向追溯距离和信息更新频率对追溯系统的影响较小。

为检验一致性，对 A、B_1、B_2、B_3 层的层次分析法的一致性比率进行计算，其值均小于 0.1，一致性较好，结果可以接受。

通过层次分析法确定追溯系统精度的评价指标权重，可以为追溯信息指标的选取提供参考，食用菌涉及的大量追溯信息通过与评价指标权重进行匹配，更合理、更科学地构建追溯信息指标模型。

三、追溯信息指标模型构建

1. 指标构建原则

食用菌质量安全可追溯系统中涉及的数据是连续采集的，能够表征或预测食用菌在储藏、运输与加工等阶段品质的直接与间接数据，包括食用菌自身的质量特征数据、环境数据等。追溯信息可以分为定量、定性和偶然 3 种数据。定量数据主要是指数据采集过程中可以通过计量测试方法测定出具体的数据，如种植环境的温度、湿度等；而有的数据是难以通过仪器设备来测定的，只能靠人的感官来判断，如操作人员的工作状态等，这类数据通常称为定性数据；还有些数据是偶然产生的，称为偶然数据。

食用菌生产加工环节质量安全相关数据的采集与传输是可追溯系统的核心部分，这些数据的准确性决定了食用菌质量安全追溯系统的成功与否。因此，追溯信息指标选取是进行食用菌质量安全追溯中最关键的基础工作。只有清晰准确地建立追溯信息指标模型后才能在食用菌全产业链过程中进行各项数据的采集，最后达到通过一个唯一的产品系列号或唯一条码追溯每个产品生产、加工或者流通过程中的所有关键信息。

追溯信息指标选取要遵循以下原则：

（1）所选取的追溯信息指标要以满足追溯系统需要为前提，要具有实用性和可用性，需要有一个确定性的目标，如获取某一个环节中的加工环境或产品的生产批次信息等，因为只有明确了数据信息采集的目标，才能有针对性地进行数据采集，最后才能以相应的数据格式存储在数据库中。

（2）追溯信息指标的可获取性和全面性。由于各项农产品产业链中的相关数据可能分别掌握在不同的管理部门、检测部门以及生产包装车间等，因此数据采集时要充分考虑能否获取或检测，尽量使收集到的数据全面、客观、具体、准确。

（3）满足食品安全的"来源可追溯，去向可跟踪"的需要。食用菌质量追溯系统的最终目标是为实现食品安全提供辅助手段，鉴别出食用菌的准确来源和详细去向。当发现质量安全事件时，便于及时召回或进行处理。因此，追溯信息指标的选取要考虑选取全过程可追溯的信息指标，并且要考虑追溯信息是否能用于判别农产品质量安全。

2. 构建方法与结果

针对食用菌追溯信息指标模型的构建方法如图 2-8 所示。通过对食用菌进行追溯单元分析、关键控制点分析和质量检测指标分析后，综合追溯精度评价权重综合分析上述指标，最后采用专家评估法完成追溯信息指标模型的构建。

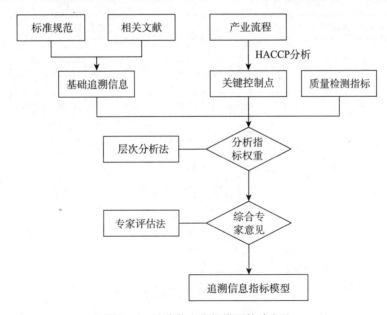

图 2-8　追溯信息指标模型构建方法

专家评估法是由具有较高学术水平、较丰富实践经验和较强分析能力的专家，对信息需求进行预估，一般分为个人判断法、专家会议预测法和德尔斐预测法等。其中，德尔斐预测法通过分别征询各专家书面或口头意见，客观地综合多数专家经验与主观判断，将各方面专家的意见加以综合、整理、归纳后，匿名反馈给各专家，再次征询意见，经过多次反复，最后形成一个比较一致、可靠性较高的判断意见。德尔斐预测法既能发挥每个专家的经验和判断力，又能将个人的意见有效地综合为集体意见，因此应用最多。

以选择采用德尔斐预测法为例，在依据 HACCP 原则进行危害分析得出关键控制点之后，针对食用菌分别邀请食用菌种植、加工及产品追溯等各方面的15 位专家，对生产、加工、流通全过程产业链中的指标细项依据上述原则进行逐个分析并进行打分，根据专家评估结果最终制定食用菌追溯信息指标。食用菌追溯信息指标模型如图 2-9 所示。完整的食用菌追溯信息应包括产品基本信息、产销过程记录、关键控制点记录、质量检测指标 4 项内容，其中产销过程记录依据产业工艺流程应包括产地环境、生产环节、加工环节、包装环节、储运环节、销售环节、检验环节 7 项内容，质量检测指标应包括理化指标、微生物指标 2 项内容。

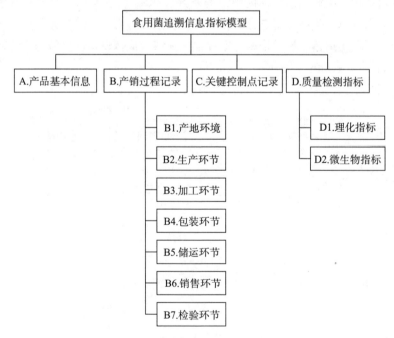

图 2-9　食用菌追溯信息指标模型

根据食用菌追溯信息指标模型分析出食用菌追溯信息指标，如表 2 - 12 所示。

表 2 - 12 食用菌追溯信息指标

追溯单元	记录信息		是否关键控制点	引用标准
产品信息	产品介绍		否	GB/T 37109—2018
	名称		否	
	规格		否	
	净重		否	
	处理		否	
	保存		否	
	产地		否	
	生产许可证编号		否	
产地信息	产地名称		是	
	产地环境		是	
生产环节	原材料信息	生产厂家	是	DB11/T 202.2—2003 DB11/T 203—2003
		产品名称	是	
		批次	是	
		入库日期	是	
		采购人	是	
		产品质量情况	否	
		规格	否	
		入库数量	否	
		产品检验报告	是	
		入库单号	否	
		检验方式	否	
		检验单号	否	
		出库数量	否	
		出库单号	否	
		出库日期	是	
		使用人	是	
	菌种制备	菌种来源	是	GB 4789.28—2013
		菌种名称	是	
		菌种级别	是	

（续）

追溯单元	记录信息		是否关键控制点	引用标准
生产环节	栽培信息	栽培基质	是	NY/T 3819—2020
		栽培方式	是	
		接种负责人	是	
		接种日期	否	
		基质成分	否	
		栽培基质配置负责人	是	
		配置时间	否	
		栽培负责人	是	
		栽培时间	否	
		栽培工艺	否	
	投入品信息	名称	是	NY/T 3819—2020
		生产商	是	
		生产许可证	是	
		产品批次	是	
		采购人	是	
		购入日期	是	
		有效期	否	
		剂型	否	
		使用日期	是	
		使用方式	否	
		使用量	否	
		使用频率	否	
		安全间隔期	否	
		使用人	是	
	环境信息	温度	否	NY/T 3819—2020
		湿度	否	
		光照	否	
		通风	否	
	采收信息	采收时间	是	NY/T 3819—2020
		采收地点	否	
		采收人	是	
		采收产品追溯码	是	

（续）

追溯单元		记录信息	是否关键控制点	引用标准
生产环节	其他信息	栽培方式	否	NY/T 3819—2020
		用水水质	否	
		栽培基质	否	
加工环节	原料	原料食用菌名称	是	NY/T 3819—2020
		产品批次	是	
		品种	否	
		来源	否	
		数量	否	
		日期	否	
		运输车船号	否	
		储存温度	否	
		储存湿度	否	
		储存起止日期	否	
		检验	是	
	加工信息	设备名称	否	NY/T 3819—2020
		加工方式	否	
		加工时间	否	
		温度	否	
		湿度	否	
		光照	否	
	添加剂信息	名称	是	NY/T 3819—2020
		生产企业	是	
		生产许可证号	否	
		批准文号	否	
		产品批次号	否	
		使用时间	否	
		用量	否	
	其他信息	加工用水	否	NY/T 3819—2020
		清洁方式	否	

（续）

追溯单元	记录信息	是否关键控制点	引用标准
包装环节	追溯码	是	NY/T 3819—2020
	负责人	是	
	包装形式	否	
	包装材料	否	
	产品规格	否	
	包装日期	否	
	包装数量	否	
储运环节	追溯码	是	NY/T 3819—2020
	数量	否	
	储存温度	否	
	储存湿度	否	
	运输人	是	
	运输起止日期	否	
	运输起止地点	否	
	运输工具	否	
	运输车船号	否	
销售环节	追溯码	是	NY/T 3819—2020
	销售日期	否	
	销售量	否	
	经销（采购）商	是	
	运输车船号	否	
检验环节	追溯码	是	NY/T 3819—2020
	产品标准	否	
	检验结果	否	
理化指标	镉（以 Cd 计）	是	GB 2762—2022
	铅	是	GB 2762—2022
	甲基汞	是	GB 2762—2022
	无机砷	是	GB 2762—2022
	六六六（BHC）	是	GB 2763—2021
	滴滴涕（DDT）	是	GB 2763—2021
	乐果	是	GB 2763—2021
	溴氰菊酯	是	GB 2763—2021

（续）

追溯单元	记录信息	是否关键控制点	引用标准
理化指标	氯氰菊酯	是	GB 2763—2021
	敌敌畏	是	GB 2763—2021
	百菌清	是	GB 2763—2021
微生物指标	大肠埃希菌 O157：H7	是	GB 29921—2013
	沙门菌	是	GB 29921—2013
	金黄色葡萄球菌	是	GB 29921—2013

第三章

食用菌追溯信息采集技术

食用菌追溯信息采集主要是对需要追溯的各个环节的信息采集，包括生产环节的环境信息、基质等实时信息的智能感知以及一些记录信息的录入。对于实时信息的智能感知通过传感器进行检测。

传感器是一种检测装置，能够感知被测物的信息和状态，可以将自然界中的各种物理量、化学量、生物量转化为可测量的电信号的装置与元件。智能传感器是具有信息处理功能的传感器，集感知、信息处理与通信于一体；能提供以数字量方式传播具有一定知识级别的信息；具有自诊断、自校正、自补偿等功能。目前，传感技术向智能化、网络化、微型化、集成化发展。智能传感器作为网络化、智能化、系统化的自主感知器件，是实现农业物联网的基础。食用菌追溯信息的智能感知包括食用菌生长环境感知、基质信息感知、子实体生长感知以及工厂化作业装备参数的感知。

第一节　生长环境感知

一、空气温度感知

温度传感器是指能感受温度并转换成可用输出信号的传感器。按测量方式可分为接触式和非接触式两大类，按照传感器材料及电子元件特性分为热电阻和热电偶两类。

（一）接触式

接触式温度传感器的检测部分与被测对象有良好的接触，又称温度计。通过传导或对流达到热平衡，从而使温度计的示值能直接表示被测对象的温度。

一般测量精度较高。在一定的测温范围内，温度计也可测量物体内部的温度分布。但对于运动体、小目标或热容量很小的对象则会产生较大的测量误差，常用的温度计有双金属温度计、玻璃液体温度计、压力式温度计、电阻温度计、热敏电阻和温差电偶等。它们广泛应用于工业、农业、商业等部门。在日常生活中，人们也常常使用这些温度计。

随着低温技术在国防工程、空间技术、冶金、电子、食品、医药、石油化

工等部门的广泛应用和超导技术的研究，测量 120K 以下温度的低温温度计得到了发展，如低温气体温度计、蒸汽压温度计、声学温度计、顺磁盐温度计、量子温度计、低温热电阻和低温温差电偶等。低温温度计要求感温元件体积小，准确度高，复现性和稳定性好。利用多孔高硅氧玻璃渗碳烧结而成的渗碳玻璃热电阻就是低温温度计的一种感温元件，可用于测量 1.6～300K 范围的温度。

（二）非接触式

感知温度的敏感元件与被测对象互不接触，又称非接触式测温仪表。这种仪表可用来测量运动物体、小目标和热容量小或温度变化迅速（瞬变）的对象的表面温度，也可用于测量温度场的温度分布。

最常用的非接触式测温仪表基于黑体辐射的基本定律，称为辐射测温仪表。

辐射测温法包括亮度法（见光学高温计）、辐射法（见辐射高温计）和比色法（见比色温度计）。各类辐射测温方法只能测出对应的光度温度、辐射温度或比色温度。只有对黑体（吸收全部辐射并不反射光的物体）所测温度才是真实温度。如欲测定物体的真实温度，则必须进行材料表面发射率的修正。而材料表面发射率不仅取决于温度和波长，还与表面状态、涂膜和微观组织等有关，因此很难精确测量。在自动化生产中，往往需要利用辐射测温法来测量或控制某些物体的表面温度，如冶金中的钢带轧制温度、轧辊温度、锻件温度和各种熔融金属在冶炼炉或坩埚中的温度。在这些具体情况下，物体表面发射率的测量是相当困难的。对于固体表面温度自动测量和控制，可以附加反射镜，使之与被测表面一起组成黑体空腔。附加辐射的影响能提高被测表面的有效辐射和有效发射系数。

有效发射系数 ε_σ 公式如下：

$$\varepsilon_\sigma = \frac{\varepsilon}{1-(1-\varepsilon)\rho_m} \qquad (3-1)$$

式中：ε 为材料表面发射率；ρ_m 为反射镜的反射率。

利用有效发射系数通过仪表对实测温度进行相应的修正，最终可得到被测表面的真实温度。最为典型的附加反射镜是半球反射镜。球中心附近被测表面的漫射辐射能受半球镜反射回到表面而形成附加辐射，从而提高有效发射系数。

至于气体和液体介质真实温度的辐射测量，则可以用插入耐热材料管至一定深度以形成黑体空腔的方法。通过计算求出与介质达到热平衡后的圆筒空腔的有效发射系数。在自动测量和控制中，可以用此值对所测腔底温度（即介质温度）进行修正而得到介质的真实温度。

非接触式测量，上限不受感温元件耐温程度的限制，因而对最高可测温度原则上没有限制。对于 1 800℃以上的高温，主要采用非接触测温方法。随着红外技术的发展，辐射测温逐渐由可见光向红外线扩展，700℃以下直至常温都已采用，且分辨率很高。

（三）工作原理

1. 金属膨胀原理设计的传感器

金属在环境温度变化后会产生一个相应的延伸，因此传感器可以以不同方式对这种反应进行信号转换。

2. 双金属片式传感器

双金属片由两片不同膨胀系数的金属贴在一起而组成，随着温度变化，材料 A 比另外一种金属膨胀程度要高，引起金属片弯曲。弯曲的曲率可以转换成一个输出信号。

3. 双金属杆和金属管传感器

随着温度升高，金属管（材料 A）长度增加，而不膨胀钢杆（金属 B）的长度并不增加，这样由于位置的改变，金属管的线性膨胀就可以进行传递。反过来，这种线性膨胀可以转换成一个输出信号。

4. 液体和气体的变形曲线设计的传感器

在温度变化时，液体和气体同样会相应产生体积的变化。

多种类型的结构可以把这种膨胀的变化转换成位置的变化，这样产生位置的变化输出（电位计、感应偏差、挡流板等）。

5. 电阻传感

金属随着温度变化，其电阻值也发生变化。对于不同金属来说，温度每变化 1℃，电阻值变化是不同的，而电阻值又可以直接作为输出信号。

电阻共有两种变化类型：

正温度系数：温度升高时，阻值增加；温度降低时，阻值减少。

负温度系数：温度升高时，阻值减少；温度降低时，阻值增加。

热敏电阻采用半导体材料，大多为负温度系数，即阻值随温度增加而降低。

温度变化会造成大的阻值改变，因此它是最灵敏的温度传感器。但热敏电阻的线性度极差，并且与生产工艺有很大关系。制造商给不出标准化的热敏电阻曲线。

热敏电阻体积非常小，对温度变化的响应也快。但热敏电阻需要使用电流源，小尺寸也使它对自热误差极为敏感。

热敏电阻在两条线上测量的是绝对温度，有较好的精度，但它比热电偶贵，可测温度范围也小于热电偶。一种常用热敏电阻在 25℃时的阻值为 5kΩ，每 1℃ 的温度改变造成 200Ω 的电阻变化。注意，10Ω 的引线电阻仅造成可忽略的 0.05℃ 误差。它非常适合需要进行快速和灵敏温度测量的电流控制应用。尺寸小，对于有空间要求的应用是有利的，但必须注意防止自热误差。

热敏电阻还有其自身的测量技巧。热敏电阻体积小是优点，它能很快稳定，不会造成热负载。不过也因此很不结实，大电流会造成自热。由于热敏电阻是一种电阻性器件，任何电流源都会在其上因功率而造成发热。功率等于电流的平方与电阻的积。因此，要使用小的电流源。如果热敏电阻暴露在高热中，将导致永久性损坏。

6. 热电偶传感

热电偶由两个不同材料的金属线组成，在末端焊接在一起。再测出不加热部位的环境温度，就可以准确知道加热点的温度。由于它必须有两种不同材质的导体，所以称为热电偶。不同材质做出的热电偶使用于不同的温度范围，它们的灵敏度也各不相同。热电偶的灵敏度是指加热点温度变化 1℃ 时，输出电位差的变化量。对于大多数金属材料支撑的热电偶而言，这个数值为 $5\sim40\mu V/℃$。

由于热电偶温度传感器的灵敏度与材料的粗细无关，因此用非常细的材料也能够做成温度传感器。也由于制作热电偶的金属材料具有很好的延展性，这种细微的测温元件有极高的响应速度，可以测量快速变化的过程。

热电偶主要优点是宽温度范围和适应各种大气环境，而且结实、价低，无须供电，也是最便宜的。热电偶由在一端连接的两条不同金属线（金属 A 和金属 B）构成，当热电偶一端受热时，热电偶电路中就有电势差。可用测量的电势差来计算温度。但是，电压和温度间是非线性关系，需要为参考温度做第二次测量，并利用测试设备软件或硬件在仪器内部处理电压-温度变换，以最终获得热偶温度。

（四）数字式温度传感器

数字式温度传感器就是能把温度物理量通过温敏感元件和相应电路转换成方便计算机、PLC、智能仪表等数据采集设备直接读取得到数字量的传感器。

开始供电时，数字温度传感器处于能量关闭状态，供电之后用户通过改变寄存器分辨率使其处于连续转换温度模式或者单一转换模式。在连续转换模式下，数字温度传感器连续转换温度并将结果存于温度寄存器中，读温度寄存器中的内容不影响其温度转换；在单一转换模式，数字温度传感器执行一次温度转换，结果存于温度寄存器中，然后回到关闭模式，这种转换模式适用于对温度敏感的应用场合。在应用中，用户可以通过程序设置分辨率寄存器来实现不同的温度分辨率，其分辨率有 8 位、9 位、10 位、11 位或 12 位 5 种，对应温度分辨率分别为 1.0℃、0.5℃、0.25℃、0.125℃ 或 0.062 5℃，温度转换结果的默认分辨率为 9 位。

二、空气湿度感知

空气湿度传感器主要用来测量空气湿度，感应部件采用湿敏元件。湿敏元件主要有电阻式、电容式两大类。

（一）湿敏电阻

湿敏电阻的特点是在基片上覆盖一层用感湿材料制成的膜，当空气中的水蒸气吸附在感湿膜上时，元件的电阻率和电阻值都发生变化，利用这一特性即可测量湿度。湿敏电阻的种类很多，如金属氧化性湿敏电阻、硅湿敏电阻、陶瓷湿敏电阻等。湿敏电阻的优点是灵敏度高，缺点主要是线性度和产品的互换性差。

（二）湿敏电容

湿敏电容一般是用高分子薄膜电容制成的，常用的高分子材料有聚苯乙烯、聚酰亚胺、酪酸醋酸纤维等。当环境湿度发生改变时，湿敏电容的介电常数发生变化，使其电容量也发生变化，其电容变化量与相对湿度成正比。湿敏电容的主要优点是灵敏度高、产品互换性好、响应快、湿度的滞后量小、便于制造、容易实现小型化和集成化，其精度一般比湿敏电阻要低一些。

除电阻式、电容式湿敏元件之外，还有电解质离子型湿敏元件、重量型湿敏元件（利用感湿膜重量的变化来改变振荡频率）、光强型湿敏元件、声表面波湿敏元件等。湿敏元件的线性度及抗污染性差，在检测环境湿度时，湿敏元件要长期暴露在待测环境中，很容易被污染而影响其测量精度及长期稳定性。

（三）工作原理

常见的空气湿度传感器有氯化锂湿度传感器、碳湿敏元件、氧化铝湿度计、陶瓷湿度传感器等。

1. 氯化锂湿度传感器

（1）电阻式氯化锂湿度计。第一个基于电阻-湿度特性原理的氯化锂湿敏元件是美国国际标准管理局的 F. W. Dunmore 研制出来的。这种元件具有较高的精度，同时结构简单、价廉，适用于常温、常湿的测控等一系列优点。

氯化锂元件的测量范围与湿敏层的氯化锂浓度及其他成分有关。单个元件的有效感湿范围一般在 20%RH 以内。例如，0.05% 的浓度对应的感湿范围为 80%～100%RH，0.2% 的浓度对应范围是 60%～80%RH 等。由此可见，当测量较宽的湿度范围时，必须把不同浓度的元件组合在一起使用。可用于全量程测量的湿度计组合的元件数一般为 5 个，采用元件组合法的氯化锂湿度计可测范围通常为 15%～100%RH，国外有些产品声称其测量范围可达 2%～

100%RH。

（2）露点式氯化锂湿度计。露点式氯化锂湿度计是由美国的 Forboro 公司首先研制出来的，其后我国和许多国家都做了大量的研究工作。这种湿度计与上述电阻式氯化锂湿度计形式相似，但工作原理完全不同。简而言之，它是利用氯化锂饱和水溶液的饱和水汽压随温度变化而进行工作的。

2. 碳湿敏元件

碳湿敏元件是美国的 E. K. Carver 和 C. W. Breasefield 于 1942 年首先提出来的，与常用的毛发、肠衣和氯化锂等探空元件相比，碳湿敏元件具有响应速度快、重复性好、无冲蚀效应和滞后环窄等优点，因而令人瞩目。我国气象部门于 20 世纪 70 年代初开展碳湿敏元件的研制，并取得了积极的成果，其测量不确定度不超过 ±5%RH，时间常数在正温时为 2～3s，滞差一般在 7% 左右，比阻稳定性也较好。

3. 氧化铝湿度计

氧化铝湿度计的突出优点是体积可以非常小（如用于探空仪的湿敏元件仅 90μm 厚、12mg 重）、灵敏度高（测量下限达 －110℃ 露点）、响应快（一般为 0.3～3s），测量信号直接以电参量的形式输出，大大简化了数据处理程序等。另外，它适用于测量液体中的水分。以上特点正是工业和气象中的某些测量领域所希望的。因此，它被认为是进行高空大气探测可供选择的几种合乎要求的传感器之一。

4. 陶瓷湿度传感器

在湿度测量领域，对于低湿和高湿及其在低温和高温条件下的测量，截至目前仍然是一个薄弱环节，而其中又以高温条件下的湿度测量技术最为落后。以往，通风干湿球湿度计几乎是在这个温度条件下可以使用的唯一方法，而该法在实际使用中也存在种种问题，无法令人满意。另外，科学技术的发展，要求在高温下测量湿度的场合越来越多，如水泥、金属冶炼、食品加工等涉及工艺条件和质量控制的许多工业过程的湿度测量与控制。因此，自 20 世纪 60 年代起，许多国家开始竞相研制适用于高温条件下进行测量的湿度传感器。考虑到传感器的使用条件，人们很自然地把探索方向着眼于既具有吸水性又能耐高温的某些无机物上。实践已经证明，陶瓷元件不仅具有湿敏特性，还可以作为感温元件和气敏元件。这些特性使它极有可能成为一种有发展前途的多功能传感器。寺日、福岛、新田等人在这方面已经迈出了颇为成功的一步。他们于 1980 年研制成称为"湿瓷-Ⅱ型"和"湿瓷-Ⅲ型"的多功能传感器。

三、二氧化碳感知

二氧化碳传感器是一种气体检测仪器，主要用于测量空气中二氧化碳的含量。当二氧化碳的含量过多或过少时，二氧化碳传感器就会发出警报，人们根据它的提示就会及时采取相应措施来调整空气质量，满足生产、生活要求。根据测量原理不同，二氧化碳传感器可以分为以下几种类型。

（一）热导式二氧化碳传感器

热导式气体传感器是基于不同气体在相同条件下具有不同热传导率原理制成的气体传感器。在一定条件下，被测气体浓度或组分的变化导致气体传感器工作环境热传导率发生变化，从而引起传感器表面温度的变化，进一步导致传感器感温元件电阻的变化，通过测量传感器感温电阻的变化实现对气体浓度的检测。

热导式二氧化碳传感器是一种利用二氧化碳气体的热导率进行感应的设备，当两个和多个气体的热导率差别较大时，可以利用热导元件，分辨其中一个组分的含量。当然，这种设备不仅在测量二氧化碳气体浓度方面，在测量氢气以及某些稀有气体方面也可以使用。不过由于某些特定原因（如技术封锁等），这种设备在国内的煤矿中并不多见。

（二）催化剂二氧化碳传感器

催化剂二氧化碳传感器是一种以催化剂作为基本元件的二氧化碳传感器。它利用在特定型号电阻的表面的催化剂涂层，在一定的温度下，可燃性气体在其表面催化燃烧来作为二氧化碳传感器的感应原理。所以，人们将这种二氧化碳传感器也称为热燃烧式传感器。

（三）半导体二氧化碳传感器

半导体二氧化碳传感器是一种早期的气体感应仪器，它通过一些比较原始的结构，利用金属氧化物半导体材料，与特定气体环境中一定温度下发生的电阻波动在一定温度下产生的电流波动这一原理进行感应的。这种设备极易受到温度变化的影响，所以目前已被业界淘汰。

（四）固体电解质二氧化碳传感器

固体电解质二氧化碳传感器有较长的发展史，它是利用固体电解质气敏元件作为敏感元件的气体传感器，利用电极反应的总反应式计算二氧化碳含量，在不断的发展过程中，主要通过改变电解质来提高传感器性能。初期，用 K_2CO_3 作为固体电解质，设计了一种电位型二氧化碳气体传感器。但是，由于 K_2CO_3 易受与之共存的水蒸气影响，难以使用。随后，用稳定性较好的锆酸盐 ZrO_2-MgO 设计了一种二氧化碳气体敏感传感器，现在有人采用聚丙烯腈（PAN）、二甲亚砜（DMSO）和高氯酸四丁基铵（TBAP）制备一种新型的固体聚合物电解质。当配比合适时，有高达 $10^{-4}S/cm$ 的温室离子电导率和良好的空间网状多孔结构，尤其在金微电极上成膜构成的全固态电化学体系，在常温下对二氧化碳气体有良好的电流响应特性，消除了传统电化学传感器因电解液渗漏或干涸带来的弊端，同时具有体积小、使用方便的优点。但是，使用时间较短，且预热时间长达几小时，不能及时测量，不适合新型农业检测使用。

（五）电化学二氧化碳传感器

电化学二氧化碳传感器可以算作催化剂传感器的一个分支。二氧化碳传感器利用一些气体的电化学活性特性，使二氧化碳气体和传感器的感应部件反应，可以分辨二氧化碳在大气中的相关参数，这种传感器目前比较常见。

（六）红外二氧化碳传感器

1. 吸收原理分析

气体的吸收光谱会随物质的不同而存在差异，不同气体分子其化学结构也不同，就导致了对不同波长的红外辐射的吸收程度不同，即不同的物体对应不同的吸收光谱，而每种气体在其光谱中对特定波长的光有较强的吸收。当不同波长的红外辐射依次照射到样品物质时，某些波长的辐射能被样品物质选择吸收而变弱，产生红外吸收光谱，故当知道某种物质的红外吸收光谱时，便能从中获得该物质在红外区的吸收峰。同一种物质不同浓度时，在同一吸收峰位置会有不同的吸收强度，吸收强度与浓度成正比关系，通过检测气体对光的波长和强度的影响，便可以确定气体的浓度。

图 3-1 是二氧化碳气体在波长为 $4.26\mu m$ 的波段处的红外吸收光谱。由图 3-1 可以看出，中心波长为 $4.26\mu m$ 的波段的吸收最强，衰减最为剧烈，故选择此波段的吸收谱线作为检测依据。

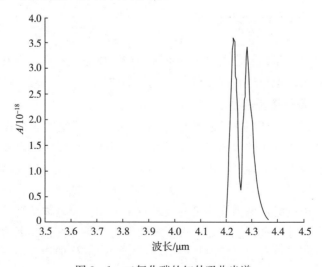

图 3-1　二氧化碳的红外吸收光谱

2. 二氧化碳气体的吸收原理

根据 Beer-Lambert 定律，当红外光源发射的红外光通过二氧化碳气体时，二氧化碳气体会对相应波长的红外光进行吸收。当一束光强为 I_0（单位：cd）的单色平行光射向二氧化碳气体和空气的混合气室时，由于气室中的样品具有吸收线和吸收带，光会被混合气体吸收一部分，光通过气体后光强会发生衰减，如图 3-2 所示。根据 Beer-Lambert 定理，气室出射光的强度为

$$I = I_0 e^{-KCL} \tag{3-2}$$

式中：I 为吸收后的光强；I_0 为吸收前的光强；K 为反映吸收气体分子特性的系数，它与气体的种类、光谱波长、压力、温度等许多因素有关；C 为待测气体浓度；L 为气室的长度，即光与气体的作用长度。

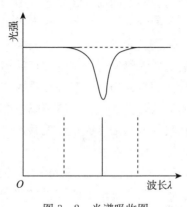

图 3-2　光谱吸收图

对公式（3-2）进行变换，得

$$C = 1/KL \ln (I_0/I) \tag{3-3}$$

对于确定的待测二氧化碳气体和系统结构，K 是一个确定的常量，只要测出 I_0 和 I 的比值，就可以得知二氧化碳气体的浓度 C。

3. 红外二氧化碳传感器

基于以上原理，利用非色散红外（NDIR）原理对空气中存在的二氧化碳进行探测。红外二氧化碳传感器一般由红外辐射源、测量气室、波长选择装置（滤光片）、红外探测装置等组成。如果气体的吸收光谱在入射光谱范围，那么红外辐射透过被测气体后，在相应波长处会发生能量的衰减，未被吸收的辐射被探头测出，通过测量该谱线能量的衰减量来得知被测气体浓度。红外二氧化碳传感器具有很好的选择性和无氧气依赖性，寿命长。红外二氧化碳传感器内置温度补偿，同时具有数字输出与模拟电压输出，方便使用。该传感器是将成熟的红外吸收气体检测技术与精密光路设计、精良电路设计紧密结合而制作

的，具有高性能。红外线气体检测仪的优点是测量范围宽、选择性好、防爆性好、设计简便、价格低廉。基于红外吸收原理的二氧化碳传感器具有独特优势，所以，研制和开发基于红外光谱吸收的二氧化碳分析仪对提高我国二氧化碳气体测量监控水平有着重要的作用。常见的有光电导型和热释电型。

（1）光电导型红外探测器。光电导型红外探测器是基于光电导效应工作的。光电导效应是指半导体吸收光子在光子的作用下电子发生跃迁，从而改变电导率。如果入射光子的能量足够大，使得电子从某些半导体表面释放出来而产生电信号，那么这种现象就是外光电效应。当入射光子只能使半导体内部产生自由电子或自由空穴，或者两者出现某种电信号，称为内光电效应。光电导探测器主要是利用内光电效应的原理工作制作的。当红光照射到半导体上时，半导体吸收光子能量使其电子的状态发生变化，改变电导率，即电阻值发生变化，从而产生电信号。由于光电导探测器对波长有一定的选择性，且它是基于光电效应，所以光电导探测器的响应比较快，时间常数很小，一般在毫米级甚至微米级之间。

（2）热释电型红外探测器。热释电型红外探测器是根据热释电效应设计的。所谓热释电效应，是指当红外光照射到物体上时，物体表面温度的快速变化使得晶体自发极化强度发生改变，表面的电荷也随着发生变化。热释电型探测器具有不需制冷（超导除外）、易于使用、易于维护、可靠性好等特点；光谱响应与波长无关，为无选择性探测器；制备工艺相对简单，成本较低。热释电型红外探测器的主要优点是相应波段宽，可以在室温下工作，使用方便。

四、光照度感知

光照传感器是一种传感器，用于检测光照度，简称照度，工作原理是将光照度值转为电压值，主要用于农业、林业温室大棚培育等。根据检测光照度方式的不同，主要分为对射式光电传感器、漫反射式光电传感器、反射式光电传感器、槽形光电传感器、光纤式光电传感器。

（一）光照度检测原理

根据爱因斯坦的光子假说，光是一粒一粒运动着的粒子流，这些光粒子称为光子。每一个光子具有一定的能量，其大小等于普朗克常数 h 乘以光的频率 ν。所以，不同频率的光子具有不同的能量。光的频率越高，其光子能量就越大。

光线照射在某些物体上，使电子从这些物体表面逸出的现象称为外光电效应，也称光电发射。逸出来的电子称为光电子。光电效应一般分为外光电效应、光电导效应和光伏效应 3 类，根据这些效应可制成不同的光电转换器件（称为光敏元件）。光照传感器是以光伏效应来工作的。

在光照下，若入射光子的能量大于禁带宽度，半导体 PN 结附近被束缚的价电子吸收光子能量，受激发跃迁至导带形成自由电子，而价带则相应地形成自由空穴。这些电子-空穴对，在内电场的作用下，空穴移向 P 区，电子移向 N 区，使 P 区带正电，N 区带负电。于是，在 P 区与 N 区之间产生电压，称为光生电动势，这就是光伏效应。利用光伏效应制成的敏感元件有光电池、光敏二极管和光敏三极管等，其应用极为广泛。

利用光敏二极管的光伏效应可以制作照度传感器。光敏二极管的结构与一般二极管相似，装在透明玻璃外壳中，它的 PN 结装在管顶，可直接受到光照射，光敏二极管在电路中一般处于反向工作状态。光敏二极管在电路中处于反向偏置，在没有光照射时，反向电阻很大，反向电流很小，此反向电流称为暗电流。反向电流小的原因是在 PN 结中，P 型中的电子和 N 型中的空穴（少数载流子）很少。当光照射在 PN 结上，光子打在 PN 结附近，使 PN 结附近产生光生电子和光生空穴对，使少数载流子的浓度大大增加，因此通过 PN 结的反向电流也随之增加。如果入射光照度变化，光生电子-空穴对的浓度也相应变动，通过外电路的光电流强度也随之变动，可见光敏二极管能将光信号转换为电信号输出。

（二）光照度传感器类型

1. 对射式光电传感器

所谓对射式传感器，就是指组成传感器的发射器和接收器是分开放置的，发射器发射红外光后，会经过一定距离的传输后才能到达接收器的位置处，并且与接收器形成一个通路，当需要检测的物体通过对射式光电传感器时，光路就会被检测物体所阻挡，这时接收器就会及时反应并输出一个开关控制信号，在粉尘污染比较严重的环境中或野外环境中都可以应用对射式光电传感器。

2. 漫反射式光电传感器

这种传感器的检测头内部也是装有发射器和接收器的，但是并没有反光板。一般情况下，接收器无法接收到发射器所发出的光，但是当需要检测的物体通过光电传感器时，物体会将光线反射回去，接收器接收到光信号，输出一个开关控制信号，漫反射式光电传感器大多应用在自动冲水系统中。

3. 反射式光电传感器

在一个接头装置的内部同时装有发射器、接收器和反光板，这种传感器称为反射式光电传感器。发射器所发出的光电在反射原理的作用下会反射给接收器，这种光电控制的作用也就是所谓的反光板反射式的光电开关。通常情况下，反光板会将发射器所发射的光反射回去，接收器可以接收到，当检测的物体挡住了光路，接收器就接收不到反射光，这时开关就会产生作用，输出开关信号。

4. 槽形光电传感器

槽形光电传感器通常也称为 U 形光电开关，在 U 形槽的两侧分别装有发射器和接收器，并且两者形成一个统一的光轴。当所检测的物体通过 U 形槽时，光轴就会被隔断，这时光电开关就会产生反应，输出开关信号。槽形光电开关的稳定性和安全性都很高，所以一般用于透明物体、半透明物体以及高速变化物体的检测工作中。

5. 光纤式光电传感器

这种光电传感器的工作原理就是将光源处的光用光纤接到检测点的位置处，调制区内部的光会与待测的物体相互作用，从而改变光的光学性质，之后光接收器就会接收到检测点位置处的光信号，也就形成了光纤式光电开关。

第二节　食用菌基质信息感知

一、基质温度感知

基质温度传感器是可以监测基质的温度，输出信号分为电阻信号、电压信号、电流信号。使用时一般埋于基质表层，也可分层测量。可以在选好的测试点挖掘出一个理想深度的洞，将传感器埋进去。

根据传感器温度检测部分的不同，常分为热电偶传感器、热敏电阻传感器、模拟温度传感器和数字式温度传感器四类。

1. 基质温度感知类型

（1）热电偶传感器。两种不同导体或半导体的组合称为热电偶。热电势 EAB（T，T_0）是由接触电势和温差电势合成的，接触电势是指两种不同的导体或半导体在接触处产生的电势，此电势与两种导体或半导体的性质及在接触点的温度有关。当有两种不同的导体以及半导体 A 和 B 组成一个回路，其相互连接时，只要两结点处的温度不同，一端温度为 T，称为工作端，另一端温度为 T_0，称为自由端，则回路中就有电流产生，即回路中存在的电动势称为热电动势。这种由于温度不同而产生电动势的现象称为塞贝克效应。

（2）热敏电阻传感器。热敏电阻是敏感元件的一类，热敏电阻的电阻值会随着温度的变化而改变，与一般的固定电阻不同，属于可变电阻的一类，广泛应用于各种电子元器件中。不同于电阻温度计使用纯金属，在热敏电阻器中使用的材料通常是陶瓷或聚合物，正温度系数热敏电阻器在温度越高时电阻值越大，负温度系数热敏电阻器在温度越高时电阻值越低，它们同属于半导体器件，热敏电阻通常在有限的温度范围实现较高的精度，通常是 $-90 \sim 130℃$。

（3）模拟温度传感器。HTG3515CH 是一款电压输出型温度传感器，输出电流为 $1 \sim 3.6V$，精度为 $\pm 3\%RH$，$0 \sim 100\%RH$ 相对湿度范围，工作温度范围为−40～110℃，5s 响应时间，0±1％RH 迟滞，是一个带温湿度一体输出接口的模块，专门为 OEM 客户设计，应用在需要一个可靠、精密测量的地方，带有微型控制芯片；湿度为线性电压输出；带 10kΩ NTC 温度输出，HTG3515CH 可用于大批量生产和要求测量精度较高的地方。

（4）数字式温度传感器。它采用硅工艺生产的数字式温度传感器，其采用 PTAT 结构，这种半导体结构具有精确的与温度相关的良好输出特性，PTAT 的输出通过占空比比较器调制成数字信号，占空比与温度的关系如下式：

$$C＝0.32＋0.004\ 7t \tag{3-4}$$

式中：t 为温度（℃）。

输出数字信号与微处理器（MCU）兼容，通过处理器的高频采样可算出输出电压方波信号的占空比，即可得到温度。该款温度传感器因其特殊工艺，分辨率优于 0.005K。测量温度范围为−45～130℃，故广泛被用于高精度场合。

2. 工作原理

（1）热电偶传感器。热电偶是一种感温元件，是一次仪表，它直接测量温度，并把温度信号转换成热电动势信号，再通过电气仪表（二次仪表）转换成被测介质的温度。热电偶测温的基本原理是两种不同成分的材质导体组成闭合回路，当两端存在温度梯度时，回路中就会有电流通过，此时两端之间就存在电动势——热电动势，这就是所谓的塞贝克效应。

两种不同成分的均质导体为热电极，温度较高的一端为工作端，温度较低的一端为自由端，自由端通常处于某个恒定的温度下。根据热电动势与温度的函数关系制成热电偶分度表；分度表是自由端温度在 0℃时的条件下得到的，不同的热电偶具有不同的分度表。

在热电偶回路中接入第三种金属材料时，只要该材料两个接点的温度相同，热电偶所产生的热电势将保持不变，即不受第三种金属接入回路中的影响。因此，在热电偶测温时，可接入测量仪表，测得热电动势后，即可知道被测介质的温度。热电偶将两种不同材料的导体或半导体 A 和 B 焊接起来，构成一个闭合回路。

当导体 A 和 B 的两个执着点 1 和 2 之间存在温差时，两者之间便产生电动势，因而在回路中形成一个大小的电流，这种现象称为热电效应。热电偶就是利用这一效应来工作的。

两种不同成分的导体（称为热电偶丝材或热电极）两端接合成回路，当两个接合点的温度不同时，在回路中就会产生电动势，这种现象称为热电效应，而这种电动势称为热电势。热电偶就是利用这种原理进行温度测量的，其中，直接用作测量介质温度的一端称为工作端（也称为测量端），另一端称为冷端

（也称为补偿端）；冷端与显示仪表或配套仪表连接，显示仪表会指出热电偶所产生的热电势。

（2）热敏电阻传感器。热敏电阻测温原理与热电偶的测温原理不同的是，热电阻是基于电阻的热效应进行温度测量的，即电阻体的阻值随温度的变化而变化的特性。因此，只要测量出感温热电阻的阻值变化，就可以测量出温度。目前，主要有金属热电阻和半导体热敏电阻两类。金属热电阻的电阻值和温度一般可以用以下近似关系式表示，即

$$R_t = R_{t_0} \left[1 + \alpha \left(t - t_0 \right) \right] \qquad (3-5)$$

式中：R_t 为温度 t 时的阻值；R_{t_0} 为温度 t_0（通常 $t_0 = 0℃$）时对应电阻值；α 为温度系数。

半导体热敏电阻的阻值和温度关系为

$$R_t = A_e B/t \qquad (3-6)$$

式中：R_t 为温度为 t 时的阻值；A、B 取决于半导体材料的结构常数。

相比较而言，热敏电阻的温度系数更大，常温下的电阻值更高（通常在数千欧以上），但互换性较差，非线性严重，测温范围只有 $-50 \sim 300℃$，大量用于家电和汽车用温度检测与控制。金属热电阻一般适用于 $-200 \sim 500℃$ 范围的温度测量，其特点是测量准确、稳定性好、性能可靠，在程控中的应用极其广泛。

任何电阻都会随温度升高阻值增大，热敏电阻变化更明显，但与温度的变化不是线性关系，而是曲线。一般取近似直线的一段。如果要求精度更高，可采用软件补偿。实际电路一般都是测量热电阻电压，阻值变化电压也会变化，再通过模数转换器转换成数字信号。

二、基质水分感知

基质湿度传感器又名基质水分传感器或基质含水量传感器，主要用来测量基质容积含水量。目前，常用到的基质湿度传感器有 FDR 型和 TDR 型，即频域型和时域型。

1. 基质水分感知类型

（1）频域型（FDR 型）。频域反射仪（frequency domain reflectometry，FDR）是一种用于测量基质水分的仪器，它利用电磁脉冲原理、根据电磁波在介质中传播频率来测量基质的表观介电常数 ε，从而得到基质容积含水量 θ_v，FDR 具有简便安全、快速准确、定点连续、自动化、宽量程、少标定等优点，是一种值得推荐的基质水分测定仪器。

（2）时域型（TDR 型）。时域反射仪（time-domain reflectometry，TDR）法是指通过测定基质的介电常数，进而计算基质含水量的方法。由于基质中水的介电常数远大于基质中的固体颗粒和空气的介电常数，因此随基质水分含量

升高，介电常数值增大，而电磁波在介质中传播的速度与介电常数的平方根成反比，因此沿波导棒的电磁波传播时间也随之延长。通过测定基质中高频电磁脉冲沿波导棒的传播速度就可以确定基质含水量。

此方法获得的含水量是整个探针长度范围的平均值，所以同一基质体中埋置方式不同可能会得到不同的结果。因此，在使用 TDR 时，应根据实验要求选择适宜的探针埋置方式。此法测定基质表层的含水量比中子仪精度高，且有快速、准确、安全无辐射、便于自动控制等特点，适于原位连续测量，且测量范围广；既可做成便携式仪器进行田间实时测量，又可通过导线与计算机相连，进行远距离多点自动监测。但此法不适宜于盐碱基质进行水分测量。

（3）按照电信号输出类型进行区分，基本为电压输出型号和电流输出型号两种。

电压输出型号：通常采用 0.1～10V 输出，采用 2～3 线数据线路作为输出方式。

电流输出型号：电流输出型号是比较常见的简单方式，这种方式大多采用两线制输出方式。

2. 工作原理

按照其测量的原理，一般可分为电容型、电阻型、离子敏型、光强型、声表面波型等。

（1）电容型基质湿度传感器。电容型基质湿度传感器的敏感元件为湿敏电容，主要材料一般为金属氧化物、高分子聚合物。这些材料对水分子有较强的吸附能力，吸附水分的多少随环境湿度的变化而变化。由于水分子有较大的电偶极矩，吸水后材料的电容率发生变化，电容器的电容值也就发生变化。把电容值的变化转变为电信号就可以对湿度进行监测。湿敏电容一般是用高分子薄膜电容制成的，当环境湿度发生改变时，湿敏电容的介电常数发生变化，使其电容量也发生变化，其电容变化量与相对湿度成正比，利用这一特性即可测量湿度。常用的电容型基质湿度传感器的感湿介质主要有多孔硅、聚酰亚胺，此外还有聚砜（PSF）、聚苯乙烯（PS）、PMMA（线性、交联、等离子聚合）。

为了获得良好的感湿性能，希望电容型基质湿度传感器的两极越接近、作用面积和感湿介质的介电常数变化越大越好，所以通常采用三明治型结构的电容基质湿度传感器。它的优势在于可以使电容型基质湿度传感器的两极较接近，从而提高电容型基质湿度传感器的灵敏度。

图 3-3 所示为常见的电容型基质湿度传感器结构。交叉指状的铝条构成了电容器的两个电极，每个电极有若干铝条，每条铝条长 $400\mu m$，宽 $8\mu m$，铝条间有一定的间距。铝条及铝条间的空隙都暴露在空气中，这使得空气充当电容器的电介质。由于空气的介电常数随空气相对湿度的变化而变化，电容器的

电容值随之变化，因而该电容器可用作湿度传感器。多晶硅的作用是制造加热电阻，该电阻工作时可以利用热效应排除沾在湿度传感器表面的可挥发性物质。

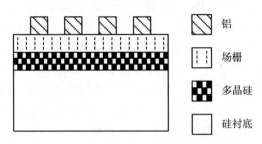

铝

场栅

多晶硅

硅衬底

图 3-3　电容型基质湿度传感器结构

电容型基质湿度传感器在测量过程中就相当于一个微小电容，对于电容的测量主要涉及两个参数，即电容值 C 和品质参数 Q。基质湿度传感器并不是一个纯电容，它的等效形式如图 3-4 虚线部分所示，相当于一个电容和一个电阻的并联。

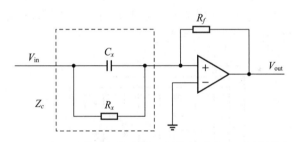

图 3-4　电容型基质湿度传感器 Z_c 的等效形式及测量微分电路图

（2）电阻型基质湿度传感器。电阻型基质湿度传感器的敏感元件为湿敏电阻，其主要材料一般为电介质、半导体、多孔陶瓷等。这些材料对水的吸附较强，吸附水分后电阻率/电导率会随湿度的变化而变化，这样湿度的变化可导致湿敏电阻阻值的变化，电阻值的变化就可以转化为需要的电信号。例如，氯化锂的水溶液在基板上形成薄膜，随着空气中水蒸气含量的增减，薄膜吸湿脱湿，溶液中盐的浓度减小、增大，电阻率随之增大、减小，两级间电阻也就增大、减小。又如多孔陶瓷湿敏电阻，陶瓷本身是由许多小晶颗粒构成的，其中的气孔多与外界相通，通过毛孔可以吸附水分子，引起离子浓度的变化，从而导致两极间的电阻变化。

湿敏电阻的特点是在基片上覆盖一层用感湿材料制成的膜，当空气中的水蒸气吸附在感湿膜上时，元件的电阻率和电阻值发生变化，利用这一特性即可测量湿度。

电阻型基质湿度传感器可分为两类：电子导电型和离子导电型。电子导电型基质湿度传感器也称为"浓缩型基质湿度传感器"，它通过将导电体粉末分散于膨胀性吸湿高分子中制成湿敏膜。随湿度变化，膜发生膨胀或收缩，从而使导电粉末间距变化，电阻随之改变。但是，这类传感器长期稳定性差，且难以实现规模化生产，所以应用较少。离子导电型基质湿度传感器，它是高分子湿敏膜吸湿后，在水分子作用下，离子相互作用减弱，迁移率增加，同时吸附的水分子电离使离子载体增多，膜电导随湿度增加而增加，由电导的变化可测知环境湿度，这类传感器应用较多。在电阻型基质湿度传感器中，通过使用小尺寸传感器和高阻值的电阻薄膜可以改善电流的静态损耗。

电阻型基质湿度传感器结构模型如图 3-5 所示。金属层 1 作为连续的电极，它与另一个电极是隔开的。活性物质被淀积在薄膜上，用来作为两个电极之间的连接，并且这个连接是通过感湿传感层的，湿敏薄膜则直接暴露在空气中，在金属层 2 上挖去一定的区域直到金属层 1，用这些区域作为传感区。金属层 1 和金属层 2 只是作为电极，它们之间是没有直接接触的。整个传感器是由许多这样的小单元组成的。根据传感器所需的电阻值的不同，小单元的数目是可以调节的。因为两个电极之间的连接只能在每个小单元中确定，所以整个传感器的构造可以看成一系列的平行电阻。

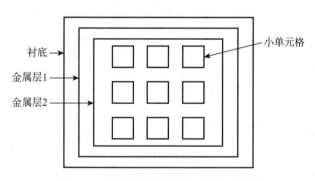

图 3-5　电阻型基质湿度传感器结构模型

（3）离子型基质湿度传感器。离子敏场效应晶体管（ISFET）属于半导体生物传感器，是 20 世纪 70 年代由 P. Bergeld 发明的。ISFET 通过栅极上不同敏感薄膜材料直接与被测溶液中离子缓冲溶液接触，进而可以测出溶液中的离子浓度。

离子型基质湿度传感器结构模型如图 3-6 所示。离子敏感器件由离子选择膜（敏感膜）和转换器两部分组成，敏感膜用以识别离子的种类和浓度，转换器则将敏感膜感知的信息转换为电信号。离子敏场效应管在绝缘栅上制作一层敏感膜，不同的敏感膜所检测的离子种类也不同，从而具有离子选择性。

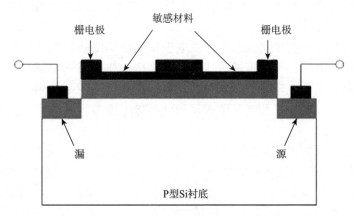

图 3 - 6 离子型基质湿度传感器结构

离子敏场效应晶体管（ISFET）兼有电化学与金属氧化物半导体场效应晶体管（MOSFET）的双重特性，与传统的离子选择性电极（ISE）相比，IS-FET 具有体积小、灵敏、响应快、无标记、检测方便、容易集成化与批量生产的特点。但是，离子敏场效应晶体管与普通的 MOSFET 相似，只是将 MOSFET 栅极的多晶硅层移去，用湿敏材料所代替。当湿度发生变化时，栅极的两个金属电极之间的电势会发生变化，栅极上湿敏材料介电常数的变化将会影响通过非导电物质的电荷流。

三、基质电导率感知

基质中的总盐量是表示基质中所含盐类的总含量。由于基质浸出液中各种盐类一般均以离子形式存在，所以总盐量可以表示为基质浸出液中各种阳离子的量和各种阴离子的量之和。在描述基质盐分状况时，常用的指标是基质浸出液电导率。

基质电导率传感器是检测基质浸出液电导率大小的传感器。

基质电导率传感器根据测量原理与方法的不同，可以分为电极型电导率传感器、电感型电导率传感器以及超声波电导率传感器。电极型电导率传感器根据电解导电原理采用电阻测量法。对电导率实现测量，其电导测量电极在测量过程中表现为一个复杂的电化学系统；电感型电导率传感器依据电磁感应原理实现对液体电导率的测量；超声波电导率传感器根据超声波在液体中变化对电导率进行测量，其中前两种传感器应用最为广泛。

（一）基质电导率感知类型

1. 电极型电导率传感器

电极型电导率传感器根据电解导电原理采用电阻测量法对电导率实现测

量，其电导测量电极在测量过程中表现为一个复杂的电化学系统。电极型电导率传感器应用最为广泛。

（1）两电极型电导率传感器。两电极型电导率传感器电导池由一对电极组成，在电极上施加一恒定的电压，电导池中液体电阻的变化导致测量电极的电流发生变化，并符合欧姆定律，用电导率代替电阻率，用电导代替金属中的电阻，即用电导率和电导来表示液体的导电能力，从而实现液体电导率的测量。

传统电极型电导率传感器电极由一对平板电极组成，电极的正对面积与距离决定了电极常数。这种电极结构简单，制作工艺简单，但这种电极存在电力线边缘效应以及电极正对面积、电极间距难以确定等问题，电极常数不能通过尺寸测量计算得出，需要通过标准进行标定，最常用的一种标准溶液是0.01mol/L氯化钾标准溶液。结合电导池原理对平板电极进行改进，开发出了圆柱形电极、点电极、线电极、复合电极等。

（2）四电极型电导率传感器。四电极电导池由2个电流电极和2个电压电极组成，电压电极和电流电极同轴，测量时被测液体在2个电流电极间的缝隙中通过，电流电极两端施加了一个交流信号并通过电流，在液体介质里建立起电场，2个电压电极感应产生电压，使2个电压电极两端的电压保持恒定，通过2个电流电极间的电流和液体电导率成线性关系。

为了满足海洋研究开发的需要，国家海洋技术中心李建国对开放式四电极电导率传感器展开了研究与开发，成功研制了用于海水电导率测量的四电极电导率传感器，其性能指标达到了国际先进水平：测量范围为$0\sim65mS/cm$，测量精度为$\pm0.007mS/cm$。

目前，成熟的四电极型电导率传感器其测量范围为$0\sim2S/cm$，并且电极常数不同，则具有不同的测量范围。

2. 电感型电导率传感器

电感型电导率传感器采用电磁感应原理对电导率进行测量，液体的电导率在一定范围内与感应电压/激磁电压成正比，激磁电压保持不变，电导率与感应电压成正比。

电感型电导率传感器检测器不直接与被测液体接触，因此，不存在电极极化与电极被污染的问题。电感型电导率传感器的原理决定了这类传感器仅适用于测量具有高电导率的液体，测量范围为$1\times10^3\sim2\times10^7\mu S/cm$。

（二）工作原理

1. 电极型电导率传感器

（1）测量原理。电导率测量较为复杂，当测量溶液的电导率时，电极表面会产生一系列电化学反应，即电极极化效应，从而影响测量精度。采用交流供电可以使电极上通过的电流近似为零，从而大大消除电极对溶液的电解作用；四电极测量体系将电流电极和电压电极分开，如图 3-7 所示，进一步消除了电极极化的影响，这样就可以得到被测溶液等效电阻两端的准确电压值。

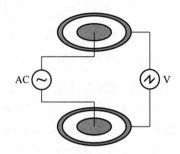

图 3-7　四电极电导率测量原理

（2）电解质导电机理。电流 I 与施于导体两端的电压 U 和电阻 R 的关系可由欧姆定律给出，见公式（3-7）：

$$I = \frac{U}{R} \qquad\qquad (3-7)$$

在一定温度下，电阻值与导体的几何因素之间的关系见公式（3-8）：

$$R = \rho \frac{L}{A} \qquad\qquad (3-8)$$

式中：L 为导体长度（m）；A 为导体截面积（m^2）；ρ 为电阻率（$\Omega \cdot m$）。

电解质溶液同样遵从欧姆定律，也具有电阻 R，并服从公式（3-8）。但在习惯上，用电导和电导率来表示溶液的导电能力。即见公式（3-9）至公式（3-11）。

$$G = \frac{L}{R} \qquad\qquad (3-9)$$

$$k = \frac{L}{\rho} \qquad\qquad (3-10)$$

因此有

$$G = k \frac{A}{L} \qquad\qquad (3-11)$$

式中：G 为电导（S），$1S = 1\Omega^{-1}$；k 为电导率，表示边长为 1m 的立方体溶液的电导（S/m）；ρ 为电阻率（$\Omega \cdot m$）。

（3）检测工作原理。四电极测量原理如图 3-8 所示，其中，b、b' 为电流电极（激励电极），a、a' 为电压电极（工作电极），G 为正弦波信号电压发生器。

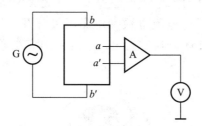

图 3-8　四电极测量电导率原理

由于集成运放 A 的输入阻抗足够高，使得流经电压电极 a、a'两端的电流近似为零，这样电压电极上就不会产生极化电压，从而在很大程度上消除了极化效应对测量的影响。电流电极两端施加了一个恒定的交流电压信号，由电压电极来感应产生电压，通过反馈电路调整电流，使电压电极两端的电压保持恒定。于是，通过电流电极间的电流和液体电导率成线性关系。根据电流和电压值，计算出液体的电导率值。由公式（3-12）表示：

$$S = \frac{k}{R_C} = k\frac{I_C}{V_C} \qquad (3-12)$$

式中：S 为电导率（S/m）；k 为电导池常数，与 4 个电极的形状、位置、大小等因素有关；V_C 为 R_C 两端固定压降（即电压两极之间的电压）（V）；I_C 为通过电流两极的电流。

2. 电感型电导率传感器

电感型电导率传感器是采用原级和次级两个磁环绕组并列安装在同一轴线上，两个磁环之间的距离一般为 1~3cm。原级绕组为发射线圈，次级绕组为接收线图。若把传感器置于空气中，因为磁环的磁导率 U_c 远大于空气的磁导率 U_0，所以原级绕组磁力线基本上都经本级磁环而闭合，漏磁通非常小，因此，原次级线圈之间没有直接的耦合，这样，即使在原级线圈中通有 20kHz 的交变电流，次级线圈也不能感应出交变电压。若把传感器置于钻井液（或其他溶液）中，钻井液经过传感器探测头孔而呈现闭合状态，此时，原次级线圈之间通过有一定导电能力的钻井液而耦合，这样在原级线圈中通有 20kHz 的交变电流时，原级线圈磁环中的交变磁通能够使经过传感器探测头孔而呈现闭合状态钻井液产生交变电流，该交变电流同时产生交变磁场，该交变磁场又使次级线圈感应出交变电势。次级感应出的交变电势信号经专用电路处理后，送出电导率参数的检测信号。

次级线圈感应电势高低取决于经过传感器探测头孔而呈现闭合状态的钻井液产生交变电流的大小，该交变电流大小又取决于钻井液的电导率 k 的高低。通常在原级线圈加给的电压是恒定的，如 TDC 综合录井仪的电导率面板对电导率传感器的原级线圈恒定加给 AC 4V、20kHz 交变电压。由此可以看出，次级线圈感应电势高低主要取决于钻井液的电导率 k 的高低。

四、基质 pH 感知

pH 传感器是用来检测被测物中氢离子浓度并转换成相应的可用输出信号的传感器，通常由化学部分和信号传输部分构成。

用氢离子玻璃电极与参比电极组成原电池，在玻璃膜与被测溶液中氢离子进行离子交换过程中，通过测量电极之间的电位差来检测溶液中的氢离子浓度，从而测得被测液体的 pH。

pH 传感器俗称 pH 探头，由玻璃电极和参比电极两部分组成。玻璃电极由玻璃支杆、玻璃膜、内参比溶液、内参比电极、电极帽、电线等组成。参比电极具有已知和恒定的电极电位，常用甘汞电极或银/氯化银电极。由于 pH 与温度有关，所以，一般还要增加一个温度电极进行温度补偿，组成三极复合电极。

工作原理：pH 测量属于原电池系统，它的作用是使化学能转换成电能，此电池的端电压被称为电极电位；此电位由两个半电池[①]构成，其中一个半电池称为测量电极，另一个半电池称为参比电极。

对于 pH 电极。它是一支端部吹成泡状的对于 pH 敏感的玻璃膜的玻璃管。管内填充有含饱和 AgCl 的 3mol/L KCL 缓冲溶液，pH 为 7。存在于玻璃膜两面的反映 pH 的电位差用 Ag/AgCl 传导系统导出。复合 pH 电极的结构如图 3-9 所示。

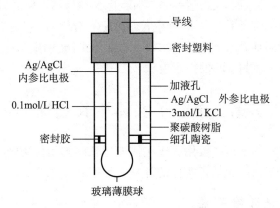

图 3-9 复合 pH 电极的结构

---

① 半电池是指一个原电池的电极和其周围发生反应的溶液。一个原电池由两个半电池组成。

此电位差遵循能斯特公式：

$$E = E_0 + \frac{RT}{nF} \ln a_{H_3O^+}$$

$$(3-13)$$

$$E = 59.16 \text{mV}/25\text{℃ per pH}$$

式中：R 和 F 为常数，n 为化合价，每种离子都有其固定的值。对于氢离子来讲，$n=1$。温度 T 作为变量，在能斯特公式中起很大作用。随着温度的上升，电位值将随之增大。对于每升高 1℃，将引起电位 0.2mV/pH 变化。用 pH 来表示则每变化 1℃，pH 变化 0.003 3。对于 1pH 单位的电位差在 25℃时为 59.16mV。

这也就是说，对于 20～30℃ 和 pH 7 左右的测量，不需要对温度变化进行补偿；而对于温度 >30℃ 或 <20℃ 和 pH >8 或 pH<6 的应用场合，则必须对温度变化进行补偿。

内参比电极的电位是恒定不变的，它与待测试液中的 H^+ 活度（pH）无关，pH 玻璃电极之所以能作为 H^+ 的指示电极，其主要作用体现在玻璃膜上。当玻璃电极浸入被测溶液时，玻璃膜处于内部溶液 $a_{H^+,内}$ 和待测溶液 $a_{H^+,试}$ 之间，这时跨越玻璃膜产生一电位差 ΔE_M，它与氢离子活度之间的关系符合能斯特公式：

$$\Delta E_M = \frac{2.303RT}{F} \lg \frac{a_{H^+,试}}{a_{H^+,内}}$$

$$(3-14)$$

$a_{H^+,内}$ 为一常数，故

$$\Delta E_M = K + \frac{2.303RT}{F} \lg a_{H^+,试} = K - \frac{2.303RT}{F} \text{pH}_试$$

$$(3-15)$$

当 $a_{H^+,内} = a_{H^+,试}$ 时，$\Delta E_M = 0$，实际上 $\Delta E_M \neq 0$，跨越玻璃膜仍有一定的电位差，这种电位差称为不对称电位（ΔE 不对称），它是由玻璃膜内外表面情况不完全相同而产生的。公式（3-15）表明玻璃电极 ΔE_M 与 pH 成正比。因此，可作为测量 pH 的指示电极。

第三节　子实体生长感知

随着信息技术的发展，食用菌子实体的生长感知从传统的实验测试变为大数据驱动的表型测试，包括子实体的外观、形态和颜色等。

一、可见光成像感知

可见光波段的成像感知是指计算机对三维空间的感知，是计算机科学、光学、自动化技术、模式识别和人工智能技术的综合，包括捕获、分析和识别等过程，一般称为机器视觉系统。机器视觉系统主要由图像的获取、图像的处理和分析、输出或显示 3 个部分组成，一般需要的图像信息捕获设备主要为电荷耦合元件（charge coupled device，CCD）、互补金属氧化物半导体（complementary metal oxide semiconductor，CMOS）相机、检测装置、传送与置物系统、计算机和伺服控制系统等设备。在食用菌子实体外部品质检测过程中，子实体位于传送带或置物台上方，图像信息捕获设备配置在目标的上方或周边，在传送带的两侧安装有检测装置。当子实体通过捕获设备时，捕获设备通过图像采集卡将子实体图像信息传入计算机，由计算机对图像进行一系列处理，确定子实体的颜色、大小、形状、表面损伤情况等特征，再根据处理结果控制伺服机构，完成子实体外部检测与品质分级。

机器视觉技术的特点是速度快、信息量大、功能多。以水果为例，可一次性完成子实体的完整性、外形、尺寸、表面损伤和缺陷等的分级，而且能完成许多其他检测方法难以胜任的工作，可以测量定量指标，如子实体大小、表面损伤面积的具体数值，根据其数值大小进行分类等。机器视觉系统的特点是提高生产的柔性和自动化程度。在一些不适合人工作业的危险工作环境或人工视觉难以满足要求的场合，常用机器视觉来替代人工视觉；同时，在大批量工业生产过程中，用人工视觉检查产品质量，其效率低且精度不高，用机器视觉检测方法可以大大提高生产效率和生产的自动化程度。

二、高光谱成像感知

高光谱成像（hyper-spectral image）是集探测器技术、精密光学机械、微弱信号检测、计算机技术、信息处理技术于一体的综合性技术，是一种将成像技术和光谱技术相结合的多维信息获取技术，同时探测目标的二维几何空间与一维光谱信息，获取高光谱分辨率的连续、窄波段的图像数据。高光谱图像数据的光谱分辨率高达 $10^{-2}\lambda$ 数量级，在可见到短波红外波段范围内光谱分辨率为纳米（nm）级，光谱波段数多达数十个甚至上百个，光谱波段是连续的，图像数据的每个像元均可以提取一条完整的高分辨率光谱曲线。与多光谱遥感影像相比，高光谱影像不仅在信息丰富程度方面有了极大的提高，在处理技术上，对该类光谱数据进行更为合理、有效的分析处理提供了可能。

1. 高光谱概念

在紫外（200～400nm）、可见光至近红外（400～1 000nm）、红外（900～1 700nm、1 000～2 500nm）波段范围，能够得到既多又窄的光谱波段，每个波段的数量级在纳米数量级。这就保证了极高的光谱分辨率，从而得到了平滑连续的光谱曲线。

2. 光谱技术及成像光谱技术

光谱技术是一种基于光的散射、发射或吸收信息来检测样品内部结构或成分含量的技术，而成像技术则是通过探测器得到样品的高清晰度图像，从而对其空间上的特性进行分析。这两种技术是光电技术的两个重要领域，原本按照各自的道路发展，然而从20世纪60年代开始，随着遥感技术的兴起，学者们开始热衷于地表勘探和空间探索的研究，而单独获取光谱或图像信息已经无法满足相关研究的需求。因此，将光谱以及图像信息结合在一起的技术手段成为当前的重要需求，这就极大地促进了光谱与成像技术二者的结合，成像光谱技术由此应运而生。

3. 成像光谱技术的分类

依据光谱分辨率，成像光谱技术可以分成以下3类：

（1）超光谱成像技术。将可见/近红外波段范围分为上千个相邻窄波长，其分辨率 $\Delta\lambda = 0.001\lambda$ 数量级。

（2）高光谱成像技术。将可见/近红外波段范围分为几十至数百个相邻窄波长，其分辨率 $\Delta\lambda = 0.01\lambda$ 数量级。

（3）多光谱成像技术。将可见/近红外波段范围仅分为几个相邻窄波长，其分辨率 $\Delta\lambda = 0.1\lambda$ 数量级。

其中，高光谱成像技术是利用高光谱成像仪逐一拍摄相邻单波长光信号，然后融合所有波长的图像以形成样本的高光谱图像，因而有着图谱合一的独特优势。随着该技术近年来的飞速发展，它在越来越多的行业得到重视和应用，从最初的遥感图像检测到现在的食品品质检测等民用行业。

4. 高光谱图像技术检测原理

高光谱图像是在特定波长范围内由一系列波长处的光学图像组成的三维图像块。图3-10所示为三维高光谱图像块。其中，x、y 为二维平面坐标表示的图像像素的坐标信息，λ 表示波长信息。由此说明，高光谱图像既有某个特定波长下的图像信息，又具有不同波长下的光谱信息。

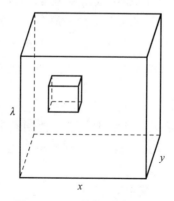

图3-10　三维高光谱图像块

在数据应用分析中，主要可以从以下 3 个方面获得高光谱图像信息：①在图像空间维上，高光谱图像与一般的图像类似，也就意味着可用一般的遥感图像模式识别方法进行高光谱数据的目标信息检测；②在图像光谱维上，高光谱图像的每一个像元可得到一条连续的光谱曲线，基于光谱数据库的光谱匹配技术可以实现对物体与目标的识别；③在图像特征空间维上，高光谱图像能够根据实际数据所反映的目标特征分布差异，将其有效数据由超维特征空间映射到低维子空间。

在实验室图像采集系统中，目前有两种方法获得高光谱图像：①基于滤波器或滤波片的方法。通过连续采集一系列波段下 λ 的样品二维图像，得到三维高光谱图像块。②基于成像光谱仪的方法。成像光谱仪是一种新型传感器，20世纪 80 年代初正式开始研制，研制这类仪器的目的是为获取大量窄波段连续光谱图像数据，使每个像元具有几乎连续的光谱数据。它是一系列光波波长处的光学图像，通常包含数十到数百个波段，光谱分辨率一般为 1~10nm。由于高光谱成像所获得的高光谱图像能对图像中的每个像素提供一条几乎连续的光谱曲线，其在待测物上获得空间信息的同时又能获得比多光谱更为丰富的光谱数据信息，这些数据信息可用来生成复杂模型，来进行判别、分类、识别图像中的材料。高光谱成像仪能快速、有效地采集到目标对象的光谱以及图像信息，其结构元素包括聚焦透镜、光栅光谱仪、准直透镜以及面阵型 CCD 探测器等。在采集被测样本高光谱图像的过程中，高光谱成像仪可以吸收样本反射和透射后在 X 轴上的分光，面阵 CCD 探测器能够实现对被测样本进行光学焦平面垂直（Z 轴）方向上的横向推扫，接着就可以获得被测样本在条状空间中每个像素点上所含的任一单波长所对应的图像信息。当样本在位移平台上往返做横向移动时，面阵 CCD 探测器就像扫帚扫地一样，扫出样本每条各不相同的带状移动轨迹，进而完成样本的纵向扫描，再将样本在整个横向移动过程中通过纵向扫描获得的全部信息融合在一起，最终就能够得到被测样本的三维光谱图像数据块。

高光谱图像技术无损检测水果内部品质原理：不同波长的光子穿透水果表皮进入组织内部，在水果内部组织发生一系列透射、吸收、反射、散射后返回果面形成光晕，探测器采集光子信息后形成图像。光的吸收与水果的化学成分（色素、精度、水分等）相关，光的散射是一种物理现象，它仅与细胞大小、细胞内和细胞外的细胞质及细胞液物质有关。因此，光子在水果表面形成光晕的信息，既表征内部组分的化学性质，也体现了它的物理性质。总而言之，它容易操作、费用低廉、快速且无损。近年来的研究表明，利用高光谱图像技术进行农产品品质无损检测是一个重要的发展趋势。

5. 高光谱成像技术的特点

高光谱成像技术综合了机器视觉与近红外光谱这两种技术的优势，它与机器视觉技术相比，二者都可以获取被测物体的图像信息，但高光谱成像技术还可以获取物体的光谱信息；与近红外光谱技术相比，其优势在于获得的是物体的"面"信息，而近红外光谱技术则是对物体"点"信息的获取。高光谱成像技术与二者的区别列举在表3-1中。

表3-1 机器视觉技术、近红外光谱技术、高光谱成像技术之间的区别

特征	机器视觉技术	近红外光谱技术	高光谱成像技术
空间信息	√	×	√
光谱信息	×	√	√
多元融合信息	×	√	√
光谱信息获取的灵活性	×	×	√
对微量元素敏感性	×	×	√

高光谱成像技术通过高光谱成像仪采集所有连续单波段的图像数据，在尽可能获取更多被测样本信息的情况下，能够更加高效、准确地检测样本的内外部品质。表3-1中显示出的高光谱成像技术对多种信息"全兼容"的能力可以为这一点提供有力的科学论据。尽管它具有上述诸多优势，还是存在不少问题，如数据量大、存在较多冗余、样品模型通用性差等。因此，如何对高光谱图像进行降维处理（包括波段选取以及特征选取等）和谱间压缩是对高光谱成像技术进行应用时必须优先研究的课题。

高光谱图像可被看作一个拥有三维数据结构（由两个空间轴及一个波长轴构成）的立方块。高光谱图像是将每一个像素点 (x, y) 对应的完整光谱 $I(\lambda)$ 簇集到一起形成的三维数据立方体 $I(x, y, \lambda)$。而另一种方法，设定单独波段 λ 对应的单色图像为 $I(x, y)$，也可以把所有的 λ 和对应的 $I(x, y)$ 堆叠形成的三维立方体 $I(x, y, \lambda)$ 作为高光谱图像。由此可见，高光谱图像的处理能够从多种角度进行考虑：已知像素点坐标 (x, y)，在光谱域 $I(\lambda)$ 中进行光谱的处理；已知波段 λ，在空间域 $I(x, \lambda)$ 中进行图像处理；同时，将空间域与光谱域作为对象进行处理。

三、CT 成像感知

CT 成像基本原理是用 X 射线对人体检查部位一定厚度的层面进行扫描，由探测器接收透过该层面的 X 射线，转变为可见光后，由光电转换器转变为电信号，再经模拟/数字转换器（analog/digital converter，ADC）转为数字信号，输入计算机处理。图像形成的处理有如将选定层面分成若干体积相同的长

方体，称为体素（voxel）。扫描所得信息经计算而获得每个体素的 X 射线衰减系数或吸收系数，再排列成矩阵，即数字矩阵（digital matrix）。数字矩阵可存储于磁盘或光盘中。经数字/模拟转换器（digital/anolog converter，DAC）把数字矩阵中的每个数字转为由黑到白不等灰度的小方块，即像素（pixel），并按矩阵排列，即构成 CT 图像。

1. X 射线成像技术

1895 年，德国人伦琴在进行放射性实验的时候发现了 X 射线，使整个一门分支学科发生了前所未有的变化。经过长期努力，人们将 X 射线应用于医学、航空航天、国防、造船、工业探伤、林业、食品检测等众多领域，并相继获得成功。X 射线成像技术是一项新的检测技术，是以辐射成像技术为核心，集电子技术、计算机技术、信息处理技术、控制技术和精密机械技术于一体的新技术。

当 X 射线穿透被检物料时，由于 X 射线光子与被检物料原子相互作用而导致 X 射线能量衰减。其衰减程度与待检物料组分、厚度及入射射线能量有关。X 射线透过被检物后被图像增强器或者线阵探测器所接收，再转换成可视图像；图像灰度值由通过计算射线穿透被检测物料之后的能量大小得到，因此图像某点的灰度值反映了射线在穿透被检测物体该点的衰减程度的大小，也反映了该点的组分变化。经计算机处理后，生成的图像能表征物料的内部缺陷、大小、位置等信息，按照有关标准对检测结果进行缺陷等级评定，从而达到检测的目的。

2. 利用 X 射线检测的原理

X 射线的检测原理主要是基于其具有穿透能力的性质。射线穿透被检测对象时，由于检测对象内部存在的缺陷或者异物会引起穿透射线强度上的差异，通过检测穿透后的射线强度，按照一定方法转化成图像，并进行分析和评价以达到无损检测的目的。按照成像的方式，可以分为射线照相法、射线数字化实时成像和射线 CT。

射线照相法应用对射线敏感的感光材料来记录透过被检测物后射线强度分布的差异，能够得到被检测物内部的二维图像。射线照相法由于存在成本较高、数据存储不方便、射线底片容易报废以及实时性差等缺点，在农产品品质检测中几乎不再使用。

X 射线数字化实时成像包含两个过程：①X 射线穿透样品后被图像增强器所接收，图像增强器把不可见的 X 射线检测信号转换为光学图像；②用摄像机摄取光学图像，输入计算机进行 A/D 转换，转换为数字图像。此检测过程由 X 射线发生装置、X 射线探测器单元、图像单元、图像处理单元、传送机械装置和射线保护装置等部分组成。

X射线CT全称是"X射线电子计算机断层摄影技术"。CT的目的是得到物体内占有确切位置的物质特性的有关信息。X射线穿过物体某一层断面的组织，由于不同物质对于X射线的吸收值存在差异，CT机探测器接受衰减后的X射线，并将其转换成电信号输入计算机。经过计算机的数据处理后显示出图像，并获得相应点的CT值。通过建立CT值与目标检测值的数学模型，达到无损检测的目的。

3. X射线的特点

X射线因其波长短、能量大，当照在物质上时，仅一部分被物质所吸收，大部分经由原子间隙而透过，表现出很强的穿透能力。X射线穿透物质的能力与X射线光子的能量有关，X射线的波长越短，光子的能量越大，穿透力越强。X射线的穿透力也与物质密度有关，利用差别吸收这种性质可以把密度不同的物质区分开来。

四、食用菌表型感知实例

1. 食用菌主要表型（图3-11）

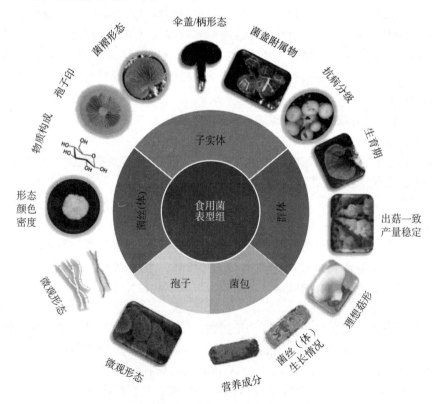

图3-11 食用菌主要表型分类

（1）孢子表型。孢子是菌物的繁殖器官，其表型特征主要包括孢子印、长度、宽度、颜色、表面纹饰等，是菌物的身份证，也是物种分类的主要指标。通过孢子印可以快速明确物种的孢子颜色、菌盖大小、菌褶的排列及疏密程度等特征。鳞伞属一些物种（如小孢鳞伞、多脂鳞伞、翘鳞伞、胶状鳞伞等）在孢子形态、大小、颜色和芽管等方面存在较明显的区别。因此，可以利用这些表型特征对鳞伞属不同物种进行初步鉴定。

孢子的形态结构观察需要借助高倍显微镜，并且经过专业培训的研究人员才能进行表型测量和物种分类的判断。因此，传统孢子形态研究的通量还比较低。随着显微图像研究手段的进步，研究人员已经开始利用显微图像分析技术对细胞进行描述和分类。这些技术为菌物孢子微观表型的观察记录和分析提供了新方法，在孢子形态特征描述、计数和智能识别分类等领域都具有广泛的应用价值。

（2）菌丝（体）表型。菌丝是孢子培养于合适的培养基中萌发延伸形成的管状结构组织。菌丝的微观特征也是分类学上非常重要的指标。同时，菌丝体的宏观表型特征，包括菌丝体生长速度、密度、颜色、特殊物质成分含量等，是菌种温度适应性、抗杂性和抗病性评价的主要依据。这些特征在食用菌种质资源评价和育种中都有着非常重要的应用。

菌丝（体）的微观和宏观表型也是图像处理技术的典型应用方向。人工培养细菌菌落表型与真菌菌丝（体）表型研究的场景类似。目前，细菌菌落表型设备和分析软件已经较为成熟，能自动进行菌落计数、菌落形态描述和菌种识别等功能。

（3）子实体表型。子实体是人类主要食用和药用的食用菌组织，不同类型食用菌的子实体表型定义有所不同。典型伞菌（如香菇、金针菇、双孢蘑菇、草菇等）子实体主要包括菌盖、菌柄、菌褶、菌幕、菌环、菌托等部分。根据菌物分类学、食用菌遗传育种和栽培等方面的基础和生产研究工作，子实体表型可分为3类：形态结构表型、品质表型和生理功能表型。子实体的形态结构表型主要包括菌盖、菌褶、菌柄的形态和结构，如菌盖形状、颜色和附属物、菌褶密度、菌柄长度等。品质表型主要包括蛋白质、纤维、多糖、萜类、皂苷、嘌呤和可溶性固形物等物质含量，以及子实体含水量、硬度、货架期、储藏期、褐变和表面损伤程度等。生理功能表型包括生育期、抗病性、抗虫性、耐高/低温、镉等重金属富集、光生理、湿度和二氧化碳敏感性等。

近年来，作物表型组的研究经验表明，基于图像的表型组技术可以提高食用菌子实体形态表型研究的效率。子实体的大部分形态结构表型，如菌盖长宽、颜色和附属物、菌柄长度和菌褶间距等表型都可以利用二维RGB图像分析技术来实现自动化，并且可以利用CT透射技术获得子实体内部结构特征。

光谱技术的应用为子实体的物质含量表型提供了新的技术。Chen 等 (2012) 发现，近红外漫反射光谱的特征吸收峰强度与灵芝多糖和三萜的含量相关系数分别达到了 97.3% 和 98.9%。然而，传统的光谱分析方法存在破坏性，大规模检测的成本高、周期长。因此，子实体物质组成的定性和定量特征还需要效率更高的检测技术来实现。其中，最有应用前景的技术就是高光谱技术。目前，高光谱技术已经初步应用于双孢蘑菇和香菇的品质与生理功能表型的评价，包括子实体含水量、可溶性固形物含量、褐变、表面机械损伤和抗病性等。

（4）群体表型。群体表型指在相同或相似的生长环境下，不同个体组成的群体整体展示出来的表型特征。在同一批栽培实验中，同一菌种不同菌包，甚至同一菌包的不同子实体之间，也有可能表现出不同的表型。因此，群体表型特征可以平均不同个体的表型差异。食用菌栽培特征决定了其群体表型与育种目标和产业需求密切相关，主要包含一致性、丰产性、适应性、抗性、周期性等。目前，食用菌群体表型基本上是依靠肉眼观察和经验判断，尚缺乏群体表型技术和应用的报道。但是，作物群体表型组研究可以为食用菌的群体表型信息获取和分析提供参考。

2. 表型感知实例

图 3-12 为食用菌表型拍照、存档和分析的实例。图 3-12A 和图 3-12B 提供了真菌菌丝体表型感知，可以在 10s 内获得单个培养皿菌丝体大小、密度、颜色和生长速度等表型，极大地降低了菌丝体表型图像获取的难度和成本。同时，菌丝体的水分、糖类、蛋白质和次级代谢产物等成分的含量也是菌丝体的重要表型。代谢组技术的发展为菌丝体代谢物质组成和含量检测提供了技术支撑，但是代谢组技术成本偏高，且处理样本的通量需要进一步提升。目前，基于高光谱的表型组技术为代谢物检测提供了高效的无接触、无损且准确的方案，并已经在发酵和食品化学中得到了应用。红外光谱的特征吸收峰也逐步可以作为特异标记，反映灵芝菌丝体中的多糖含量。然而，相关技术在食用菌菌丝体表型研究领域的报道还较少。

菌包在食用菌栽培过程中为菌丝和子实体的生长发育提供水分和碳水化合物等营养物质，也是食用菌栽培废物资源化利用的关键。因此，掌握菌包内营养成分和菌丝体生长情况对于食用菌栽培和循环农业发展极为重要。食用菌菌包表型性状主要包括菌包内菌丝体生长情况和菌包内物质组成，包括水分、纤维素、蛋白质和重金属含量等。菌包内菌丝体生长情况的传统分析方法主要是依靠肉眼和经验观察，而物质成分检测主要依靠主观判断或者化学计量法。将可见光和超光谱技术应用到菌包内营养成分和菌丝体生长情况的检测，可以测定废弃菌包的水分、碳水化合物、木质素和蛋白含量，也可以将菌包内菌丝体

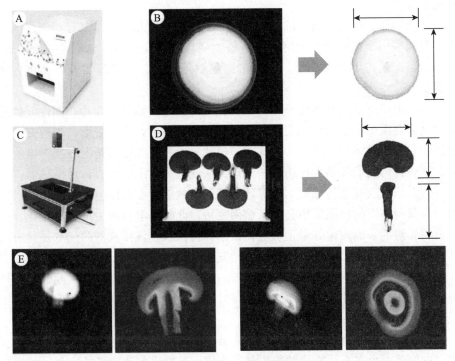

图 3-12 食用菌表型组设备

A. 菌丝体扫描设备 B. 菌丝体分析软件自动获取菌丝体生长速度等形态

C. 子实体扫描设备 D. 子实体分析软件自动获得赤芝菌柄长度等特征

E. 双孢菇的 CT 扫描图像，可以无损获得菌盖、菌柄内部结构特征

和基质进行有效区分，从而了解菌丝体的生长情况。但是，总体来说，高通量的菌包表型应用案例还很少。随着智慧栽培和循环农业的发展，对菌包的表型分析将会是菌物表型组非常有前景的应用方向之一。

第四节　食用菌工厂化作业装备参数感知

食用菌工厂化作业装备包括自动装瓶机、灭菌器、全自动接种机、自动搔菌机、自动挖瓶机等，这些作业装备参数与其功能相匹配。

一、称重传感器

1. 称重传感器的分类

自 20 世纪 70 年代以来，发达国家在电子称重方面，其技术水平、品种和规模都达到了较高的水平。称重传感器在技术方面的主要标志是准确度、长期稳定性和可靠性。

传感器作为称重系统中的核心部分，对其稳定性和可靠性都有相当高的要求，目前应用于称重系统传感器的主要类型有电阻应变式、电阻式、压电式、剪切式、振弦式压力传感器、面波谐振称重传感器、微处理器电子称重传感器等。

（1）电阻应变式称重传感器。在弹性元件表面粘贴有应变片，弹性元件在受力之后会发生一定的弹性变形，引起应变片也发生相应的变形，当应变片变形后，它的阻值将增大或变小，这时通过测量电路将此变形情况转换为电流信号。这种将力变形转换为电信号的处理方法就称为电阻应变式称重传感器。

（2）压电式称重传感器。其原理是正压电效应。在对压电材料施以物理压力时，材料体内的电偶极矩会因压缩而变短，此时压电材料为抵抗该变化，会在材料相对的表面产生等量正负电荷，以保持原状。该传感器的优点是具有高的灵敏度和分辨率，结构小巧；缺点是紧固应力被施加到压电元件的核心，它有可能受弯曲变形的影响，导致传感器的线性度和动态性能退化。此外，在环境温度变化下，膜片的预应力变化会导致压电元件也发生变化，从而产生输出误差。

（3）剪切式称重传感器。一根承受剪力作用的圆轴，可以简化为两端简支梁，中间受一个空心截面梁的集中载荷作用。其发生剪切变形的应变仪的电阻连接到中心孔槽的中心，由于应变计嵌在深孔内，需要购置和设计专用的喷砂处理、划线贴片、加压固化工具和装备，因此对制造商的要求很高。

（4）振弦式压力传感器。这类传感器主要用于实验室和工业电子平台秤、电子皮带秤等。以张紧的钢弦作为敏感元件，钢弦的固有振动频率与其张力有关，对于一个给定长度的钢弦，在被测压力的作用下，钢弦松紧程度出现变化，固有的振动频率也随之改变，即振弦的振动频率反映了被测压力的大小。

（5）面波谐振称重传感器。其原理是利用重力和频率的转换变化关系。通过超声波发射器的交流电压驱动由多个石英衬底的梳状电极，根据波浪方向同时发射的逆压电效应石英衬底用于弹性体的测量。利用此压电效应，两个相同的配置可以被转换成交流电压波。

（6）微处理器电子称重传感器。传统的模拟测量电路数字逻辑仅依赖于系统，不能满足电子称量的精度控制要求，特别是在自动化过程的控制中。而将微处理器和模拟电路相结合，可以轻而易举地实现自动称重，同时改善了工作的灵活性，可以对程序预先编程，实现加工控制、自动校准等主要功能。

目前，我国称重传感器产品中，静态秤已经满足国际法制计量组织Ⅲ级秤的要求。静态使用的工艺秤也能达 0.1%～0.3% 的准确度。动态称重能够达到国家规定的 0.5 级标准要求，个别产品可以达到 0.2 级。总体来说，我国电子称重装置的水平相当于发达国家 20 世纪 80 年代中期的水平，尚存在不少差距，突出表现在电子秤数量上所占比例仅为 6.6%。其中，工业用电子衡器为 40.8%，商用电子衡器为 6.4%。而发达国家的工业用电子衡器为 80%～90%，商用电子衡器为 50%～60%。另外是品种少、功能不全，还不能满足经济建设和科技进步的需求。

现在静态称重用的传感器已经有了较为满意的性能指标。但是，由于用于动态称重传感器的动态特性设计还没有受到足够的重视，现阶段动态称重用的传感器均使用静态称重所用的传感器，由于这类传感器的响应速度慢和超调量大，在很大程度上限制了动态称重的速度和准确度。

我国称重传感器的类型与国外传感器的类型基本相似。随着我国称重系统的不断发展，通过吸收国外称重传感器的先进技术，研究设计出了适合我国的产品，从技术和工艺水平方面都有一定的提高，为国内市场提供了大量质优的产品。不过在有些重要的质量指标上，各项工艺技术还有所欠缺，仍存在较大差距。所以，将来在准确度、稳定性等重要的参数指标方面需要更多的研究。

2. 称重传感器的选用

称重传感器的选用要考虑的因素很多，在实际使用中，主要从以下 3 个方面考虑：首先根据目的，在称重传感器的选择范围内，基于最大称重值和选定传感器的最大数目，可以生成负载和动态负载因素综合评价。一般来说，传感器的量程越接近，分配到每个传感器的负载称量精度就越高。但在实际使用中，除了被称物体外，传感器的有效载荷还有秤体自重、振动所造成的冲击载荷等。因此，传感器的选择必须考虑许多因素，以确保安全和传感器的使用寿命。其次，称重传感器的精度，包括非线性、蠕变、滞后、重复性、灵敏度等技术指标。在通常选择时，不应盲目追求高品位的传感器，应考虑电子秤的精度和成本。称重传感器的形式取决于称重方式和安装空间的选择，以确保正确安装及称重安全。最后，参考制造商的说明书。称重传感器制造商通常会提供传感器的受力情况、性能指标、安装形式、结构、弹性材料等情况，以备正确选用，合理使用。

3. 动态称重系统的性质

称重传感器是电子称重系统的核心部件，是电子称重技术的重要基础。电子称重系统包括静态称重系统和动态称重系统（dynamic weighing systems）。随着经济的发展和科技的进步，传统的静态称重已经不能满足人们对称重快速性的要求。例如，在包装行业，在产品包装生产线上同时实现包装物的重量检测，以及交通运输行业的车辆动态称重（weigh-in-motion，WIM）和农产品在线检测分级装备中的在线重量检测系统。具体来说，动态称重系统具有以下几个特征或它们的组合。

（1）测量环境处于非静止状态，即称重仪器处于运动的、振动的或者运动与振动并存的环境中。例如，在巡航的船上、运行的车上、飞行中的飞机上进行物体重量的检测。

（2）被测对象处于非静止状态，即被称重或测力的物体在运动。例如，对活的动物进行重量检测。

（3）在短时间内进行快速测量，测量时间短于称重仪器的稳定时间，需要系统有良好的动态响应特性。

从重量信号的形式来看，静态称重和动态称重信号最直观的不同是静态称重时的重量信号可以认为是个恒定的量，而动态称重时的重量信号是个随时间变化的量。因此，动态称重的目标是从一个变化的动态重量信号中去估计物体的真实重量。虽然理论上可以通过构建一个理想的测量系统快速测量受环境干扰噪声影响的动态称重信号，获取被测物的真实重量，但是现实中的动态称重信号不仅受各种干扰信号的影响，而且信号的持续时间比较短。因此，相比只关注测量的稳定性和可靠性的静态称重方式，动态称重需要兼顾快速性和称重精度，其难度大大增加。

4. 动态称重系统的分类

动态称重系统根据其被测对象的性质和工作方式大致可以分为三大类。

（1）分离质量分配称重系统（discrete mass delivery systems）。这是一种把散装物料分成预定的且实际上恒定质量的装料，并将此装料装入容器的衡器。例如，配料秤和重力式自动装料衡器。

（2）非连续累计秤（discontinuous totalising weighers）。这是一种将一批散料分成若干份分立、不连续的被称载荷，按预定程序依次称量每份载荷的重量后并进行累计，以求得该批物料重量的衡器。作为一种对大宗散状物料进行高精度自动计量的设备，非连续累计秤被广泛应用于大型仓储、港口企业中。

（3）动态称重系统（in-motion weighing systems）。这是一种称量时被称载荷与衡器承载器存在相对运动的称重系统。根据被测载荷的性质，动态称重系统又可分为连续称重系统（continuous weighing systems）和分离质量称重系统（discrete mass weighing systems）。最常见的连续称重系统有放置在皮带上并随皮带连续通过的松散物料进行自动称量的皮带秤、用于对大宗散状固态物料的连续累计称重计量的冲量式固体流量计和既能够对散状物料的给料速率进行连续调节并可对输送量进行计量的失重式给料秤。常见的离散质量称重系统有车辆动态称重系统、用于称量铁路车辆的轨道衡和能够对预包装分立载荷或散装物品单一载荷进行称量的自动分拣衡器。

二、压力传感器

压力传感器（pressure transducer）是能感受压力信号，并能按照一定的规律将压力信号转换成可用输出的电信号的器件或装置。压力传感器通常由压力敏感元件和信号处理单元组成。

1. 压阻式压力传感器

电阻应变片是压阻式压力传感器的主要组成部分之一。金属电阻应变片的工作原理是吸附在基体材料上的应变电阻随机械形变而产生阻值变化的现象，俗称为电阻应变效应。

它由基体材料、金属应变丝或应变箔、绝缘保护片和引出线等部分组成。根据不同的用途，电阻应变片的阻值可以由设计者设计。但电阻的取值范围应注意，阻值太小，所需的驱动电流太大，同时应变片的发热致使本身的温度过高，不同的环境中使用，使应变片的阻值变化太大，输出零点漂移明显，调零电路过于复杂。而电阻太大，阻抗太高，抗外界的电磁干扰能力较差。一般均为几十欧至几十千欧。

金属电阻应变片的工作原理是吸附在基体材料上的应变电阻随机械形变而产生阻值变化的现象，俗称为电阻应变效应。金属导体的电阻值可用公式（3-16）表示：

$$R = \rho \frac{l}{s} \qquad (3-16)$$

式中：ρ 为金属导体的电阻率（$\Omega \cdot cm^2/m$）；s 为导体的截面积（cm^2）；l 为导体的长度（m）。

以金属丝应变电阻为例，当金属丝受外力作用时，其长度和截面积都会发生变化，从式（3-16）可以看出，其电阻值即会发生改变。假如金属丝受外力作用而伸长时，其长度增加，而截面积减少，电阻值便会增大；当金属丝受外力作用而压缩时，长度减小而截面增加，电阻值则会减小。只要测出加载电阻的变化（通常是测量电阻两端的电压），即可获得应变金属丝的应变情况。

2. 陶瓷压力传感器

陶瓷压力传感器基于压阻效应，压力直接作用在陶瓷膜片的前表面，使膜片产生微小的形变，厚膜电阻印刷在陶瓷膜片的背面，连接成一个惠斯通电桥。由于压敏电阻的压阻效应，电桥产生一个与压力成正比的高度线性、与激励电压也成正比的电压信号，标准的信号根据压力量程的不同标定为 $2.0mV/V$、$3.0mV/V$、$3.3mV/V$ 等，可以与压阻式压力传感器相兼容。

陶瓷压力传感器主要由瓷环、陶瓷膜片和陶瓷盖板 3 个部分组成。陶瓷膜片作为感力弹性体，采用 95% 的 Al_2O_3 瓷精加工而成，要求平整、均匀、致密，其厚度与有效半径视设计量程而定。瓷环采用热压铸工艺高温烧制成型。陶瓷膜片与瓷环之间采用高温玻璃浆料，通过厚膜印刷、热烧成技术烧制在一起，形成周边固支的感力杯状弹性体，即在陶瓷的周边固支部分应形成无蠕变的刚性结构。在陶瓷膜片上表面，即瓷杯底部，用厚膜工艺技术做成传感器的电路。陶瓷盖板下部的圆形凹槽使盖板与陶瓷膜片之间形成一定间隙，通过限位可防止陶瓷膜片过载时因过度弯曲而破裂，形成对传感器的抗过载保护。

陶瓷是一种公认的高弹性、抗腐蚀、抗磨损、抗冲击、抗振动的材料。陶瓷的热稳定特性及它的厚膜电阻可以使它工作在 $-40\sim135℃$ 的环境下，而且具有测量的高精度、高稳定性。电气绝缘程度 $>2kV$，输出信号强，长期稳定性好。高特性、低价格的陶瓷传感器将是压力传感器的发展方向，在欧美国家有全面替代其他类型传感器的趋势，在我国也有越来越多的用户使用陶瓷压力传感器替代扩散硅压力传感器。

3. 扩散硅压力传感器

扩散硅压力传感器（图3-13）的工作原理也是基于压阻效应，利用压阻效应原理，被测介质的压力直接作用于传感器的膜片上（不锈钢或陶瓷），使膜片产生与介质压力成正比的微位移，使传感器的电阻值发生变化，利用电子线路检测这一变化，并转换输出一个对应于这一压力的标准测量信号。

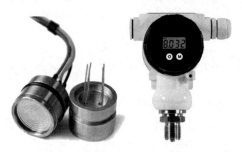

图3-13 扩散硅压力传感器

4. 压电式压力传感器

压电效应是压电传感器的主要工作原理，压电传感器不能用于静态测量，因为经过外力作用后的电荷，只有在回路具有无限大的输入阻抗时才得到保存。实际的情况不是这样的，所以这决定了压电式压力传感器只能够测量动态的应力。

压电效应是某些电介质在沿一定方向上受到外力的作用而变形时，其内部会产生极化现象，同时在它的两个相对表面出现正负相反的电荷。当外力去掉后，它又会恢复到不带电的状态，这种现象称为正压电效应。当作用力的方向改变时，电荷的极性也随之改变。相反，当在电介质的极化方向上施加电场，这些电介质也会发生变形，电场去掉后，电介质的变形随之消失，这种现象称为逆压电效应。压电式压力传感器的种类和型号繁多，按弹性敏感元件和受力机构的形式可分为膜片式和活塞式两类。其中，膜片式主要由本体、膜片和压电元件组成。压电元件支撑于本体上，由膜片将被测压力传递给压电元件，再由压电元件输出与被测压力成一定关系的电信号。这种传感器的特点是体积小、动态特性好、耐高温等。现代测量技术对传感器的性能要求越来越高。

例如，用压力传感器测量绘制内燃机示功图，在测量中不允许用水冷却，并要求传感器能耐高温且体积小。压电材料最适合于研制这种压力传感器。石英是一种非常好的压电材料，压电效应就是在它上面发现的。比较有效的办法是选择适合高温条件的石英晶体切割方法，如 $XY\delta$（$+20°\sim+30°$）割型的石英晶体可耐 350℃的高温；而 $LiNbO_3$ 单晶的居里点高达 1 210℃，是制造高温传感器的理想压电材料。

第四章
食用菌追溯信息传输技术

产品信息跟踪与识别是追溯系统进行信息传送的关键，如果跟踪与识别不连续，在追溯时就会断链。本章主要描述食用菌追溯信息的传输技术，包括射频识别技术、GPRS 无线通信技术、无线宽带、近场通信和蓝牙等无线传输方式以及 RJ45、USB、RS232、RS485 等有线方式。

第一节　无线方式

一、射频识别技术

射频识别（RFID）是 Radio Frequency Identification 的缩写，是自动识别技术的一种，通过无线射频方式进行非接触双向数据通信，利用无线射频方式对记录媒体（电子标签或射频卡）进行读写，从而达到识别目标和数据交换的目的。

1. 工作原理

RFID 技术的基本工作原理：标签进入阅读器后，接收阅读器发出的射频信号，凭借感应电流所获得的能量发送出存储在芯片中的产品信息（passive tag，无源标签或被动标签），或者由标签主动发送某一频率的信号（active tag，有源标签或主动标签），阅读器读取信息并解码后，送全中央信息系统进行有关数据处理。

2. 系统组成

完整的 RFID 系统由阅读器（reader）、电子标签（tag）和服务器 3 个部分组成，如图 4-1 所示。

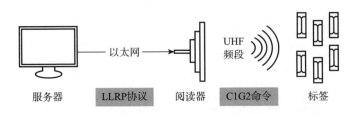

图 4-1　RFID 系统硬件组成

（1）阅读器。阅读器是将标签中的信息读出，或将标签所需要存储的信息写入标签的装置。根据使用的结构和技术不同，阅读器是读/写装置，是 RFID 系统信息控制和处理中心。在 RFID 系统工作时，由阅读器在一个区域内发送射频能量形成电磁场，区域的大小取决于发射功率。在阅读器覆盖区域内的标签被触发，发送存储在其中的数据，或根据阅读器的指令修改存储在其中的数据，并能通过接口与计算机网络进行通信。阅读器的基本构成通常包括收发天线、频率产生器、锁相环、调制电路、微处理器、存储器、解调电路和外设接口。

收发天线：发送射频信号给标签，并接收标签返回的响应信号及标签信息。

频率产生器：产生系统的工作频率。

锁相环：产生所需的载波信号。

调制电路：把发送至标签的信号加载到载波并由射频电路送出。

微处理器：产生要发送往标签的信号，同时对标签返回的信号进行译码，并把译码所得的数据回传给应用程序。若是加密的系统，还需要进行解密操作。

存储器：存储用户程序和数据。

解调电路：解调标签返回的信号，并交给微处理器处理。

外设接口：与计算机进行通信。

（2）电子标签。电子标签由收发天线、AC/DC 电路、解调电路、逻辑控制电路、存储器和调制电路组成。

收发天线：接收来自阅读器的信号，并把所要求的数据送回给阅读器。

AC/DC 电路：利用阅读器发射的电磁场能量，经稳压电路输出为其他电路提供稳定的电源。

解调电路：从接收的信号中去除载波，解调出原信号。

逻辑控制电路：对来自阅读器的信号进行译码，并依阅读器的要求回发信号。

存储器：作为系统运作及存放识别数据的位置。

调制电路：逻辑控制电路所送出的数据经调制电路后加载到天线送给阅读器。

（3）服务器。服务器是 RFID 系统的逻辑中枢，负责 RFID 数据的处理以及关键信息的发掘。服务器通过以太网与阅读器相连，并发送 LLRP 指令来控制阅读器的行为。服务器可以通过阅读器获取和写入标签内存中的数据，对这些数据进行存储和管理，并向上层应用提供数据支持。RFID 系统应制定具体的标签内的数据存储规范。通过划分特定的功能区，为内存数据的存放和解析提供便利，有利于数据跨组织的共享和传输。

3. RFID 技术类型

根据工作频率通常可以将 RFID 系统划分成低频、高频、超高频 3 类。频率代表阅读器和标签进行通信时无线电波的波长大小。因为不同波长的电磁波有着不同的特点，这 3 个频段各有优劣。例如，低频 RFID 系统传输速率较低，但是不容易受金属和液体的影响。相反，高频 RFID 系统通常会有着较高的传输速率和较远的通信距离，但是，更容易受到环境中的金属和液体的干扰。

低频 RFID 系统通常工作在 125kHz 或 134kHz 的频段，读取距离通常只有 10cm。虽然其读取速率较低，但是抗干扰能力较强，不需要无线电频率使用许可备案；适合识别距离近、对数据传输率要求不高、对识别准确度要求较高的场景。常见的应用包括门禁考勤、停车管理、放牧追踪等。需要注意的是，由于不同的系统在频率和功率上有一定的差异，低频 RFID 系统通常只适用于构建内部系统，不太适用于需要跨区域、跨组织进行信息交互的应用场景。

高频 RFID 系统通常工作在 3～30MHz 的频段，其读取距离通常为 10cm～1m，是现阶段 RFID 最成熟、应用最广泛的解决方案。由于具有读取距离大、灵活度较高、不易受干扰等优点，高频 RFID 系统被广泛应用在票务管理、小额支付、药物和病人管理等应用中。从随处可见的智能 ID 卡到近年来成为主流的 NFC 支付，高频 RFID 系统已经给人们的生活带来了极大的便利。

超高频 RFID 系统通常工作在 860～960MHz 的频段，该频段受到无线电频率管理，不同国家和地区所采用的频率有所区别。超高频 RFID 系统通常有着 12m 的读取距离，数据传输速率较高，因此特别适用于制造业、商品零售等对读取距离和范围要求较高的应用领域。超高频 RFID 系统是现在发展最迅速的技术，具有读取速度快、读取距离长、非视距识别的优点。在标准化组织的推动下，所有的超高频系统遵循一个全球统一的标准，不同厂商之间的设备可以很好地兼容。因此，超高频 RFID 比较适合构建大规模、分布式系统。

标签需要解析阅读器发送的数据并将内存数据回传给标签，所有的这些操作都需要能量。根据标签能量的来源可以将标签分为主动标签、半主动标签和被动标签。主动 RFID 系统中的标签由内置电池供电，其通信距离可达数百米。为了应对严峻的极端气温和湿度等自然条件的影响，主动标签通常包裹在坚硬的外壳内（图 4-2），因此具有更高的可靠性。此外，主动标签可以与传感器技术、GPS 技术相结合，进一步扩展标签的功能，提供位置、环境等多样化的信息。主动标签有着较高配置和灵活的可扩展性，标签的体积明显比被动标签大，价格也远高于被动标签。因此，不太适用于大规模部署的场景。常被用来对大型、高价值、可复用的资产进行标记。根据标签唤醒方式，主动标签可进一步划分为应答器和信标两种。应答器只有接收到阅读器的信号时才会被唤醒并回复消息，在阅读器范围之外的标签能够保持休眠状态来节约能量消耗，因此能效较高。应答器常被用于安全访问控制及不停车收费系统等领域。与之相反，信标会周期性地自启动来传输消息。由于其唤醒机制，即使周围没有阅读器，信标也会消耗能量、传输数据，因此能效较低。信标的通信距离通常可以达数百米。

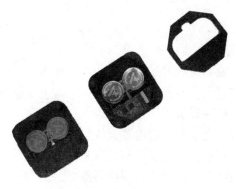

图 4-2　主动标签

被动标签的结构相对简单，没有内置电池，而是从阅读器发送的电磁波收集能量并回复消息，主要由天线和 IC 电路构成（图 4-3）。由于标签能从电磁波中获取的能量较少，其通信距离一般小于 10m。被动标签的功能相对单一，仅能存储少量的信息用于提供识别功能。但是，被动标签不需要内置电池和主动传输器，因此在成本、体积和批量化生产方面有着显著的优势。被动标签有着最为广泛的应用，通常用于供应链的货物监控、工业生产中的物料管理及产品的防伪认证。

图 4-3　被动标签

半主动标签同样具有内置电池，但是不会主动发送消息，而是通过反向散射的方式被动地回复阅读器的请求。由于采用内置电池向 IC 电路供电，半主动标签的通信距离可达 100m，远大于被动标签。由于内置不需要从射频信号获取能量，半主动系统的通信更为稳定，相对不容易受到干扰。此外，半主动标签还具有更好的可扩展性，能配置内置传感器，对周围环境进行监控。由于不具有主动传输器，与主动标签相比，半主动标签的电路更加简单，能耗也更加低。当应用不需要标签主动发送消息的时候，半主动系统通常是经济而实用的选择。

4. 工作流程

RFID 系统的一般工作流程如下：

（1）读写器通过发射天线发送一定频率的射频信号。

（2）当电子标签进入读写器天线的工作区时，电子标签天线产生足够的感应电流，电子标签获得能量被激活。

（3）电子标签将自身信息通过内置天线发送出去。

（4）读写器天线接收到从电子标签发送来的载波信号。

（5）读写器天线将载波信号传送到读写器。

（6）读写器对接收信号进行解调和解码，然后送到系统高层进行相关处理。

（7）系统高层根据逻辑运算判断该电子标签的合法性。

（8）系统高层针对不同的设定做出相应处理，发出指令信号，控制执行机构动作。

由工作流程可以看出，RFID 系统利用无线射频方式在读写器和电子标签之间进行非接触双向数据传输，以达到目标识别、数据传输和控制的目的。

二、GPRS 无线通信技术

移动通信技术从第一代的模拟通信系统发展到第二代的数字通信系统，以及之后的 3G、4G、5G，正以突飞猛进的速度发展。在第二代移动通信技术中，GSM 的应用最广泛。但是，GSM 系统只能进行电路域的数据交换，且最高传输速率为 9.6Kb/s，难以满足数据业务的需求。因此，欧洲电信标准委员会（ETSI）推出了 GPRS（general packet radio service，通用分组无线业务）。

分组交换技术是计算机网络上一项重要的数据传输技术。为了实现从传统语音业务到新兴数据业务的支持，GPRS 在原 GSM 网络的基础上叠加了支持高速分组数据的网络，向用户提供 WAP 浏览（浏览因特网页面）、E-mail 等功能，推动了移动数据业务的初次飞跃发展，实现了移动通信技术和数据通信技术（尤其是 Internet 技术）的完美结合。

GPRS 是介于 2G 和 3G 之间的技术，也被称为 2.5G。它后面还有个"弟弟"EDGE，被称为 2.75G。它们为实现从 GSM 向 3G 的平滑过渡奠定了基础。

GPRS 的功能主要是在移动用户和远端的数据网络（如支持 TCP/IP、X.25 等网络）之间提供一种连接，从而给移动用户提供高速无线 IP 和无线 X.25 业务，它将使得通信速率从 56Kb/s 一直上升到 114Kb/s，以 GPRS 为技术支撑，可实现电子邮件、电子商务、移动办公、网上聊天、基于 WAP 的信息浏览、互动游戏、Flash 画面、多和弦铃声、PDA 终端接入、综合定位技术等，并且支持计算机和移动用户的持续连接。较高的数据吞吐能力使得可以使用手持设备和笔记本电脑进行电视会议和多媒体页面以及类似的应用。GPRS 可以让多个用户共享某些固定的信道资源，数据速率最高可达 164Kb/s，可提供 Class A、Class B、Class C 3 种类型的服务。Class A 可以在上网的同时接听电话，其技术含义是同时支持包交换（数据）和电路交换（语音）；Class B 可以上网和接电话，但不能同时进行，即不可在同一时刻支持包交换和电路交换；Class C 则只能上网，也就是只支持包交换。

1. 网络结构

GPRS 是在 GSM 网络的基础上增加新的网络实体来实现分组数据业务，GPRS 新增的网络实体有：

（1）GSN（GPRS support node，GPRS 支持节点）。GSN 是 GPRS 网络中最重要的网络部件，有 SGSN 和 GGSN 两种类型。

①SGSN（serving GPRS support node，服务 GPRS 支持节点）。SGSN 的主要作用是记录 MS 的当前位置信息，提供移动性管理和路由选择等服务，并且在 MS 和 GGSN 之间完成移动分组数据的发送与接收。

②GGSN（gateway GPRS support node，GPRS 网关支持节点）。GGSN 起网关作用，把 GSM 网络中的分组数据包进行协议转换，之后发送到 TCP/IP 或 X.25 网络中。

（2）PCU（packet control unit，分组控制单元）。PCU 位于 BSS，用于处理数据业务，并将数据业务从 GSM 语音业务中分离出来。PCU 增加了分组功能，可控制无线链路，并允许多用户占用同一无线资源。

（3）BG（border gateways，边界网关）。BG 用于 PLMN 间 GPRS 骨干网的互连，主要完成分属不同 GPRS 网络的 SGSN、GGSN 之间的路由功能，以及安全性管理功能。此外，可以根据运营商之间的漫游协定增加相关功能。

（4）CG（charging gateway，计费网关）。CG 主要完成从各 GSN 的话单收集、合并、预处理工作，并用作 GPRS 与计费中心之间的通信接口。

（5）DNS（domain name server，域名服务器）。GPRS 网络存在两种

DNS。一种是 GGSN 同外部网络之间的 DNS，主要功能是对外部网络的域名进行解析，作用等同于因特网上的普通 DNS。另一种是 GPRS 骨干网上的 DNS，主要功能是在 PDP 上下文激活过程中根据确定的 APN（access point name，接入点名称）解析出 GGSN 的 IP 地址，并且在 SGSN 间的路由区更新过程中，根据原路由区号码解析出原 SGSN 的 IP 地址。

2. 关键指标

（1）容量指标。

①PDCH 分配成功率。

PDCH 分配成功率＝（1－分配失败次数/分配尝试次数）×100%

GPRS 网络中有两种无线信道类型：静态 PDCH 和动态 PDCH。静态 PDCH 只能用于分组业务，因而不存在分配的问题。而动态 PDCH 初始化为 TCH，所以只有当信道拥堵时，TCH 才可能分配为动态 PDCH，才会出现 PDCH 分配问题，因而是 PCU 将 TCH 用作 PDCH 的成功率。

②每兆字节 PDCH 被清空次数。

每兆字节 PDCH 被清空次数＝使用状态下的 PDCH 被清空次数/忙时流量 该指标反映了全部信道（TCH、PDCH）的拥塞情况。

③PCU 资源拥塞率。

PCU 资源拥塞率＝PCU 资源不足造成的信道分配失败次数/分配尝试次数×100%

该指标反映了 PCU 的公共设备资源是否存在不足。

④忙时平均激活 PDCH 数。该指标反映了小区或 BSC 内 PDCH 数量，与 TCH 资源相比，可以反映出 PDCH 占用无线资源的比例。

⑤忙时数据总流量。分为上行流量和下行流量，下行流量更能反映业务量的情况。

⑥忙时每 PDCH 负荷。

忙时每 PDCH 负荷＝忙时数据总流量/忙时平均激活 PDCH 数

该指标反映了每个 PDCH 单位时间承载的数据量。这个指标要控制在 4Kb/s 以下。

（2）干扰指标。

①C/I。

②下行 BLER。

③上行 BLER。

（3）移动性能指标。

①每兆字节小区重选次数＝小区重选次数/忙时流量

②短时间重选率＝短时间小区重选次数/小区重选总次数×100%

③乒乓重选率＝乒乓重选次数/小区重选总次数×100％

3. 应用特点

手机上网还显得有些不尽如人意。因此，GPRS 全面的解决方法也就应运而生了，这项全新技术可以在任何时间、任何地点都能快速方便地实现连接，同时费用又很合理。简单地说，速度上去了，内容丰富了，应用增加了，而费用却更加合理。

（1）高速数据传输。GPRS 速度 10 倍于 GSM，还可以稳定地传送大容量的高质量音频与视频文件，可谓是巨大进步。

（2）永远在线。由于建立新的连接几乎无须任何时间（即无须为每次数据的访问建立呼叫连接），因而随时都可与网络保持联系。举个例子，若无GPRS 的支持，当某个人正在网上漫游，而此时恰有电话接入，大部分情况下这个人不得不断线后接通来电，通话完毕后重新拨号上网。而有了 GPRS，就能轻而易举地解决这个冲突。

（3）仅按数据流量计费。即根据传输的数据量（如网上下载信息时）来计费，而不是按上网时间计费，也就是说，只要不进行数据传输，哪怕一直"在线"，也无须付费。例如"打电话"，在使用 GSM＋WAP 手机上网时，就好比电话接通便开始计费；而使用 GPRS＋WAP 上网则要合理得多，就像电话接通并不收费，只有对话时才计算费用。总之，它真正体现了"少用少付费"的原则。

4. 技术特点

数据实现分组发送和接收，按流量计费；传输速率为 $56\sim115Kb/s$。

GPRS 是基本分组无线业务，数据采用分组交换的方式进行发送和接收，数据速率最高可达 164Kb/s，它可以给 GSM 用户提供移动环境下的高速数据业务，还可以提供收发电子邮件、Internet 浏览等功能。在连接建立时间方面，GSM 需要 $10\sim30s$，而 GPRS 只需要极短的时间就可以访问到相关请求；而对于费用而言，GSM 是按连接时间计费的，而 GPRS 只需要按数据流量计费；GPRS 对于网络资源的利用率远远高于 GSM。

5. 技术优势

（1）相对低廉的连接费用。GPRS 首先引入了分组交换的传输模式，使得原来采用电路交换模式的 GSM 传输数据方式发生了根本性的变化，这在无线资源稀缺的情况下显得尤为重要。按电路交换模式来说，在整个连接期内，用户无论是否传送数据都将独自占有无线信道。在会话期间，许多应用往往有不少的空闲时段，如上网浏览、收发电子邮件等。对于分组交换模式，用户只有在发送或接收数据期间才占用资源，这意味着多个用户可高效率地共享同一无线信道，从而提高了资源的利用率。GPRS 用户的计费以通信的数据量为主要依据，体现了"得到多少、支付多少"的原则。实际上，GPRS 用户的连接时间可能长达数小时，却只需支付相对低廉的连接费用。

（2）传输速率高。GPRS 可提供高达 115Kb/s 的传输速率（最高值为 171.2Kb/s，不包括 FEC）。这意味着在数年内，通过便携式计算机，GPRS 用户能与 ISDN 用户一样快速地上网浏览，同时使一些对传输速率敏感的移动多媒体应用成为可能。

（3）接入时间短。分组交换接入时间缩短为不到 1s，能提供快速即时的连接，可大幅度提高一些事务（如银行卡转账、远程监控等）的效率，并可使已有的 Internet 应用（如 E-mail、网页浏览等）操作更加便捷、流畅。

三、5G

2019 年 6 月 6 日，工业和信息化部正式向中国电信、中国移动、中国联通、中国广电发放 5G 商用牌照，我国正式进入 5G 商用元年。

第五代移动电话行动通信标准，也称第五代移动通信技术，简称 5G，也是 4G 之后的延伸，5G 网络的理论传输速度超过 10Gb/s（相当于下载速度为 1.25GB/s）。

（一）关键技术

1. 非正交多址技术

非正交多址技术（non-orthogonal multiple access，NOMA）的基本思想是在发送端采用非正交传输，主动引入干扰信息，在接收端通过串行干扰删除（SIC）实现正确解调。虽然采用 SIC 接收机会提高设计接收机的复杂度，但是可以很好地提高频谱效率，NOMA 的本质即为通过提高接收机的复杂度来换取良好的频谱效率。

假设 UE_1 位于小区中心，信道条件较好，UE_2 位于小区边缘，信道条件较差。根据 UE 的信道条件来给 UE 分配不同的功率，信道条件差的分配更多功率，即 UE_2 分配的功率比 UE_1 多。

（1）发射端。假设基站发送给 UE_1 的符号为 x_1，发送给 UE_2 的数据为 x_2，功率分配因子为 a。则基站发送的信号为

$$s = \mathrm{sqrt}(a)x_1 + \mathrm{sqrt}(1-a)x_2$$

因为 UE_2 位于小区边缘，信道条件较差，所以给 UE_2 分配较多的功率，即 $0 < a < 0.5$。

（2）接收端。UE_2 收到的信号为

$$y_2 = h_2 s + n_2 = h_2 [\mathrm{sqrt}(a)x_1 + \mathrm{sqrt}(1-a)x_2] + n_2$$

因为 UE_2 的信号 x_2 分配的功率较多，所以 UE_2 可以直接把 UE_1 的信号 x_1 当作噪声，直接解调解码 UE_2 的信号即可。UE_1 收到的信号为

$$y_1 = h_1 s + n_1 = h_1 [\text{sqrt}(a)x_1 + \text{sqrt}(1-a)x_2] + n_1$$

因为 UE_1 的信号 x_1 分配较少的功率，所以 UE_1 不能直接调节解码 UE_1 自己的数据。相反，UE_1 需要先跟 UE_2 一样，先解调解码 UE_2 的数据 x_2。解出 x_2 后，再用 y_1 减去归一化的 x_2，得到 UE_1 自己的数据，即 $y_1 - h_2 \text{sqrt}(1-a)x_2$。最后，再解调解码 UE_1 自己的数据。

（3）非正交多址技术的技术特点。

①NOMA 在接收端采用 SIC 接收机来实现多用户检测。串行干扰消除技术的基本思想是采用逐级消除干扰策略，在接收信号中对用户逐个进行判决，进行幅度恢复后，将该用户信号产生的多址干扰从接收信号中减去，并对剩下的用户再次进行判决，如此循环操作，直至消除所有的多址干扰。

②发送端采用功率复用技术。SIC 接收机在接收端消除多址干扰（MAI），需要在接收信号中对用户进行判决来排出消除干扰用户的先后顺序，而判决的依据就是用户信号功率大小。基站在发送端会对不同的用户分配不同的信号功率，来获取系统最大的性能增益，同时达到区分用户的目的，这就是功率复用技术。功率复用技术在其他几种传统的多址方案中没有被充分利用，它不同于简单的功率控制，而是由基站遵循相关的算法来进行功率分配。

③不依赖用户反馈信道状态信息（CSI）。在现实的蜂窝网中，因为流动性、反馈处理延迟等，通常用户并不能根据网络环境的变化反馈出实时有效的网络状态信息。虽然目前有很多技术已经不再那么依赖用户反馈信息就可以获得稳定的性能增益，但是采用了 SIC 技术的 NOMA 方案可以更好地适应这种情况，从而 NOMA 技术可以在高速移动场景下获得更好的性能，并能组建更好的移动节点回程链路。

2. 大规模多天线阵列

理解大规模天线首先需要了解波束成形技术。传统通信方式是基站与手机间单天线到单天线的电磁波传播，而在波束成形技术中，基站端拥有多根天线，可以自动调节各个天线发射信号的相位，使其在手机接收点形成电磁波的叠加，从而达到提高接收信号强度的目的。

从基站方面看，这种利用数字信号处理产生的叠加效果就如同完成了基站端虚拟天线方向图的构造，因此称为波束成形（beam forming）。通过这一技术，发射能量可以汇集到用户所在位置，而不向其他方向扩散。并且，基站可以通过监测用户的信号，对其进行实时跟踪，使最佳发射方向跟随用户的移动，保证在任何时候手机接收点的电磁波信号都处于叠加状态。打个比方，传统通信就像灯泡，照亮整个房间；而波束成形就像手电筒，光亮可以智能地汇集到目标位置上。

在实际应用中，多天线的基站可以同时瞄准多个用户，构造朝向多个目标客户的不同波束，并有效地减少各个波束之间的干扰。这种多用户的波束成形在空间上有效地分离了不同用户间的电磁波，是大规模天线的基础所在。

大规模天线阵列，即 large scale MIMO，也称为 massive MIMO，正是基于多用户波束成形的原理，在基站端布置几百根天线，对几十个目标接收机调制各自的波束，通过空间信号隔离，在同一频率资源上同时传输几十条信号。这种对空间资源的充分挖掘，可以有效地利用宝贵而稀缺的频带资源，并且几十倍地提升网络容量。

图 4-4 是美国莱斯大学的大规模天线阵列原型机中看到由 64 个小天线组成的天线阵列，这个图很好地展示了大规模天线系统的雏形。

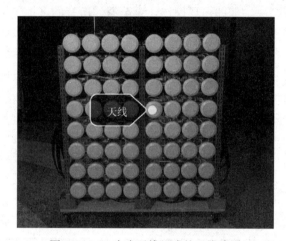

图 4-4　64 个小天线组成的天线阵列

大规模天线并不只是简单地扩增天线数量，因为量变可以引起质变。依据大数定理和中心极限定理，样本数趋向于无穷，均值趋向于期望值，而独立随机变量的均值分布趋向于正态分布。随机变量趋于稳定，这正是"大"的美。

在单天线对单天线的传输系统中，由于环境的复杂性，电磁波在空气中经过多条路径传播后在接收点可能相位相反，互相削弱，此时信道很有可能陷于很强的衰落，影响用户接收到的信号质量。而当基站天线数量增多时，相对于用户的几百根天线就拥有了几百个信道，它们相互独立，同时陷入衰落的概率便大大减小。这对于通信系统而言变得简单而易于处理。

大规模天线优势：

（1）大幅度地提高网络容量。

（2）因为有一堆天线同时发力，由波速成形形成的信号叠加增益将使得每根天线只需以小功率发射信号，从而避免使用昂贵的大动态范围功率放大器，减少了硬件成本。

（3）大数定律造就的平坦衰落信道使得低延时通信成为可能。传统通信系统为了对抗信道的深度衰落，需要使用信道编码和交织器，将由深度衰落引起的连续突发错误分散到各个不同的时间段上，而这个过程需要接收机完整接收所有数据才能获得信息，造成时延。在大规模天线下，得益于大数定理而产生的衰落消失，信道变得良好，对抗深度衰弱的过程可以大大简化。因此，时延也可以大幅降低。

值得一提的是，与大规模天线形成完美匹配的是 5G 的另一项关键技术——毫米波。毫米波拥有丰富的带宽，但是衰减强烈，而大规模天线的波束成形正好弥补其短板。

3. 滤波器组多载波技术（FBMC）

在传统的正交频分复用（OFDM）系统中，各个子载波在时域相互正交，它们的频谱相互重叠，因而具有较高的频谱利用率。OFDM 技术一般应用在无线系统的数据传输中，在 OFDM 系统中，由于无线信道的多径效应，从而使符号间产生干扰。为了消除符号间干扰（ISI），在符号间插入保护间隔。插入保护间隔的一般方法是符号间置零，即发送第一个符号后停留一段时间（不发送任何信息），接下来再发送第二个符号。在 OFDM 系统中，这样虽然减弱或消除了符号间干扰，由于破坏了子载波间的正交性，从而导致了子载波之间的干扰（ICI）。因此，这种方法在 OFDM 系统中不能采用。在 OFDM 系统中，为了既可以消除 ISI，又可以消除 ICI，通常保护间隔是由 CP（cycle prefix，循环前缀）来充当。CP 是系统开销，不传输有效数据，从而降低了频谱效率。

而 FBMC 利用一组不交叠的带限子载波实现多载波传输，滤波器多载波（FMC）对于频偏引起的载波间干扰非常小，不需要 CP，较大地提高了频率效率。

4. 毫米波技术

波长为 1～10mm 的电磁波称为毫米波（millimeter wave），通常对应于 30～300GHz 的无线电频谱。它位于微波与远红外波相交叠的波长范围，因而兼有两种波谱的特点。毫米波的理论和技术分别是微波向高频的延伸与光波向低频的发展。

毫米波在通信、雷达、遥感和设点天文等领域有大量的应用。要想成功地设计并研制出性能优良的毫米波系统，必须了解毫米波在不同气象条件下的大气传播特性。影响毫米波传播特性的因素主要有构成大气成分的分子吸收（氧气、水蒸气等）、降水（包括雨、雾、雪、雹、云等）、大气中的悬浮物（尘埃、烟雾等）以及环境（包括植被、地面、障碍物等）。这些因素的共同作用，会使毫米波信号衰减、散射、改变极化和传播路径，进而在毫米波系统中引进新的噪声。这诸多因素将对毫米波系统的工作造成极大影响，因此必须详细研究毫米波的传播特性。

由于足够量的可用带宽、较高的天线增益，毫米波技术可以支持超高速的传输率，且波束窄、灵活可控，可以连接大量设备。以图4-5为例。

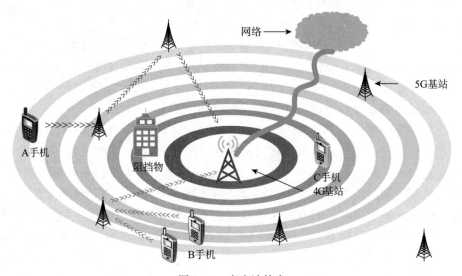

图4-5　毫米波技术

A手机处于4G小区覆盖边缘，信号较差，且有建筑物（房子）阻挡。此时，可以通过毫米波传输，绕过建筑物阻挡，实现高速传输。同样，B手机可以使用毫米波实现与4G小区的连接，且不会产生干扰。当然，由于C手机距离4G小区较近，可以直接与4G小区连接。

毫米波由于其频率高、波长短，具有如下特点：

（1）频谱宽。配合各种多址复用技术的使用可以极大地提升信道容量，适用于高速多媒体传输业务。

（2）可靠性高。较高的频率使其受干扰很少，能较好地抵抗雨水天气的影响，提供稳定的传输信道。

（3）方向性好。毫米波受空气中各种悬浮颗粒物的吸收较大，使得传输波束较窄，增大了窃听难度，适合短距离点对点通信。

（4）波长极短。所需的天线尺寸很小，易于在较小的空间内集成大规模天线阵。

（5）不容易穿过建筑物或者障碍物，并且可以被叶片和雨水吸收。这也是5G网络会采用小基站的方式来加强传统蜂窝塔的原因。

5. 认知无线电技术（cognitive radio spectrum sensing techniques）

认知无线电技术最大的特点就是能够动态地选择无线信道。在不产生干扰的前提下，手机通过不断地感知频率，选择并使用可用的无线频谱。

6. 超密集异构网络（ultra-dense hetnets）

立体分层网络（hetnet）是指，在宏蜂窝网络层中，布放大量微蜂窝（microcell）、微微蜂窝（picocell）、毫微微蜂窝（femtocell）等接入点，来满足数据容量增长要求。

为应对未来持续增长的数据业务需求，采用更加密集的小区部署成为5G提升网络总体性能的一种方法。通过在网络中引入更多的低功率节点，可以达到热点增强、消除盲点、改善网络覆盖、提高系统容量的目的。但是，随着小区密度的增加，整个网络的拓扑也会变得更为复杂，会带来更加严重的干扰问题。因此，密集网络技术的一个主要难点就是要进行有效干扰管理，提高网络抗干扰性能，特别是提高小区边缘用户的性能。

密集小区技术也增强了网络的灵活性，可以针对用户的临时性需求和季节性需求快速部署新的小区。在这一技术背景下，未来网络架构将形成"宏蜂窝＋长期微蜂窝＋临时微蜂窝"的网络架构（图4-6）。这一结构将大大降低网络性能对于网络前期规划的依赖，为5G时代实现更加灵活自适应的网络提供保障。

图4-6 超密集网络组网的网络架构

到了5G时代，更多的物-物连接接入网络，hetnet的密度将会大大增加。与此同时，小区密度的增加也会带来网络容量和无线资源利用率的大幅度提升。仿真表明，当宏小区用户数为200时，仅仅将微蜂窝的渗透率提高到20％，就可能带来理论上1 000倍的小区容量提升。同时，这一性能的提升会随着用户数量的增加而更加明显。考虑到5G主要的服务区域是城市中心等人员密度较大的区域，因此，这一技术会给5G的发展带来巨大潜力。当然，密集小区所带来的小区间干扰也将成为5G面临的重要技术难题。目前，在这一领域的研究中，除了传统的基于时域、频域、功率域的干扰协调机制外，3GPP Rel-11 提出了进一步增强的小区干扰协调技术（eICIC），包括通用参考信号（CRS）抵消技术、网络侧的小区检测和干扰消除技术等。这些 eICIC 技术均在不同的自由度上，通过调度使得相互干扰的信号互相正交，从而消除干扰。除此之外，还有一些新技术的引入为干扰管理提供了新的手段，如认知技术、干扰消除和干扰对齐技术等。随着相关技术难题的陆续解决，在 5G 中，密集网络技术将得到更加广泛应用。

7. 多技术载波聚合

3GPP Rel-12 已经提到多技术载波聚合技术标准。从发展趋势来看，未来的网络会是一个融合的网络，载波聚合技术不但要实现 LTE 内载波间的聚合，还要扩展到与 3G、Wi-Fi 等网络的融合。多技术载波聚合技术与 hetnet 一起，最终将实现万物间的无缝连接。

（二）技术指标

标志性能力指标为"Gbps 用户体验速率"，一组关键技术包括大规模天线阵列、超密集组网、新型多址技术、全频谱接入技术和新型网络架构。大规模天线阵列是提升系统频谱效率最重要的技术手段之一，对满足 5G 系统容量和速率需求将起到重要的支撑作用；超密集组网通过增加基站部署密度，可实现百倍量级的容量提升，是满足 5G 千倍容量增长需求最主要的手段之一；新型多址技术通过发送信号的叠加传输来提升系统的接入能力，可有效支撑 5G 网络千亿设备连接需求；全频谱接入技术通过有效利用各类频谱资源，可有效缓解 5G 网络对频谱资源的巨大需求；新型网络架构基于 SDN、NFV 和云计算等先进技术，可实现以用户为中心的更灵活、更智能、更高效和开放的 5G 新型网络。

四、无线宽带（Wi-Fi）

无线宽频（wireless broadband）是一种无线通信技术，在广大区域提供高速的无线上网，或是计算机网络存取。Wi-Fi 第一个版本发表于 1997 年，其中定义了介质访问接入控制层（MAC 层）和物理层。物理层定义了工作在 2.4GHz 的 ISM 频段上的两种无线调频方式和一种红外传输的方式，总数据传输速率设计为 2Mb/s。两个设备之间的通信可以自由直接（ad hoc）的方式进行，也可以在基站（base station，BS）或者访问点（access point，AP）的协调下进行。

1999 年，加上了两个补充版本：802.11a 定义了一个在 5GHz ISM 频段上的数据传输速率可达 54Mb/s 的物理层，802.11b 定义了一个在 2.4GHz ISM 频段上但数据传输速率高达 11Mb/s 的物理层。

2.4GHz 的 ISM 频段为世界上绝大多数国家通用，因此 802.11b 得到了最为广泛的应用。苹果公司把自己开发的 802.11 标准起名叫 AirPort。1999 年，工业界成立了 Wi-Fi 联盟，致力解决符合 802.11 标准的产品生产和设备兼容性问题。

1. 运作原理

Wi-Fi 的设置至少需要一个接入点和一个或一个以上的 client（用户端）。AP 每 100ms 将 SSID（service set identifier）经由 beacons（信号台）封包广播一次，beacons 封包的传输速率是 1Mb/s，并且长度相当短。所以，这个广播动作对网络效能的影响不大。因为 Wi-Fi 规定的最低传输速率是 1Mb/s，所以确保所有的 Wi-Fi 用户端都能收到这个 SSID 广播封包，使用者可以借此决定是否要与这一个 SSID 的 AP 连线。使用者可以设定要连线到哪一个 SSID。Wi-Fi 系统总是对用户端开放其连接标准，并支援漫游，这就是 Wi-Fi 的好处。但也意味着，一个无线适配器有可能在性能上优于其他适配器。由于 Wi-Fi 通过空气传送信号，所以与非交换以太网有相同的特点。近两年，出现一种 Wi-Fi over cable 的新方案。此方案属于 EOC（ethernet over cable）中的一种技术。通过将 2.4G Wi-Fi 射频降频后在 cable 中传输。此种方案已经在我国小范围内试商用。

2. 热点

Wi-Fi 热点是通过在互联网连接上安装访问点来创建的。这个访问点将无线信号通过短程进行传输，一般覆盖 300 英尺*。当一台支持 Wi-Fi 的设备（如 Pocket PC）遇到一个热点时，这个设备可以用无线方式连接到那个网络。大部分热点都位于供大众访问的地方，如机场、咖啡店、旅馆、书店以及校园等。许多家庭和办公室也拥有 Wi-Fi 网络。虽然有些热点是免费的，但是大部分稳定的公共 Wi-Fi 网络是由私人互联网服务提供商（ISP）提供的，因此会在用户连接到互联网时收取一定费用。其网络成员和结构如下：

（1）站点（station）。网络最基本的组成部分。

（2）基本服务单元（basic service set，BSS），是网络最基本的服务单元。最简单的服务单元可以只由两个站点组成。站点可以动态地连接（associate）到基本服务单元中。

（3）分配系统（distribution system，DS）。分配系统用于连接不同的基本服务单元。分配系统使用的媒介（medium）逻辑上和基本服务单元使用的媒介是截然分开的，尽管它们物理上可能会是同一个媒介，如同一个无线频段。

---

* 英尺为非法定计量单位，1 英尺＝0.304 8m。——编者注

（4）接入点（access point，AP）。接入点既有普通站点的身份，又有接入分配系统的功能。

（5）扩展服务单元（extended service set，ESS）。由分配系统和基本服务单元组合而成。这种组合是逻辑上的，并非物理上的，不同的基本服务单元有可能在地理位置相去甚远。分配系统也可以使用各种各样的技术。

（6）关口（portal）。关口也是一个逻辑成分，用于将无线局域网和有线局域网或其他网络联系起来。

这里有 3 种媒介：站点使用的无线的媒介、分配系统使用的媒介以及与无线局域网集成一起的其他局域网使用的媒介。物理上，它们可能互相重叠。

IEEE802.11 只负责在站点使用的无线媒介上的寻址（addressing）。分配系统和其他局域网的寻址不属于无线局域网的范围。

IEEE802.11 没有具体定义分配系统，只是定义了分配系统应该提供的服务（service）。整个无线局域网定义了 9 种服务，5 种服务属于分配系统的任务，分别为连接（association）、结束连接（diassociation）、分配（distribution）、集成（integration）、再连接（reassociation）。4 种服务属于站点的任务，分别为鉴权（authentication）、结束鉴权（deauthentication）、隐私（privacy）、MAC 数据传输（MSDU delivery）。

Wi-Fi 是一种无线传输的规范，一般带有这个标志的产品表明了可以利用它们方便地组建一个无线局域网。无线局域网无须布线和使用相对自由。

3. 特点

无线宽带是中国电信基于千 G 骨干网络，将天翼与 Wi-Fi 无线上网进行融合后的新产品。客户可通过计算机的天翼无线上网卡或 Wi-Fi 模块，使用界面统一的无线宽带客户端软件，选择天翼或 Wi-Fi 的网络接入方式，无论室内室外、高山海滩，还是身处高速行驶的汽车、火车之上，都能随时畅享稳定、高速的无线网络，确保在任何地方皆可随心工作和娱乐，成就更多精彩。

（1）快速。"天翼＋Wi-Fi"双重无线上网保障，天翼一般上网最高速率可达 153.6Kb/s，是普通拨号上网的 3 倍（使用加速服务后，上网速度最高可再提速 5.4 倍，高达 800Kb/s）；Wi-Fi 最高下载速率可达 10Mb/s，享受高速上网体验的效果。

（2）稳定。在中国电信移动通信网络覆盖的地方就能使用无线宽带，稳定不掉线。

（3）便捷。无线宽带智能导航个人门户网站可提供充值续费、短信发送、营业厅地址查询、网络加速链接，以及积分、余额与消费查询等个性化服务。

（4）省钱。中国电信提供无线宽带多款套餐，让消费者随心挑选所需。

五、近场通信

近场通信（near field communication，NFC）又称近距离无线通信，是一种新兴的技术，一种短距离的高频无线通信技术，允许电子设备之间进行非接触式点对点数据传输、交换数据。这个技术由免接触式射频识别（RFID）演变而来，由飞利浦和索尼共同研制开发，其基础是 RFID 及互连技术。近场通信是一种短距高频的无线电技术，在 13.56MHz 频率运行于 20cm 距离内。其传输速度有 106Kb/s、212Kb/s 或者 424Kb/s 三种。使用了 NFC 技术的设备（如手机）可以在彼此靠近的情况下进行数据交换，通过在单一芯片上集成感应式读卡器、感应式卡片和点对点通信的功能，利用移动终端实现移动支付、电子票务、门禁、移动身份识别、防伪等应用。

近场通信业务结合了近场通信技术和移动通信技术，实现了电子支付、身份认证、票务、数据交换、防伪、广告等多种功能，是移动通信领域的一种新型业务。近场通信业务改变了用户使用移动电话的方式，使用户的消费行为逐步走向电子化，建立了一种新型的用户消费和业务模式。

NFC 技术的应用在世界范围受到了广泛关注，国内外的电信运营商、手机厂商等不同角色纷纷开展应用试点，一些国际性协会组织也积极进行标准化促进工作。据业内相关机构预测，基于近场通信技术的手机应用将会成为移动增值业务的下一个杀手级应用。

1. 原理

近场通信的技术原理非常简单，它可以通过主动与被动两种模式交换数据。在被动模式下，启动近场通信的设备也称为发起设备（主设备），在整个通信过程中提供射频场（RF-field）。它可以选择 106Kb/s、212Kb/s 或 424Kb/s 中的一种传输速度，将数据发送到另一台设备。另一台设备称为目标设备（从设备），不必产生射频场，而使用负载调制（load modulation）技术，以相同的速度将数据传回发起设备。而在主动模式下，发起设备和目标设备都要产生自己的射频场，以进行通信。

近场通信的传输距离极短，建立连接快。因此，近场通信技术通常作为芯片内置在设备中，或者整合在手机的 SIM 卡或 microSD 卡中，当设备进行应用时，通过简单地碰一碰即可以建立连接。例如，在用于门禁管制或检票之类的应用时，用户只需将储存有票证或门禁代码的设备靠近阅读器即可；在移动付费之类的应用中，用户将设备靠近后，输入密码确认交易，或者接受交易即可；在数据传输时，用户将两台支持近场通信的设备靠近，即可建立连接，进行下载音乐、交换图像或同步处理通信录等操作。

2. 技术标准

近场通信技术是由诺基亚（Nokia）、飞利浦（Philips）和索尼（Sony）共同制定的标准，在 ISO 18092、ECMA 340 和 ETSI TS 102 190 框架下推动标准化，同时兼容应用广泛的 ISO 14443、Type-A、ISO 15693、Type-B 以及 Felica 标准非接触式智能卡的基础架构。

2003 年 12 月 8 日通过 ISO/IEC（International Organization for Standardization/International Electrotechnical Commission）机构的审核而成为国际标准，2004 年 3 月 18 日由 ECMA（European Computer Manufacturers Association）认定为欧洲标准，已通过的标准有 ISO/IEC 18092（NFCIP-1）、ECMA-340、ECMA-352、ECMA-356、ECMA-362、ISO/IEC 21481（NFCIP-2）。

近场通信标准详细规定近场通信设备的调制方案、编码、传输速度与 RF 接口的帧格式，以及主动与被动近场通信模式初始化过程中数据冲突控制所需的初始化方案和条件。此外，定义了传输协议，包括协议启动和数据交换方法等。

3. 特征

近场通信是基于 RFID 技术发展起来的一种近距离无线通信技术。与 RFID 一样，近场通信信息是通过频谱中无线频率部分的电磁感应耦合方式进行传递，但两者之间存在很大的区别。近场通信的传输范围比 RFID 小，RFID 的传输范围可以达到 0~1m，但由于近场通信采取了独特的信号衰减技术，相对于 RFID 来说，近场通信具有成本低、带宽高、能耗低等特点。近场通信技术的主要特征如下：

（1）用于近距离（10cm 以内）安全通信的无线通信技术。

（2）射频频率：13.56MHz。

（3）射频兼容：ISO 14443、ISO 15693、Felica 标准。

（4）数据传输速度：106Kb/s、212Kb/s、424Kb/s。

4. 应用类型

NFC 设备可以用作非接触式智能卡、智能卡的阅读器终端以及设备对设备的数据传输链路。其应用广泛，NFC 应用可以分为 4 个基本类型。

（1）接触、完成。诸如门禁管制或交通/活动检票之类的应用，用户只需将储存有票证或门禁代码的设备靠近阅读器即可。还可用于简单的数据撷取应用，如从海报上的智能标签读取网址。

（2）接触、确认。移动付费之类的应用，用户必须输入密码确认交易，或者仅接受交易。

（3）接触、连接。将两台支持 NFC 的设备连接，即可进行点对点网络数据传输，如下载音乐、交换图像或同步处理通信录等。

（4）接触、探索。NFC 设备可能提供不止一种功能，消费者可以探索了解设备的功能，找出 NFC 设备潜在的功能与服务。

NFC 采用了双向的识别和连接，NFC 手机具有 3 种功能模式：NFC 手机作为识读设备（阅读器），NFC 手机作为被读设备（卡模拟），NFC 手机之间的点对点通信应用。

5. 业务模式

（1）使用途径。近场通信有 3 种不同的使用方法。

①与手机完全整合。近场通信，尤其在较新的设备上，可以完全与手机整合。这意味着近场通信控制器（负责实际通信的构件）和安全构件（与近场通信控制器连接的安全数据区域）都整合进了手机本身。完全整合了近场通信的一个手机实例就是 Google 和三星合作发布的 Google Nexus S。

②整合到 SIM 卡上。近场通信可以在运营商的蜂窝网络上识别手机订阅者的卡。

③整合到 microSD 卡上。近场通信技术也能被整合进 microSD 卡，microSD 卡是一种使用闪存的移动存储卡。很多手机用户使用 microSD 卡储存图片、视频、应用和其他文件，以节省手机本身上的储存空间。对于没有 microSD 卡槽的手机，可用手机套配件代替使用。例如，Visa 专门就为 iPhone 推出了一个手机套，装有 microSD 卡，从而将近场通信技术带给了 iPhone 用户。

（2）近场通信使用模式。

①仿信用卡模式。在仿信用卡模式中，近场通信设备可以作为信用卡、借记卡、标识卡或门票使用。仿信用卡模式可以实现"移动钱包"功能。

②读机模式。在读机模式中，近场通信设备可以读取标签。这与如今的条形码扫描工作原理最类似。例如，可以使用手机上的应用程序扫描条形码来获取其他信息。最终，近场通信将会取代条形码阅读变成更为普及的技术。

③P2P 模式（点对点模式）。在 P2P 模式中，近场通信设备之间可以交换信息。例如，两个有近场通信功能的手机可以交换联系方式，这与 iPhone 和 Android 手机上 Bump 之类的应用交换联系方式的方式类似，但是它们采用的技术不同。

6. 业务系统

（1）用户卡。

①支持 SWP 协议。利用 SIM 卡上当前没有被使用的 C6 管脚进行 SWP 的通信。

②支持多线程操作模式。用户可以使用多个近场通信业务，要求卡片上的多个应用允许同时处于激活状态。

③支持 GP 框架。为保证卡上交易应用的安全性以及交易应用的空中下载，要求按照 Global Platform 2.1.1 要求实现用户卡的应用管理架构。

④支持 Java 卡标准。为保证行业应用提供商及可信任的第三方能够独立开发交易应用，用户卡应同时支持 Java 卡标准，以保证卡片及应用互操作性，要求支持 Javacard 2.2.1。

⑤支持 BIP 功能。为了使运营商能够提供更多元化的动态服务，需要保证高速的数据传输，移动台与非接触式用户卡之间要满足对 BIP（bearer independent protocol）功能支持。

（2）近场通信终端。移动台要求集成近场通信控制芯片及天线支持单线协议，保证近场通信控制芯片与用户卡之间的数据通信和处理。

①集成近场通信芯片及天线以支持 SWP 协议。

②将近场通信芯片与用户卡的第六管脚相连，以保证近场通信芯片与用户卡的通信。

③支持 HCI 协议并实现手机主控芯片与近场通信芯片的通信。

④实现 BIP 协议以支持用户卡通过 TCP/IP 通道与远端服务器进行通信。

（3）近场通信业务管理平台。业务管理平台由卡片发行商管理平台和应用提供商管理平台组成，卡片发行商管理平台由卡片管理系统、应用管理系统（用于自有应用）、密钥管理系统、证书管理系统组成，应用提供方管理平台由应用管理系统、密钥管理系统、证书管理系统组成。其中，证书管理系统仅在非对称密钥情况下使用，在对称密钥情况下不使用。这些设备可以合设在一个物理实体上，也可以各自成为一个单独物理实体

7. 技术应用

NFC 作为一种近场通信技术，其应用十分广泛（图 4 - 7）。NFC 应用可以分为 3 种基本类型。

图 4 - 7　NFC 技术应用

（1）支付应用。NFC支付主要是指带有NFC功能的手机虚拟成银行卡、一卡通等的应用。NFC虚拟成银行卡的应用，称为开环应用。理想状态下是带有NFC功能的手机可以作为一张银行卡在超市、商场的POS机上进行刷手机消费。就目前国内NFC开环应用的大环境来说，由于各方面利益的博弈，NFC开环支付应用已经错过了在支付宝和微信支付等移动支付普及之前的最佳时机，NFC开环支付已经不可能再单独发展起来。NFC开环支付以后的发展只有寻求和支付宝、微信支付进行衔接和捆绑，作为支付宝和微信支付的身份认证手段，才有可能在未来的移动支付中占有一席之地。NFC虚拟成一卡通卡的应用，称为闭环应用。目前，NFC的闭环应用在国内的发展也不太理想，虽然在有些城市的公交系统已经开放了手机的NFC功能，但并没有得到普及。根本原因是以卡为载体的一卡通系统有一个发卡的获利，系统集成商和运营商（公交集团及学校等）在发卡上可以获得丰厚的利润。所以，小米和华为在一些城市试点开通手机的NFC公交卡功能，但需要开通服务费。但是，随着NFC手机的普及、技术的不断成熟，一卡通系统会逐渐支持NFC手机的应用。

（2）安防应用。NFC安防的应用主要是将手机虚拟成门禁卡、电子门票等。NFC虚拟门禁卡就是将现有的门禁卡数据写入手机的NFC，这样无须使用智能卡，使用手机就可以实现门禁功能，这样不仅使门禁的配置、监控和修改等十分方便，还可以实现远程修改和配置，如在需要时临时分发凭证卡等。NFC虚拟电子门票的应用就是在用户购票后，售票系统将门票信息发送给手机，带有NFC功能的手机可以把门票信息虚拟成电子门票，在检票时直接刷手机即可。NFC在安防系统的应用是今后NFC应用的重要领域，前景十分广阔。因为在这个领域可以直接为该技术使用者带来经济利益，让他们更有动力进行现有设备和技术的升级。因为使用手机虚拟卡可以减少门禁卡或者磁卡式门票的使用，直接降低使用成本，另外，可以适当提高自动化程度，降低人员成本和提升效率。

（3）标签应用。NFC标签的应用就是把一些信息写入一个NFC标签内，用户只需用NFC手机在NFC标签上挥一挥就可以立即获得相关的信息。例如，商家可以把含有海报、促销信息、广告的NFC标签放在店门口，用户可以根据自己的需求用NFC手机获取相关的信息，并可以登录社交网络，与朋友分享细节或好东西。虽然NFC标签在应用上十分便捷，成本也很低，但移动网络的普及和二维码的逐渐流行，NFC标签的应用前景不容乐观。因为与NFC标签相比，二维码只需要生成和印刷成一个小图像，可以说几乎是零成本，提供的信息与NFC一样很丰富，很容易就会替代NFC标签的应用。

六、蓝牙（bluetooth）

蓝牙是一种无线技术标准，可实现固定设备、移动设备和楼宇个人域网之间的短距离数据交换。蓝牙技术最初由电信巨头爱立信公司于 1994 年创制，当时是作为 RS232 数据线的替代方案。蓝牙可连接多个设备，克服了数据同步的难题。

能够在 10m 的半径范围实现点对点或一点对多点的无线数据和声音传输，其数据传输带宽可达 1Mb/s，通信介质为频率为 2.402～2.480GHz 的电磁波。蓝牙技术可以广泛应用于局域网络中各类数据及语音设备，如 PC、拨号网络、笔记本电脑、打印机、传真机、数码相机、移动电话和高品质耳机等，实现各类设备之间随时随地进行通信。

1. 传输与应用

蓝牙使用跳频技术，将传输的数据分割成数据包，通过 79 个指定的蓝牙频道分别传输数据包。每个频道的频宽为 1MHz。蓝牙 4.0 使用 2MHz 间距，可容纳 40 个频道。第一个频道始于 2 402MHz，每 1MHz 一个频道，至 2 480MHz。有了适配跳频（adaptive frequency-hopping，AFH）功能，通常每秒跳 1 600 次。

最初，高斯频移键控（gaussian frequency-shift keying，GFSK）调制是唯一可用的调制方案。然而，蓝牙 2.0＋EDR 使得 π/4-DQPSK 和 8DPSK 调制在兼容设备中的使用变为可能。运行 GFSK 的设备据说可以以基础速率（basic rate，BR）运行，瞬时速率可达 1Mb/s。增强数据率（enhanced data rate，EDR）一词用于描述 π/4-DPSK 和 8DPSK 方案，分别可达 2Mb/s 和 3Mb/s。在蓝牙无线电技术中，两种模式（BR 和 EDR）的结合统称为"BR/EDR 射频"。

蓝牙是基于数据包、有着主从架构的协议。一个主设备至多可与同一微微网中的 7 个从设备通信。所有设备共享主设备的时钟。分组交换基于主设备定义的、以 312.5μs 为间隔运行的基础时钟。两个时钟周期构成一个 625μs 的槽，两个时间隙就构成了一个 1 250μs 的缝隙对。在单槽封包的简单情况下，主设备在双数槽发送信息，在单数槽接收信息。而从设备则正好相反。封包容量可长达 1 个、3 个或 5 个时间隙，但无论是哪种情况，主设备都会从双数槽开始传输，从设备从单数槽开始传输。

2. 通信连接

蓝牙主设备最多可与一个微微网（一个采用蓝牙技术的临时计算机网络）中的 7 个设备通信，当然并不是所有设备都能够达到这一最大量。设备之间可通过协议转换角色，从设备也可转换为主设备。例如，一个头戴式耳机如果向手机发起连接请求，它作为连接的发起者，自然就是主设备。但是，随后也许会作为从设备运行。

蓝牙核心规格提供两个或两个以上的微微网连接以形成分布式网络，让特定的设备在这些微微网中自动同时地分别扮演主和从的角色。

数据传输可随时在主设备和其他设备之间进行（应用极少的广播模式除外）。主设备可选择要访问的从设备，典型的情况是，它可以在设备之间以轮替的方式快速转换。因为是主设备来选择要访问的从设备，理论上从设备就要在接收槽内待命，主设备的负担要比从设备少一些。主设备可以与 7 个从设备相连接，但是从设备却很难与一个以上的主设备相连。规格对于散射网中的行为要求是模糊的。

许多 USB 蓝牙适配器或"软件狗"是可用的，其中一些还包括一个 IrDA 适配器。

3. 蓝牙协议栈

蓝牙被定义为协议层架构，包括核心协议、电缆替代协议、电话传送控制协议、选用协议。所有蓝牙堆栈的强制性协议包括 LMP、L2CAP 和 SDP。此外，与蓝牙通信的设备基本普遍都能使用 HCI 和 RFCOMM 这些协议。

（1）LMP。链路管理协议（LMP）用于两个设备之间无线链路的建立和控制，一般应用于控制器上。

（2）L2CAP。逻辑链路控制与适配协议（L2CAP）常用来建立两个使用不同高级协议的设备之间的多路逻辑连接传输。提供无线数据包的分割和重新组装。

在基本模式下，L2CAP 能最大提供 64KB 的有效数据包，并且有 672B 作为默认 MTU（最大传输单元），以及最小 48B 的指令传输单元。

在重复传输和流控制模式下，L2CAP 可以通过执行重复传输和 CRC 校验（循环冗余校验）来检验每个通道数据是否正确或者同步。

①增强型重传模式（enhanced retransmission mode，ERTM）：该模式是原始重传模式的改进版，提供可靠的 L2CAP 通道。

②流控模式（streaming mode，SM）：这是一个非常简单的模式，没有重传或流控。该模式提供不可靠的 L2CAP 通道。

其中任一种模式的可靠性都是可选择的，或由底层蓝牙 BDR/EDR 空中接口通过配置重传数量和刷新超时而额外保障。顺序排序是由底层保障的。

只有 ERTM 和 SM 中配置的 L2CAP 通道才有可能在 AMP 逻辑链路上运作。

（3）SDP。服务发现协议（SDP）允许一个设备发现其他设备支持的服务，以及与这些服务相关的参数。例如，当用手机去连接蓝牙耳机时，包含了耳机的配置、设备状态以及高级音频分类（A2DP）等相关参数和信息。并且，这些众多协议的切换需要被每个连接它们的设备设置。每个服务都会被全局独立性识别号（UUID）所识别。根据官方蓝牙配置文档给出了一个 UUID 的简短格式（16 位）。

（4）RFCOMM。射频通信（RFCOMM）常用于建立虚拟的串行数据流。RFCOMM 提供了基于蓝牙带宽层的二进制数据转换和模拟 EIA-232（即早前的 RS-232）串行控制信号，也就是说，它是串口仿真。

RFCOMM 向用户提供了简单而且可靠的串行数据流，类似 TCP。它可作为 AT 指令的载体直接用于许多电话相关的协议，以及通过蓝牙作为 OBEX 的传输层。

许多蓝牙应用都使用 RFCOMM。由于串行数据的广泛应用和大多数操作系统提供了可用的 API，所以使用串行接口通信的程序可以很快地移植到 RFCOMM 上面。

（5）BNEP。网络封装协议（BNEP）用于通过 L2CAP 传输另一协议栈的数据。主要目的是传输个人区域网络配置文件中的 IP 封包。BNEP 在无线局域网中的功能与 SNAP 类似。

（6）AVCTP。音频/视频控制传输协议（AVCTP）被远程控制协议用来通过 L2CAP 传输 AV/C 指令。立体声耳机上的音乐控制按钮可通过这一协议控制音乐播放器。

（7）AVDTP。音视频分发传输协议（AVDTP）被高级音频分发协议用来通过 L2CAP 向立体声耳机传输音乐文件。适用于蓝牙传输中的视频分发协议。

（8）TCS。电话控制二进制协议（TCS BIN）面向字节协议，为蓝牙设备之间的语音和数据通话的建立定义了呼叫控制信令。此外，TCS BIN 为蓝牙 TCS 设备的群组管理定义了移动管理规程。TCS-BIN 仅用于无绳电话协议，因此并未引起广泛关注。

（9）采用的协议。采用的协议是由其他标准制定组织定义并包含在蓝牙协议栈中，仅在必要时才允许蓝牙对协议进行编码。采用的协议包括：

①点对点协议（PPP）：通过点对点链接传输 IP 数据报的互联网标准协议。

②TCP/IP/UDP：TCP/IP 协议组的基础协议。

③对象交换协议（OBEX）：用于对象交换的会话层协议，为对象与操作表达提供模型。

④无线应用环境/无线应用协议（WAE/WAP）：WAE 明确了无线设备的应用框架，WAP 是向移动用户提供电话和信息服务接入的开放标准。

4. 蓝牙基带纠错

根据不同的封包类型，每个封包可能受到纠错功能的保护，或许是 1/3 速率的前向纠错（FEC），或者是 2/3 速率。此外，出现 CRC 错误的封包将会被重发，直至被自动重传请求（ARQ）承认。

5. 蓝牙设置连接

任何可发现模式下的蓝牙设备都可按需传输以下信息：

（1）设备名称。

（2）设备类别。

（3）服务列表。

（4）技术信息（如设备特性、制造商、所使用的蓝牙版本、时钟偏移等）。

任何设备都可以对其他设备发出连接请求，任何设备也都可能添加可回应请求的配置。但如果试图发出连接请求的设备知道对方设备的地址，它就总会回应直接连接请求，且如果有必要，会发送上述列表中的信息。设备服务的使用也许会要求配对或设备持有者接受，但连接本身可由任何设备发起，持续至设备走出连接范围。有些设备在与一台设备建立连接之后，就无法再与其他设备同时建立连接，直至最初的连接断开，才能再被查询到。

每个设备都有一个唯一的 48 位的地址。然而，这些地址并不会显示于连接请求中。但是，用户可自行为他的蓝牙设备命名（蓝牙设备名称），这一名称即可显示在其他设备的扫描结果和配对设备列表中。

多数手机都有蓝牙设备名称（bluetooth name），通常默认为制造商名称和手机型号。多数手机和笔记本电脑都会只显示蓝牙设备名称，想要获得远程设备的更多信息则需要有特定的程序。当某一范围有多个相同型号的手机（比如 Sony Ericsson T610）时，也许会让人分辨哪个才是它的目标设备。

6. 蓝牙配对和连接

（1）动机。蓝牙所能提供的很多服务都可能显示个人数据或受控于相连的设备。出于安全上的考虑，有必要识别特定的设备，以确保能够控制哪些设备能与蓝牙设备相连。同时，有必要让蓝牙设备能够无须用户干预即可建立连接（如在进入连接范围的同时）。

为解决该矛盾，蓝牙可使用一种叫 bonding（连接）的过程。bond 是通过配对（paring）过程生成的。配对过程通过或被自用户的特定请求引发而生成 bond（如用户明确要求"添加蓝牙设备"），或是当连接到一个出于安全考量要求需要提供设备 ID 的服务时自动引发。这两种情况分别称为 dedicated bonding 和 general bonding。

配对通常包括一定程度上的用户互动，已确认设备 ID。成功完成配对后，两个设备之间会形成 bond，日后再相连时，则无须为了确认设备 ID 而重复配对过程。用户也可以按需移除连接关系。

（2）实施。配对过程中，两个设备可通过创建一种称为链路字的共享密钥建立关系。如果两个设备都存有相同的链路字，它们就可以实现 paring 或 bonding。一个只想与已经 bonding 的设备通信的设备可以使用密码验证对方设备的身份，以确保这是之前配对的设备。一旦链路字生成，两个设备间也许会加密一个认证的异步无连接（asynchronous connection-less，ACL）链路，以防止交换的数据被窃取。用户可删除任一方设备上的链路字，即可移除两设备之间的 bond。也就是说，一个设备可能存有一个已经不再与其配对的设备的链路字。

蓝牙服务通常要求加密或认证，因此要求在允许设备远程连接之前先配对。一些服务，如对象推送模式，选择不明确要求的认证或加密，因此配对不会影响服务相关的用户体验。

（3）配对机制。在蓝牙 2.1 版本推出安全简易配对（secure simple pairing）之后，配对机制有了很大的改变。以下是关于配对机制的简要总结。

①旧有配对。这是蓝牙 2.0 版及其早前版本配对的唯一方法。每个设备必须输入 PIN 码；只有当两个设备都输入相同的 PIN 码方能配对成功。任何 16 位的 UTF-8 字符串都能用作 PIN 码。然而，并非所有的设备都能够输入所有可能的 PIN 码。

有限的输入设备：显而易见的例子是蓝牙免提耳机，它几乎没有输入界面。这些设备通常有固定的 PIN，如"0000"或"1234"，是设备硬编码的。

数字输入设备：如移动电话就是这类经典的设备。用户可输入长达 16 位的数值。

字母数字输入设备：如个人计算机和智能电话。用户可输入完整的 UTF-8 字符作为 PIN 码。如果是与一个输入能力有限的设备配对，就必须考虑到对方设备的输入限制，并没有可行的机制能够让一个具有足够输入能力的设备去决定应该如何限制用户可能使用的输入。

②安全简易配对（SSP）。这是蓝牙 2.1 版本要求的，尽管蓝牙 2.1 版本的一些设备只能使用旧有配对方式和早前版本的设备互操作。安全简易配对使用一种公钥密码学（public key cryptography），某些类型还能防御中间人（man in the middle，MITM）攻击。SSP 有以下特点：

即刻运行（just works）：正如其字面含义，这一方法可直接运行，无须用户互动。但是，设备也许会提示用户确认配对过程。此方法的典型应用见于输入、输出功能受限的耳机，且较固定的 PIN 机制更为安全。此方法不提供中间人（MITM）保护。

数值比较（numeric comparison）：如果两个设备都有显示屏，且至少一个能接受二进制的"是/否"用户输入，它们就能使用数值比较。此方法可在双方设备上显示 6 位数的数字代码，用户需比较并确认数字的一致性。如果比较成功，用户应在可接受输入的设备上确认配对。此方法可提供中间人（MITM）保护，但需要用户在两个设备上都确认，并正确地完成比较。

万能钥匙进入（passkey entry）：此方法可用于一个有显示屏的设备和一个有数字键盘输入的设备（如计算机键盘），或两个有数字键盘输入的设备。第一种情况下，显示屏上显示 6 位数字代码，用户可在另一设备的键盘上输入该代码。第二种情况下，两个设备需同时在键盘上输入相同的 6 位数字代码。两种方式都能提供中间人（MITM）保护。

非蓝牙传输方式（OOB）：此方法使用外部通信方式，如近场通信（NFC），交换在配对过程中使用的一些信息。配对通过蓝牙射频完成，但是还要求非蓝牙传输机制提供信息。这种方式仅提供 OOB 机制中所体现的 MITM 保护水平。

SSP 被认为简单的原因如下：

①多数情况下无须用户生成万能钥匙。

②用于无须 MITM 保护和用户互动的用例。

③用于数值比较，MITM 保护可通过用户简单的等式比较来获得。

④使用 NFC 等非蓝牙传输方式，当设备靠近时进行配对，而非需要一个漫长的发现过程。

（4）安全性担忧。蓝牙 2.1 之前版本是不要求加密的，可随时关闭。而且，密钥的有效时限也仅约 23.5h。单一密钥的使用如超出此时限，则简单的异或（XOR）攻击有可能窃取密钥。

一些常规操作要求关闭加密，如果加密因合理的理由或安全考虑而被关闭，就会给设备探测带来问题。

蓝牙 2.1 版本从以下几个方面进行了说明：

①加密是所有非 SDP（服务发现协议）连接所必需的。

②新的加密暂停和继续功能用于所有要求关闭加密的常规操作，更容易辨认是常规操作还是安全攻击。

③加密必须在过期之前再刷新。

链路字可能储存于设备文件系统，而不是在蓝牙芯片本身。许多蓝牙芯片制造商将链路字储存于设备。然而，如果设备是可移动的，就意味着链路字也可能随设备移动。

7. 蓝牙空中接口

这一协议在无须认证的 2.402～2.480GHz ISM 频段上运行。为避免与其他使用 2.45GHz 频段的协议发生干扰，蓝牙协议将该频段分割成间隔为 1MHz 的 79 个频段，并以每秒 1 660 跳的跳频速率变化通道。1.1 版本和 1.2

版本的速率可达 723.1Kb/s。2.0 版本有蓝牙增强数据率（EDR）功能，速率可达 2.1Mb/s；这也导致了相应的功耗增加。在某些情况下，更高的数据速率能够抵消功耗的增加。

蓝牙技术被广泛应用于无线办公环境、汽车工业、信息家电、医疗设备以及学校教育和工厂自动控制等领域。

七、各种主流跟踪与识别技术之间的比较

当前，流行的无线通信技术有 RFID、GPRS、5G、Wi-Fi、NFC 和蓝牙。各种无线通信技术的适用频段、调制方式、最大作用距离、数据率和应用领域各有不同。这些无线通信技术的作用距离与数据率的关系是，数据率越高作用距离就越短。

1. RFID

RFID 是一种简单的无线系统，只有两个基本器件，该系统用于控制、检测和跟踪物体。系统由一个询问器和很多应答器组成。

（1）应答器。应答器由天线、耦合元件及芯片组成，一般来说都是用标签作为应答器，每个标签具有唯一的电子编码，附着在物体上标识目标对象。

（2）阅读器。阅读器由天线、耦合元件、芯片组成，读取（有时还可以写入）标签信息的设备，可设计为手持式 RFID。

（3）应用软件系统。应用软件系统是应用层软件，主要是把收集的数据进一步处理，并为人们所使用。

2. GPRS

GPRS 通过监控中心与 Internet 相连，可以支持一些比较复杂的应用，另外支持的通信方式比较多，使用户可以随时随地以多种通信方式来监控实际应用点。该方案还可以让监控中心同时和多个 GPRS 模块通信，从而监控多个工作现场。

3. 5G

增加了更多的带宽，有助于尽快传输数据，在手机和其他设备上的运行速度更快。5G 的容量是 4G 的 100 倍，有助于体验更好的性能。网络安全性更高，服务质量（QoS）更好，但建设成本高，使用费用也高。

4. Wi-Fi

Wi-Fi 方案的设计相对其他方案比较简单，仅需要通过 MCU 控制 Wi-Fi 模块，通过 CAN 总线与主板通信，然后通过 Wi-Fi 模块传输信息到 Internet。通过连接服务器，然后服务器对数据进行处理。

5. NFC

与 RFID 一样，NFC 信息也是通过频谱中无线频率部分的电磁感应耦合

方式传递，但两者之间还是存在很大的区别。第一，NFC 是一种提供轻松、安全、迅速通信的无线连接技术，其传输范围比 RFID 小。第二，NFC 与现有非接触智能卡技术兼容，已经成为越来越多主要厂商支持的正式标准。第三，NFC 是一种近距离连接协议，提供各种设备间轻松、安全、迅速而自动的通信。与无线世界中的其他连接方式相比，NFC 是一种近距离的私密通信方式。

6. 蓝牙

蓝牙系统由无线单元、链路控制器、链路管理器和提供到主机端接口功能的支持单元组成。

蓝牙无线单元是一个微波跳频扩频通信系统，数据和话音信息分组在指定时隙，指定跳频频率发送和接收。跳频序列由主设备地址决定，采用寻呼和查询方式建立信道连接。链路控制（基带控制）器包括基带数字信号处理的硬件部分并完成基带协议和其他底层链路规程。链路管理器（LM）软件实现链路的建立、验证、链路配置及其协议。链路管理器可以发现其他的链路管理器，并通过连接管理协议 LMP 建立通信联系。链路管理器通过链路控制器提供的服务实现上述功能。

第二节　有线方式

一、RJ45 接口

RJ45 是布线系统中信息插座（即通信引出端）连接器的一种，连接器由插头（接头、水晶头）和插座（模块）组成，插头有 8 个凹槽和 8 个触点。RJ 是 Registered Jack 的缩写，意思是"注册的插座"。在 FCC（美国联邦通信委员会标准和规章）中，RJ 是描述公用电信网络的接口，计算机网络的 RJ45 是标准 8 位模块化接口的俗称。

1. 设计原理

RJ45 模块的核心是模块化插孔。镀金的导线或插座孔可维持与模块化的插座弹片间稳定而可靠的电器连接。由于弹片与插孔间的摩擦作用，电接触随着插头的插入而得到进一步加强。插孔主体设计采用整体锁定机制，这样当模块化插头插入时，插头和插孔的界面外可产生最大的拉拔强度。RJ45 模块上的接线模块通过 U 形接线槽来连接双绞线，锁定弹片可以在面板等信息出口装置上固定 RJ45 模块。

2. 线序连接

信息模块或 RJ45 插头与双绞线端的连接有 T568A 或 T568B 两种结构（图 4-8）。在 T568A 中，与之相连的 8 根线分别定义为白绿、绿；白橙、蓝；白蓝、橙；白棕、棕。在 T568B 中，与之相连的 8 根线分别定义为白橙、橙；白绿、蓝；白蓝、绿；白棕、棕。其中，定义的差分传输线分别是白橙色和橙色线缆、白绿色和绿色线缆、白蓝色和蓝色线缆、白棕色和棕色线缆。

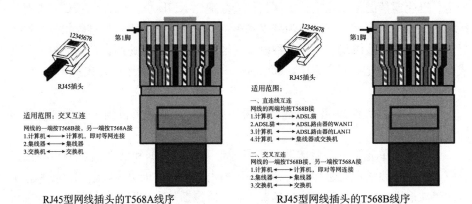

图 4-8　线序图

从引针 1 至引针 8 对应线序为：

T568A：①白绿；②绿；③白橙；④蓝；⑤白蓝；⑥橙；⑦白棕；⑧棕。

T568B：①白橙；②橙；③白绿；④蓝；⑤白蓝；⑥绿；⑦白棕；⑧棕。

为达到最佳兼容性，制作直通线时一般采用 T568B 结构。RJ45 水晶头针顺序号应按照如下方法进行观察：将 RJ45 插头正面（有铜针的一面）朝自己，有铜针一头朝上方，连接线缆的一头朝下方，从左至右将 8 个铜针依次编号为 1～8。

两种结构并没有本质的区别，只是颜色上的区别。需要注意的是，在连接两个 RJ45 水晶头时必须保证：1、2 脚对是一个绕对，3、6 脚对是一个绕对，4、5 脚对是一个绕对，7、8 脚对是一个绕对。在同一个综合布线系统工程中，只能采用一种连接标准。制作连接线、插座、配线架等，一般较多地使用 TIA/EIA-568-B 标准；否则，应标注清楚。

电缆需与同类的连接器件端接。例如，5e 类和 6 类的连接器，在外观上很相似，但在物理机构上是有差别的。如果把一条 5e 类电缆与一个 3 类标准连接器或配线盘端接，就会把电缆信道的性能降低为 3 类。所以，为了保证电缆的性能指标，模块连接器也必须达到相应的标准。

网络传输线分为直通线、交叉线和全反线。直通线用于异种网络设备之间的互连，如计算机与交换机；交叉线用于同种网络设备之间的互连，如计算机与计算机；全反线用于超级终端与网络设备的控制物理接口之间的连接。

3. 引脚定义

常见的 RJ45 接口有两类：用于以太网网卡、路由器以太网接口等的 DTE（数据终端设备）类型和用于交换机等的 DCE（数字通信设备）类型，其引脚定义如图 4-9 所示，对应的引脚信号定义说明见表 4-1。当两个类型一样的设备使用 RJ45 接口连接通信时，必须使用交叉线连接。如果 DTE 类型接口和 DTE 类型接口相连时不交叉相连引脚，对触的引脚都是数据接收（发送）引脚，不能进行通信。另外，一些 DCE 类型设备会和对方自动协商，此时连接用直通线或平行线均可。

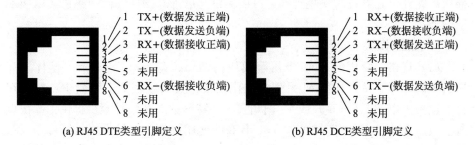

(a) RJ45 DTE类型引脚定义　　　　　　(b) RJ45 DCE类型引脚定义

图 4－9　RJ45 引脚定义

表 4－1　引脚信号定义

以太网 10/100Base-T 接口			以太网 100Base-T4 接口		
引脚号	引脚名称	说明	引脚号	引脚名称	说明
1	TX+	发送数据＋	1	TX_D1+	发送数据＋
2	TX−	发送数据−	2	TX_D1−	发送数据−
3	RX+	接收数据＋	3	RX_D2+	接收数据＋
4	n/c	未使用	4	BI_D3+	双向数据＋
5	n/c	未使用	5	BI_D3−	双向数据−
6	RX−	接收数据−	6	RX_D2−	接收数据−
7	n/c	未使用	7	BI_D4+	双向数据＋
8	n/c	未使用	8	BI_D4−	双向数据−

4. 插头/水晶头

（1）作用。RJ45 插头又称为 RJ45 水晶头（RJ45 modular plug），用于数据电缆的端接，实现设备、配线架模块间的连接及变更。对 RJ45 水晶头要求具有良好的导通性能；接点三叉簧片镀金厚度为 $50\mu m$，满足超 5 类传输标准，符合 T568A 和 T568B 线序，具有防止松动、插拔、自锁等功能。

RJ45 插头是铜缆布线中的标准连接器，它和插座（RJ45 模块）共同组成一个完整的连接器单元。这两种元件组成的连接器连接于导线之间，以实现导线的电气连续性。它也是综合布线技术成品跳线里的一个组成部分，RJ45 水晶头通常接在对绞电缆的两端。在规范的综合布线设计安装中，这个配件产品通常不单独列出，也就是不主张用户自己完成双绞线与 RJ45 插头的连接工作。

（2）分类。RJ45 插头分为非屏蔽和屏蔽两种。屏蔽 RJ45 插头外围用屏蔽包层覆盖，其实物外形与非屏蔽的插头没有区别。还有一种专为工厂环境特殊设计的工业用的屏蔽 RJ45 插头，与屏蔽模块搭配使用。

RJ45 插头常使用一种防滑插头护套，用于保护连插头、防滑动，也便于插拔。此外，它有各种颜色选择，可以提供与嵌入式图标相同的颜色，以便于正确连接。

5. 插座/模块

（1）规格。常用的 RJ45 非屏蔽模块高 2cm、宽 2cm、厚 3cm，塑体抗高压、阻燃，可卡接到任何 M 系列模式化面板、支架或表面安装盒中，并可在标准面板上以 90°（垂直）或 45°斜角安装，特殊的工艺设计至少提供 750 次重复插拔。模块使用了 T568A 和 T568B 布线通用标签。这种模块是综合布线系统中应用最多的一种模块，无论从三类、五类，还是超五类和六类，它的外形都保持了相当的一致。

（2）分类。按 RJ45 模块的安装位置来分，分为埋入型、地毯型、桌上型和通用型 4 个标准。

按屏蔽性能，分为非屏蔽模块和屏蔽模块。当安装屏蔽电缆系统时，整个链路都必须屏蔽，包括电缆和连接件，都需要用屏蔽的信息模块。

根据模块端接时是否需要打线来分，信息模块有打线式与免打线式信息模块。打线式信息模块需用专用的打线工具将双绞线导线压入信息模块的接线槽内。免打线工具设计也是模块人性化设计的一个体现，这种模块端接时无须用专用刀具。

按照接线部位的不同，分为在上部端接和尾部端接两种，大部分产品采用上部端接方式。

（3）特殊设计。内置防尘盖系列插座具有一个弹簧承载的内置防尘盖，在插入和拔出跳线插头时，防尘盖可以自动缩进和弹出。此外，其独有的弹簧支撑的"门"保证了跳线插头绝不会只插入一部分，而影响稳定的数据传输。带防尘盖的传统插座通常都要求使用两只手才能打开防尘盖，插入跳线，而 Molex 企业布线网络设内置防尘盖插座，则允许使用一只手插入跳线，其使用起来更加简便。另外，在每次连接/断开时，"门"会擦净针脚，可以全面防止尘土和杂质进入连接器，使插座获得最大的保护，以保证可靠的资信传输能力。Molex 内置防尘盖的插座外观紧凑（高 21mm×宽 21mm×厚 26mm），在每个工作站上实现了最大密度。在一个标准尺寸的长方形墙上面板中，可以容纳最多 6 个插座；在一个配有防尘盖的标准尺寸的正方形墙上面板中，可以容纳最多 4 个插座。其密度相当于传统插座的 2 倍。

为方便使用者插拔安装，可以使用 45°斜角操作。为达到这一目标，在标准模块加上 45°斜角的面板完成，也可以将模块安装端直接设计成 45°斜角。

6. 性能指标

RJ45 的性能指标同样包括衰减、近端串扰、插入损耗、回波损耗和远端串扰等。RJ45 的性能技术说明：接触电阻为 2.5mΩ，绝缘电阻为 1 000mΩ，抗电强度为 DC1 000V（AC700V）时，1min 无击穿和飞弧现象；卡接簧片表面镀金或镀银，可接直径为 0.4～0.6mm 的线缆；插头插座可重复插拔次数不少于 750 次；8 线接触针镀金。

在这些性能指标要求中，串扰是设计时考虑的一个重要因素，为了使整个链路有更好的传输性能，在插座中常采用串扰抵消技术。串扰抵消技术能够产生与从插头引入的干扰大小相同、极性相反的串音信号来抵消串扰。如果由模块化插头引入的串音干扰用"＋＋＋＋"表示，插座产生的相反的串音则用"－－－－"表示。当两个串音信号的大小相等、极性相反时，总的耦合串音干扰信号的大小为零。

二、USB 接口

通用串行总线（universal serial bus，USB）是一种串口总线标准，也是一种输入输出接口的技术规范，被广泛地应用于个人计算机和移动设备等信息通信产品，并扩展至摄影器材、数字电视（机顶盒）、游戏机等其他相关领域。新一代 USB4.0 的，传输速度为 40Gb/s，三段式电压 5V/12V/20V，最大供电 100W，新型 Type C 接口允许正反盲插。

1. 工作原理

USB 是一个外部总线标准，规范计算机与外部设备的连接和通信。USB 接口具有热插拔功能。USB 接口可连接多种外设，如鼠标和键盘等。USB 是在 1994 年底由英特尔等多家公司联合提出的。自 1996 年推出后，已经成功替代了串口和并口，成为当今计算机与大量智能设备的必配接口。USB 版本经历了多年的发展，已经发展为 USB5.0 版本。对于大多数工程师来说，开发 USB2.0 接口产品主要障碍在于：要面对复杂的 USB2.0 协议，自己编写 USB 设备的驱动程序，熟悉单片机的编程。这不仅要求有相当的 VC 编程经验，还要能够编写 USB 接口的硬件（固件）程序。所以，大多数人放弃了自己开发 USB 产品。

2. 发展历程

（1）USB1.0。USB 1.0 是在 1996 年出现的，速度只有 1.5Mb/s；1998 年升级为 USB 1.1，速度也大大提升到 12Mb/s，在部分旧设备上还能看到这种标准的接口。USB1.1 是较为普遍的 USB 规范，其高速方式的传输速率为 12Mbps，低速方式的传输速率为 1.5Mbps，b/s 一般表示位传输速度，bps 表示位传输速率，数值上相等。B/s 与 b/s、BPS（字节每秒）与 bps（位每秒）不能混淆。1MB/s（兆字节/秒）＝8Mbps（兆位/秒），12Mbps＝1.5MB/s，大部分 MP3 为此类接口类型。

（2）USB2.0。USB2.0 规范是由 USB1.1 规范演变而来的。它的传输速率达到了 480Mbps，折算为 MB，为 60MB/s，足以满足大多数外设的速率要求。USB 2.0 中的"增强主机控制器接口"（EHCI）定义了一个与 USB 1.1 相兼容的架构。它可以用 USB 2.0 的驱动程序驱动 USB 1.1 设备。也就是说，所有支持 USB 1.1 的设备都可以直接在 USB 2.0 的接口上使用而不必担心兼容性问题，而且像 USB 线、插头等附件也都可以直接使用。

使用 USB 为打印机应用带来的变化则是速度的大幅度提升，USB 接口提供了 12Mbps 的连接速度，相比并口速度提高达到 10 倍以上，在这个速度之下打印文件传输时间大大缩减。USB 2.0 标准进一步将接口速度提高到 480Mbps，是普通 USB 速度的 20 倍，更大幅度降低了打印文件的传输时间。

（3）USB3.0。由英特尔、微软、惠普、德州仪器、NEC、ST-NXP 等业界巨头组成的 USB 3.0 Promoter Group 宣布，该组织负责制定的新一代 USB 3.0 标准已经正式完成并公开发布。USB 3.0 的理论速度为 5.0Gb/s，其实只能达到理论值的 50%，那也是接近于 USB 2.0 的 10 倍了。USB3.0 的物理层采用 8b/10b 编码方式，这样算下来的理论速度也就 4Gb/s，实际速度还要扣除协议开销，在 4Gb/s 基础上要再少点。可广泛用于 PC 外围设备和消费电子产品。

USB 3.0 在实际设备应用中将被称为"USB SuperSpeed"，顺应此前的 USB 1.1 FullSpeed 和 USB 2.0 HighSpeed。支持新规范的商用控制器在 2009 年下半年面世，消费级产品已经上市。

（4）USB3.1。USB 3.1 Gen2 是最新的 USB 规范，该规范由英特尔等公司发起。数据传输速度提升可至 10Gbps。与 USB 3.0（即 USB 3.1 Gen1）技术相比，新 USB 技术使用一个更高效的数据编码系统，并提供 1 倍以上的有效数据吞吐率。它完全向下兼容现有的 USB 连接器与线缆。

USB 3.1 Gen2 兼容现有的 USB 3.0（即 USB 3.1 Gen1）软件堆栈和设备协议、5Gbps 的集线器与设备、USB 2.0 产品。

根据 USB-IF 最新的 USB 命名规范，原来的 USB 3.0 和 USB 3.1 将不再被命名，所有的 USB 标准都将被称为 USB 3.2。考虑到兼容性，USB 3.0 至 USB 3.2 分别被称为 USB 3.2 Gen 1、USB 3.2 Gen 2、USB 3.2 Gen 2×2。

（5）USB 4.0。USB 4.0 规范由 USB 实施者论坛于 2019 年 8 月 29 日发布。USB4 基于 Thunderbolt 3 协议，支持 40Gb/s 吞吐量，兼容 Thunderbolt 3，并向后兼容 USB 3.2 和 USB 2.0。

3. 主要优点

（1）可以热插拔。用户在使用外接设备时，不需要重启系统，而是在计算机工作时，直接将 USB 插上使用。

（2）携带方便。USB 设备大多小、轻、薄，对用户来说，随身携带大量数据时很方便。

（3）标准统一。常见的外设是 IDE 接口的硬盘、串口的鼠标键盘、并口的打印机和扫描仪。有了 USB 之后，这些应用外设统统可以用同样的标准与个人计算机连接，这时就有了 USB 硬盘、USB 鼠标、USB 打印机等。

（4）可以连接多个设备。个人计算机往往有多个 USB 接口，可以同时连接几个设备。如果接上一个有 4 个端口的 USB HUB 时，就可以再连上 4 个 USB 设备。以此类推，尽可以连下去（最高可连接至 127 个设备）。

4. 接口布置

USB 是一种常用的 PC 接口，它只有 4 根线，2 根电源线、2 根信号线，故信号是串行传输的，USB 接口也称为串行口，USB2.0 的速度可以达到480Mbps，可以满足各种工业和民用需要。

USB 接口的输出电压和电流分别是＋5V、500mA。实际上有误差，最大不能超过±0.2V，也就是4.8～5.2V。USB 接口的 4 根线一般是按图 4-10 所示分配，需要注意的是，千万不要把正负极弄反了，否则会烧掉 USB 设备或者计算机的南桥芯片：黑线，GND；红线，VCC；绿线，data＋；白线，data－。

USB 接口颜色，一般从左到右的排列方式是红、白、绿、黑（图 4-10）。定义如下：

图 4-10　USB 接口定义

红色：USB 电源，标有 VCC、Power、5V、5VSB 字样。

白色：USB 数据线（负），标有 DATA－、USBD－、PD－、USBDT－字样。

绿色：USB 数据线（正），标有 DATA＋、USBD＋、PD＋、USBDT＋字样。

黑色：地线，标有 GND、Ground 字样。

5. 接口种类

随着各种数码设备的大量普及，特别是 MP3 和数码相机的普及，周围的 USB 设备渐渐多了起来。然而，这些设备虽然都采用了 USB 接口，但是这些设备的数据线并不完全相同。这些数据线在连接 PC 的一端都是相同的，但是在连接设备端的时候，通常出于体积的考虑而采用了各种不同的接口。下面简单介绍 Mini 类型 USB 接口的各种应用（图 4 - 11）。

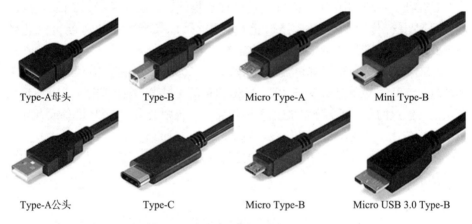

| Type-A母头 | Type-B | Micro Type-A | Mini Type-B |
| Type-A公头 | Type-C | Micro Type-B | Micro USB 3.0 Type-B |

图 4 - 11　接口类型

（1）USB Type-A。这种接口最为常见。目前计算机上都兼容这种接口，包括 U 盘等也都是这种接口。现在它已经进化为 USB 3.0 Type-A。

（2）USB Type-B。这种接口在 3.5 英寸* 移动硬盘见过，打印机也在使用这种接口。目前，安卓系统的手机最为常见的是它的缩小版：micro USB Type-B。

（3）USB Type-C。由 USB-IF 组织于 2014 年 8 月发布，是 USB 标准化组织为了解决 USB 接口长期以来物理接口规范不统一、电能只能单向传输等弊端而制定的全新接口，它集充电、显示、数据传输等功能于一身。Type-C 接

---

　　* 英寸为非法定计量单位，1 英寸＝0.025 4m。——编者注

口最大的特点是支持正反 2 个方向插入，正式解决了"USB 永远插不准"的世界性难题，正反面随便插。USB Type-C 接口基于 USB 3.1 标准而被创造，它的传输速率达到 USB 3.0 的 2 倍。除此之外，USB 3.1 标准下的 USB Type-C 接口支持最大 100W 供电能力，可以完全满足笔记本电脑这样的设备供电需求，而在 USB 3.0 上仅为 4.5W。主要有以下优点：

①支持正反对称插拔，解决实际应用中的反插无法插入的问题。

②接口纤薄，可支持更加轻薄的设备，可令便携式设备的设计更薄、更小。

③支持更大功率传输，最大可达 100W，支持更多的大功率负载设备。

④支持单口和双口 Type-C，应用灵活。

⑤支持双向功率传输，送电和受电均可。

三、RS232 接口

RS232 是目前最常用的一种串行通信接口。1970 年，由美国电子工业协会（EIA）联合贝尔系统、调制解调器厂家及计算机终端生产厂家共同制定的用于串行通信的标准。它的全名是"数据终端设备（DTE）和数据通信设备（DCE）之间串行二进制数据交换接口技术标准"。该标准规定采用一个 25 脚的 DB-25 连接器，对连接器的每个引脚的信号内容加以规定，还对各种信号的电平加以规定。后来 IBM 的 PC 将 RS232 简化成了 DB-9 连接器，从而成为事实标准。而工业控制的 RS232 接口一般只使用 RXD、TXD、GND 3 条线。

RS232 总线规定了 25 条线，包含了两个信号通道，即第一通道（称为主通道）和第二通道（称为副通道）。利用 RS232 总线可以实现全双工通信，通常使用的是主通道，而副通道使用较少。在一般应用中，使用 3～9 条信号线就可以实现全双工通信，采用 3 条信号线（接收线、发送线和信号线）能实现简单的全双工通信过程。

1. 通信原理

以计算机和调制解调器之间的通信流程来说明 RS232 串行通信原理。假定调制解调器是全双工的，并以 RS232 标准规范工作。当调制解调器处于应答方式下，计算机和调制解调器之间的 RS232 信号间的交互关系和工作过程如下：

（1）初始状态时，RTS、CTS 持续为 ON，通过通信程序设置和监测 RS232 引线状态。在应答模式下，计算机中的软件一直监视着振铃指示（RI），等待 RI 发出 ON 信号。

（2）计算机上的通信程序在收到 RI 信号后，就开始通过振铃指示器 ON/OFF 变换的次数对振铃进行计数，当到达程序设定的振铃次数时，通信程序就发生数据终端就绪（DTR）信号，强迫调制解调器进入摘机状态。

（3）等待 2s 后（FCC 规定），调制解调器自动开始发送其应答载波。这时调制解调器发出调制解调器就绪（DSR）信号通知计算机：它已完成所有的准备工作并等待载波信号。

（4）在持续发出 DTR 信号期间，计算机软件监测 DSR 信号。当 DSR 信号变为 ON 时，计算机就知道调制解调器已准备数据链路的连接，计算机立即开始监测数据载波监测（CD）信号，以证实数据链路的存在。

（5）当源调制解调器的载波出现于电话线上时，应答调制解调器就发出 CD 信号。

（6）通过发送数据线（TD）和接收数据线（RD）开始全双工通信。在数据链路传输期间，计算机通过监测 CD 信号来确保数据链路的存在。

（7）通信任务一旦完成，计算机就禁止 DTR 信号，调制解调器除去其载波，禁止 CD 和 DSR 信号。随着链路被拆除，调制解调器就会返回初始状态。

RS232 串行通信距离较近时（＜12m），可以用电缆线直接连接标准 RS232 端口；若距离较远，需附加调制解调器（Modem）。最为简单且常用的是三线制接法，即地、接收数据、发送数据三脚相连。

2. 机械特性

RS232 标准采用的接口是 9 针或 25 针的 D 型插头，常用的一般是 9 针插头。它们是：

（1）接收线信号检出（received line signal detection，RSD）。用来表示数据通信设备（DCE）已接通通信链路，告知数据终端设备（DTE）准备接收数据。当本地的调制解调器收到由通信链路另一端（远地）的调制解调器送来的载波信号时，使远程线路信号检测（RLSD）信号有效，通知终端准备接收，并且由 MODEM 将接收下来的载波信号解调成数字数据后，沿接收数据线送到终端。此线也称作数据载波检出（data carrier detection，DCD）线。

（2）接收数据（received data，RXD）。通过 RXD 线终端接收从 MODEM 发来的串行数据（DCE→DTE）。

（3）发送数据（transmitted data，TXD）。通过 TXD 终端将串行数据发送到 MODEM（DTE→DCE）。

（4）数据终端准备好（data terminal ready，DTR）。有效时（ON）状态，表明数据终端可以使用。

（5）地线 GND。

（6）数据装置准备好（data set ready，DSR）。有效时（ON）状态，表明通信装置处于可以使用的状态。

（7）请求发送（request to send）。用来表示 DTE 请求 DCE 发送数据，即当终端要发送数据时，使该信号有效（ON 状态），向 MODEM 请求发送。它用来控制 MODEM 是否要进入发送状态。

（8）清除发送（clear to send，CTS）。用来表示 DCE 准备好接收 DTE 发来的数据，是对请求发送信号 RTS 的响应信号。当 MODEM 已准备好接收终端传来的数据并向前发送时，使该信号有效，通知终端开始沿发送数据线 TXD 发送数据。

（9）振铃指示（ringing，R）。当 MODEM 收到交换台送来的振铃呼叫信号时，使该信号有效（ON 状态），通知终端，已被呼叫。

3. 电气特性

在 TXD 和 RXD 上：逻辑 1（MARK）＝－15～－3V，逻辑 0（SPACE）＝3～15V。在 RTS、CTS、DSR、DTR 和 DCD 等控制线上：信号有效（接通，ON 状态，正电压）＝3～15V，信号无效（断开，OFF 状态，负电压）＝－15～－3V。

以上规定说明了 RS232C 标准对逻辑电平的定义。对于数据（信息码），逻辑 1（传号）的电平低于－3V，逻辑 0（空号）的电平高于＋3V；对于控制信号，接通状态（ON）即信号有效的电平高于 3V，断开状态（OFF）即信号无效的电平低于－3V，也就是当传输电平的绝对值大于 3V 时，电路可以有效地检查出来，介于－3～3V 的电压无意义，低于－15V 或高于 15V 的电压也认为无意义。因此，在实际工作时，应保证电平在±（3～15）V 范围。用 RS232 总线连接系统时，有近程通信方式和远程通信方式两种，近程通信是指传输距离小于 15m 的通信，可以用 RS232 电缆直接连接；15m 以上的为长距离通信，需要采用调制解调器。

4. 特点

（1）信号线少。RS232 总线规定了 25 条线，包含了两个信号通道，即第一通道（称为主通道）和第二通道（称为副通道）。利用 RS232 总线可以实现全双工通信，通常使用的是主通道，而副通道使用较少。在一般应用中，使用 3～9 条信号线就可以实现全双工通信，采用 3 条信号线（接收线、发送线和信号线）能实现简单的全双工通信过程。

（2）灵活的波特率选择。RS232 规定的标准传送速率有 50b/s、75b/s、110b/s、150b/s、300b/s、600b/s、1 200b/s、2 400b/s、4 800b/s、9 600b/s、19 200b/s，可以灵活地适应不同速率的设备。对于慢速外设，可以选择较低的传送速率；反之，可以选择较高的传送速率。

（3）采用负逻辑传送。规定逻辑"1"的电平为－15～－5V，逻辑"0"的电平为＋5～＋15V。选用该电气标准的目的在于提高抗干扰能力，增大通信距离。RS232 的噪声容限为 2V，接收器将能识别高至＋3V 的信号作为逻辑"0"，将低到－3V 的信号作为逻辑"1"。

（4）传送距离较远。由于 RS232 采用串行传送方式，并且将微机的 TTL 电平转换为 RS232C 电平，其传送距离一般可达 30m。若采用光电隔离 20mA 的电流环进行传送，其传送距离可以达到 1 000m。另外，如果在 RS232 总线接口再加上 Modem，通过有线、无线或光纤进行传送，其传输距离可以更远。

（5）两种物理接口。RS232 接口的一种连接器是 D13-25 的 25 芯插头座，通常情况下插头在 DCE 端，插座在 DTE 端。

5. 缺点

（1）接口的信号电平值较高，易损坏接口电路的芯片，又因为与 TTL 电平不兼容，故需使用电平转换电路方能与 TTL 电路连接。

（2）传输速率较低，在异步传输时，波特率为 20Kbps；因此在 CPLD 开发板中，综合程序波特率只能采用 19 200，也是这个原因。

（3）接口使用一根信号线和一根信号返回线而构成共地的传输形式，这种共地传输容易产生共模干扰，所以抗噪声干扰性弱。

（4）传输距离有限，最大传输距离标准值为 50 英尺，实际上也只能用在 15m 左右。

6. 与 USB 比较

RS232 与 USB 都是串行通信，但无论是底层信号、电平定义、机械连接方式，还是数据格式、通信协议等，两者完全不同。RS232 是一个流行的接口。在 MS-DOS 中，4 个串行接口称为 COM1、COM2、COM3 和 COM4，而绝大部分 Windows 应用程序最多可以有 4 个外设。但是，如果用户要扩充更多外设时，就必须用插入式串行卡或者外部开关盒实现。RS232 点对点连接，一个串口只能连接一个外设。

而 USB 是一种多点、高速的连接方式，采用集线器能实现更多的连接。USB 接口的基本部分是串行接口引擎 SIE，SIE 从 USB 收发器中接收数据位，转化为有效字节传送给 SIE 接口；反之，SIE 接口也可以接收字节转化为串行位送到总线。由于 PC 串口的最高速率仅为 115.2Kbps，会形成一个速度瓶颈。RS232 系统包括 2 个串行信号路径，其方向相反，分别用于传输命令和数据，而命令和状态必须与数据交织在一起；而 USB 支持分离的命令和数据通道并允许独立的状态报告。USB 是一种方便、灵活、简单、高速的总线结构，与传统的 RS232 接口相比，主要有以下特点：

（1）USB 采用单一形式的连接头和连接电缆，实现了单一的数据通用接口。USB 统一的 4 针插头，取代了 PC 机箱后种类繁多的串/并插头，实现了将计算机常规 I/O 设备、多媒体设备（部分）、通信设备（电话、网络）以及家用电器统一为一种接口的愿望。

（2）USB 采用的是一种易于扩展的树状结构，通过使用 USB Hub 扩展，可连接多达 127 个外设。USB 免除所有系统资源的要求，避免了安装硬件时发生端口冲突的问题，为其他设备空出硬件资源。

（3）USB 外设能自动进行设置，支持即插即用与热插拔。

（4）灵活供电。USB 电缆具有传送电源的功能，支持节约能源模式，耗电低。USB 总线可以提供电压＋5V、最大电流 2A 的电源，供低功耗的设备作电源使用，不需要额外的电源。

（5）USB 可以支持 4 种传输模式：控制传输、同步传输、中断传输、批量传输，可以适用于很多类型的外设。

（6）通信速度快。USB 支持 3 种总线速度：低速 1.5Mbps、全速 12Mbps 和高速 480Mbps。

（7）数据传送的可靠性。USB 采用差分传输方式，且具有检错和纠错功能，保证了数据的正确传输。

（8）低成本。USB 简化了外设的连接和配置的方法，有效地减少了系统的总体成本，是一种廉价、简单实用的解决方案，具有较高的性价比。

RS232 应用范围广泛、便宜、编程容易，并且可以比其他接口使用更长的导线，随着 USB 端口越来越普遍，将会出现更多把 RS232 或其他接口转换成 USB 的转换装置。但是，RS232 和类似的接口仍将在诸如监视和控制系统这样的应用中得到普遍应用。对习惯使用 RS232 的开发者和产品，可以考虑设计 USB/RS232 转换器，通过 USB 总线传输 RS232 数据，即 PC 端的应用软件依然是针对 RS232 串行端口编程的，外设也是以 RS232 为数据通信通道，但从 PC 到外设之间的物理连接却是 USB 总线，其上的数据通信也是 USB 数据格式。采用这种方式的好处在于：一方面，保护原有的软件开发投入，已开发成功的针对 RS232 外设的应用软件可以不加修改地继续使用；另一方面，充分利用了 USB 总线的优点，通过 USB 接口可连接更多的 RS232 设备，不仅可获得更高的传输速度，实现真正的即插即用，同时还解决了 USB 接口不能远距离传输的问题（USB 通信距离在 5m 内）。

四、RS485 接口

RS485 是一个定义平衡数字多点系统中的驱动器和接收器的电气特性的标准，RS485 有两线制和四线制两种接线，四线制只能实现点对点的通信方式，现很少采用，多采用的是两线制接线方式，这种接线方式为总线式拓扑结构，在同一总线上最多可以挂接 32 个节点。

在 RS485 通信网络中一般采用的是主从通信方式，即一个主机带多个从机。很多情况下，连接 RS485 通信链路时只是简单地用一对双绞线将各个接口的"A""B"端连接起来，而忽略了信号地的连接，这种连接方法在许多场合是能正常工作的，但埋下了很大的隐患。原因一是共模干扰：RS485 接口采用差分方式传输信号方式，并不需要相对于某个参照点来检测信号，系统只需检测两线之间的电位差就可以了，但容易忽视收发器有一定的共模电压范围，RS485 收发器共模电压范围为－7～＋12V，只有满足上述条件，整个网络才能正常工作；当网络线路中共模电压超出此范围时，就会影响通信的稳定可靠，甚至损坏接口。原因二是 EMI 的问题：发送驱动器输出信号中的共模部分需要一个返回通路，如没有一个低阻的返回通道（信号地）就会以辐射的形式返回源端，整个总线就会像一个巨大的天线向外辐射电磁波。

1. 电缆

在低速、短距离、无干扰的场合可以采用普通的双绞线；反之，在高速、长线传输时，则必须采用阻抗匹配（一般为120Ω）的 RS485 专用电缆 [STP-120Ω（用于 RS485＆CAN）一对 18AWG]，而在干扰恶劣的环境下，还应采用铠装型双绞屏蔽电缆 [ASTP-120Ω（用于 RS485＆CAN）一对 18AWG]。RS485 通信电缆结构如图 4-12 所示。

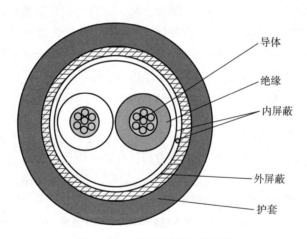

图 4-12　RS485 通信电缆结构

在使用 RS485 接口时，对于特定的传输线路，从 RS485 接口到负载其数据信号传输所允许的最大电缆长度与信号传输的波特率成反比，这个长度主要是受信号失真及噪声等因素所影响。理论上，通信速率在 100Kbps 及以下时，RS485 的最长传输距离可达 1 200m。但在实际应用中，传输的距离也因芯片及电缆的传输特性而有所差异。在传输过程中，可以采用增加中继的方法对信号进行放大，最多可以加 8 个中继。也就是说，理论上 RS485 的最大传输距离可以达到 10.8km。如果确实需要长距离传输，可以采用光纤作为传播介质，收发两端各加一个光电转换器，多模光纤的传输距离是 5～10km，而采用单模光纤可达 50km。

2. 布网

网络拓扑一般采用终端匹配的总线型结构。在构建网络时，应注意如下几点：

（1）采用一条双绞线电缆作总线，将各个节点串接起来，从总线到每个节点的引出线长度应尽量短，以便使引出线中的反射信号对总线信号的影响最低。有些网络连接尽管不正确，但在短距离、低速率仍可能正常工作，随着通信距离的延长或通信速率的提高，其不良影响会越来越严重。其主要原因是信号在各支路末端反射后与原信号叠加，会造成信号质量下降。

（2）应注意总线特性阻抗的连续性，在阻抗不连续点就会发生信号的反射。下列几种情况易产生这种不连续性：总线的不同区段采用了不同电缆，或某一段总线上有过多收发器紧靠在一起安装，再者是过长的分支线引出到总线。总之，应该提供一条单一、连续的信号通道作为总线。

（3）注意终端负载电阻问题，在设备少、距离短的情况下，不加终端负载电阻整个网络能很好地工作，但随着距离的增加性能将降低。理论上，在每个接收数据信号的中点进行采样时，只要反射信号在开始采样时衰减到足够低就可以不考虑匹配。但这在实际上难以掌握，美国 MAXIM 公司有篇文章提到的一条经验性的原则可以用来判断在什么样的数据速率和电缆长度时需要进行匹配：当信号的转换时间（上升或下降时间）超过电信号沿总线单向传输所需时间的 3 倍以上时，就可以不加匹配。

一般终端匹配采用终端电阻方法，RS485 应在总线电缆的开始和末端都并接终端电阻。终端电阻在 RS485 网络中取 120Ω。相当于电缆特性阻抗的电阻，因为大多数双绞线电缆特性阻抗为 100～120Ω。这种匹配方法简单有效，但有一个缺点，匹配电阻要消耗较大功率，对于功耗限制比较严格的系统不太适合。另外一种比较省电的匹配方式是 RC 匹配。利用一只电容 C 隔断直流成分可以节省大部分功率。但电容 C 的取值是个难点，需要在功耗和匹配质量间进行折中。还有一种采用二极管的匹配方法，这种方案虽未实现真正的"匹配"，但它利用二极管的钳位作用能迅速削弱反射信号，可以达到改善信号质量的目的，节能效果显著。

第五章

区块链相关技术与溯源

区块链追溯是以区块链技术为底层数据存储方式的产品全程可信追溯，对政府检查、工厂品牌方管理、消费者扫码营销都有积极的促进作用。本章对区块链的概念、区块链的发展历程、区块链的类型、区块链的特征、区块结构及原理、基础架构模型进行了详细阐述，接着对 Hyperledger Fabric 技术进行详细分析，包括 Fabric 的逻辑架构、事务流、特点、共识算法以及应用开发。

第一节　区块链概述

区块链起源于比特币，2008 年 11 月 1 日，一位自称中本聪（Satoshi Nakamoto）的人发表了《比特币：一种点对点的电子现金系统》一文，阐述了基于 P2P 网络技术、加密技术、时间戳技术、区块链技术等的电子现金系统的构架理念，这标志着比特币的诞生。两个月后理论步入实践，2009 年 1 月 3 日第一个序号为 0 的创世区块诞生。几天后，2009 年 1 月 9 日出现序号为 1 的区块，并与序号为 0 的创世区块相连接形成了链，标志着区块链的诞生。

一、区块链概念

区块链，就是一个又一个区块组成的链条。每一个区块中保存了一定的信息，它们按照各自产生的时间顺序连接成链条。这个链条被保存在所有的服务器中，只要整个系统中有一台服务器可以工作，整条区块链就是安全的。这些服务器在区块链系统中被称为节点，它们为整个区块链系统提供存储空间和算力支持。如果要修改区块链中的信息，必须征得半数以上节点的同意并修改所有节点中的信息，而这些节点通常掌握在不同的主体手中，因此篡改区块链中的信息是一件极其困难的事。相比于传统的网络，区块链具有两大核心特点：一是数据难以篡改，二是去中心化。基于这两个特点，区块链所记录的信息更加真实可靠，可以帮助解决人们互不信任的问题。

狭义区块链是按照时间顺序，将数据区块以顺序相连的方式组合成的链式数据结构，并以密码学方式保证的不可篡改和不可伪造的分布式账本。广义区块链技术是利用块链式数据结构验证与存储数据，利用分布式节点共识算法生成和更新数据，利用密码学的方式保证数据传输和访问的安全，利用由自动化脚本代码组成的智能合约来编程和操作数据的全新的分布式基础架构与计算范式。

二、发展历程

2008 年，由中本聪第一次提出了区块链的概念。在随后的几年中，区块链成为电子货币比特币的核心组成部分：作为所有交易的公共账簿。通过利用点对点网络和分布式时间戳服务器，区块链数据库能够进行自主管理。为比特币而发明的区块链使它成为第一个解决重复消费问题的数字货币。比特币的设计已经成为其他应用程序的灵感来源。

2014 年，"区块链 2.0"成为一个关于去中心化区块链数据库的术语。对这个第二代可编程区块链，经济学家们认为它是一种编程语言，可以允许用户写出更精密、更智能的协议。因此，当利润达到一定程度的时候，就能够从完成的货运订单或者共享证书的分红中获得收益。区块链 2.0 技术跳过了交易和"价值交换中担任金钱和信息仲裁的中介机构"。它们被用来使人们远离全球化经济，使隐私得到保护，使人们"将掌握的信息兑换成货币"，并且有能力保证知识产权的所有者得到收益。第二代区块链技术使存储个人的"永久数字ID 和形象"成为可能，并且对"潜在的社会财富分配"不平等提供解决方案。

2019 年 1 月 10 日，国家互联网信息办公室发布《区块链信息服务管理规定》。2019 年 10 月 24 日，在中央政治局第十八次集体学习时，习近平总书记强调，"把区块链作为核心技术自主创新的重要突破口""加快推动区块链技术和产业创新发展"。自此，"区块链"走进大众视野，成为社会的关注焦点。2019 年 12 月 2 日，该词入选《咬文嚼字》2019 年十大流行语。

2021 年，国家高度重视区块链行业发展，各部委发布的区块链相关政策已超 60 项，区块链不仅被写入"十四五"规划纲要中，各部门更是积极探索区块链发展方向，全方位推动区块链技术赋能各领域发展，积极出台相关政策，强调各领域与区块链技术的结合，加快推动区块链技术和产业创新发展，区块链产业政策环境持续利好发展。

三、区块链类型

按照不同的维度，可以将区块链划分为不同的类型。例如，按照区块链的开放程度，可将其划分为公有链、联盟链和私有链；按照应用范围，可将其简单分为基础链和应用链；按照原创性，可以划分为原链和分叉链；除此之外，还有其他更为复杂的维度。

所有区块链项目的本质目的是解决效率和信任问题。由于不同项目的应用对象不同，因而开放程度、应用范围也存在差异。根据开放程度的不同，目前主流的划分方式是将所有的区块链项目划分为 3 类：公有链、联盟链、私有链。3 类项目的开放性依次递减。

开放程度很容易理解，大白话就是谁可以使用，哪些领域可以使用。例如，中华人民共和国居民身份证可以在国内几乎任何地方用于身份信息确认。而职工上班用的工牌可能只能用于所在公司的身份认可，当然拥有其他的功能，如出入公司大门、食堂支付等。这两种证件的开放程度显然是身份证大于工牌。

1. 公有链

公有链的开放程度是最高的，它没有硬性的权限要求，任何人都可以选择参与到公有链中。最典型的代表是比特币。比特币想要解决的是全球所有人的支付信任问题，因此比特币系统面向所有人开放，任何人皆可成为比特币系统的节点、公证人、参与者、使用者，也没有任何机构和个人可以篡改其中的数据。公有链的去中心化程度是最高的，因而也被认为是最值得信任的区块链项目。

2. 联盟链

联盟链的开放程度低于公有链，因为它仅限于特定的联盟成员使用，联盟的规模大到国与国之间，小到特定的几家机构或者企业。用现实来类比，联盟链就像各种商会联盟，只有组织内的成员才可以共享利益和资源，区块链技术的应用只是为了让联盟成员间彼此更加信任。联盟链的这种不完全开放的性质决定了它的共识机制基本采用 DPoS，即股权证明机制，记账权掌握在事先选举出的委员会成员中。

3. 私有链

私有链的开放程度最低，它是一个不对外开放、仅供内部人员使用、需要注册、需要身份认证的区块链系统，可以应用于企业的票据管理、财务审计、供应链管理等。就像公司自己的数据库一样，不对外公布，外人侵入私有链就像非法闯入民宅、黑客入侵数据库一样都是非法行为。

公有链、联盟链、私有链的区别主要在于开放程度和去中心化程度的不同。开放程度和去中心化程度比较：公有链＞联盟链＞私有链。一般来说，开放程度和去中心化程度越高，可信度和安全性越高，交易速度越慢。公有链适用于对可信度、安全性有很高要求，而对交易速度要求不高的场景。私有链或联盟链更适合对隐私保护、交易速度和内部监管等具有很高要求的应用。

3类区块链对比见表5-1。

表5-1　3类区块链对比

项目	公有链	联盟链	私有链
参与者	任何人都可自由出入	联盟成员	个体或公司内部
共识机制	PoW/PoS/DPoS等	分布式一致性算法	分布式一致性算法
记账本	所有参与者	联盟成员协商确定	自定义
激励机制	需要	可选	可选
中心化程度	去中心化	多中心化	（多）中心化
突出特点	信用的自建立	效率和成本优化	透明和可追溯
典型场景	加密数字货币	支付、清算、公益	审计、发行

四、区块链特征

区块链是由很多种现有技术组成的，主要用于解决信任和安全相关的问题。一个成熟的区块链系统一般具有去中心化、开放性、独立性、安全性和匿名性五大特征。

1. 去中心化

区块链技术不依赖额外的第三方管理机构或硬件设施，没有中心管制，除了自成一体的区块链本身，通过分布式核算和存储，各个节点实现了信息自我验证、传递和管理。去中心化是区块链最突出、最本质的特征。

2. 开放性

区块链技术基础是开源的，除了交易各方的私有信息被加密外，区块链的数据对所有人开放，任何人都可以通过公开的接口查询区块链数据和开发相关应用，因此整个系统信息高度透明。

3. 独立性

基于协商一致的规范和协议，整个区块链系统不依赖其他第三方，所有节点能够在系统内自动安全地验证、交换数据，不需要任何人为的干预。

4. 安全性

只要不能掌控全部数据节点的51%，就无法肆意操控修改网络数据，这使区块链本身变得相对安全，避免了主观人为的数据变更。

5. 匿名性

除非有法律规范要求，单从技术上来讲，各区块节点的身份信息不需要公开或验证，信息传递可以匿名进行。

第二节　区块链相关技术

一、区块链的区块结构及其原理

区块链由很多的区块组成，每个区块由区块头（block header）和区块体（block）组成。区块头实现了区块链的大部分功能，区块头的大小是 80B，其中主要包含以下信息：前一区块的哈希值（previous block hash）、时间戳（timestamp）、当前目标的哈希值（bits）、一次性随机数（nonce）、默克尔树根值（merkle root）和版本号（version）等，区块链区块结构如图 5-1 所示。区块主体通常比区块头大很多，区块体中记录了大量的交易信息，这些信息产生于上一区块生成至本区块生成的时间段内。

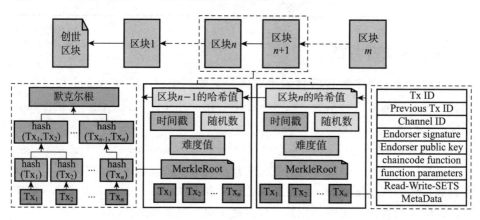

图 5-1　区块链区块结构

区块的形成过程如图 5-2 所示。

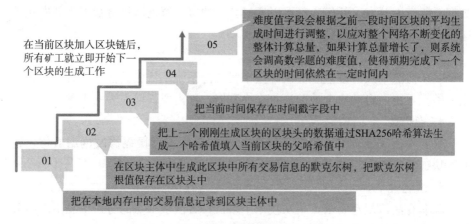

图 5-2　区块形成过程

区块链中，前一个块的哈希值必须存储在每个块的块头中，创世区块除外，每一个块的哈希值是使用 SHA-256 哈希算法对区块头的信息进行两次哈希处理得到长度为 32B 的数值，区块之间通过保存这个值组成了首尾相连的单向链式结构。默克尔树是一种通过不断的哈希计算而得到的二叉树，可以通过比对默克尔树的值轻易地校验大批量信息的正确性。首先将区块中的交易信息进行哈希计算，然后对得到的计算值再两两组合进行哈希计算，依次递推计算得到一棵哈希二叉树，MerkleRoot 保存的就是这棵哈希二叉树根节点的值。时间戳字段保存了精确到秒的当前 UNIX 时间。难度值字段则是使区块链网络中区块生成时间保持稳定的关键，首先通过计算之前生成区块的平均时间，然后不断调整难度值，使得下一区块生成的时间为 10min 左右。随机值 Nonce 初始为零，产生一个新区块需要不断改变 Nonce 的值，使得 SHA-256 [SHA-256（版本号＋父区块哈希值＋时间戳＋…＋随机值 Nonce）] 小于当前区块难度值。当一个节点找到符合条件的 Nonce 值后，立刻将其在 P2P 网中进行广播，其他节点收到这个区块之后进行验证。验证成功后，把找到的区块加入区块链中，之后立刻开始下个区块的生成过程。

区块链通过解数学题，背后所需要的巨大计算能力保证区块链数据的安全性与可靠性，单个节点不能更改已经上链了的区块上的信息，也不能够独自生成新的区块。如前文所说，写入区块中的信息都会经过一系列哈希计算保存至区块头中，甚至后续区块的生成也与这些信息有关，一旦交易信息更改，那么将引起此区块的哈希值改变，进而导致接下来所有区块都需要重新计算。若需要改变区块中的值，必须控制全网 51% 以上算力的节点，显然这种情况很难出现，一般认为第六个区块之前的所有区块就不可能被修改。所以，比特币区块链中的交易需要 6 个区块的确认。

二、区块链基础架构模型

以区块链为底层的加密货币技术层出不穷。区块链促进了信息互联网向价值互联网的转变。直观上分为区块链 1.0、区块链 2.0 和区块链 3.0。可编程货币、可编程金融和可编程社会是这 3 个阶段的特征。一般区块链的基础架构模型可以分为 6 层，从下而上依次为数据层、网络层、共识层、激励层、合约层和应用层，如图 5-3 所示。

1. 数据层

主要实现两个功能：数据存储、账户和交易的实现与安全，是整个区块链技术中最底层的数据结构，包含了底层数据区块的链式结构、相关的非对称加密技术以及时间戳等技术。其中，数据存储主要基于默克尔树，通过区块的方式和链式结构实现，大多以 KV（key-value，键值对）数据库的方式实现持久

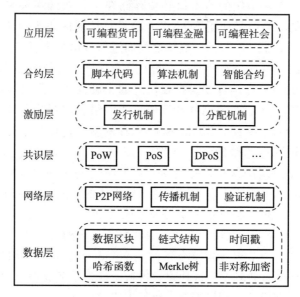

图 5 - 3 区块链基础架构模型

化。例如，在比特币和以太坊中采用的 LevelDB（LevelDB 是一个可持久化的
KV 数据库引擎），利用数字签名、哈希函数和非对称加密技术等多种密码学
算法和技术，在去中心化的情况下，实现账户交易并保证了其安全性。

对于区块链数据层的研究工作，大部分集中在账户交易的效率和安全性。
区块链 3.0 的核心应用程序受到了低交易率的限制。为了满足实际需求，区块
链系统希望在几百 TX/s（每秒交易量）左右，对于全球支付网络来说，应该
在 10 000TX/s 以上。比特币的理论值是 7TX/s，而以太坊通过缩短间隔，包
括一些叔块，使其理论值达到 15TX/s。

为了保持一个统一的链，区块链系统需要达到一定的同步速率。此时的主
要瓶颈是解决传播延迟问题。因此，无论是工作量证明、权益证明、股权授权
证明，还是实用拜占庭容错，都需要确保前面的块具有一定的同步率。为了达
到这个目标，每个区块不应该太大，并且区块的频率必须是有限的。

有几种提高交易率的解决方案。首先，在区块链原有架构的基础上，将链
上交易和链下交易结合起来，也可以称为状态通道。它主要由侧链、闪电网络
和雷电网络组成。其次，通过缩小共识组来提高交易率，企业操作系统宣布
eosio-dawn-3.0 版本的平均测试交易率为 3 000TX/s。再次，使用聚合签名压
缩交易规模，然后推翻现有的区块链架构，主要研究新的分布式系统构架，包
括有向无环图，其中以 byteball 和 IOTA 为代表，还包括哈希图。目前，公有
链的许多概念都采用了这 3 种解决方案，但或多或少地都存在问题。例如，基

于状态通道的系统面临着链上和链下状态交互的挑战，交易率的提高也是有限的。企业操作系统牺牲了部分权力下放，将达到最高限额 13 000TX/s。IOTA 采用集中式协调器来解决系统的可用性问题和局部安全性问题，但牺牲了系统的去中心化和整体安全性。最后是分片技术，包括 OmniLedger、Zilliqa、R 链等，打破了不可扩展性的限制。

采用拜占庭容错共识方法，通过限制交换验证器的数量，解决了视图变化的可操作性问题。此外，对于状态分片技术，OmniLedger 通过客户端锁/解锁协议解决了跨分片交易的原子性，使客户端既可以完全跨分片进行交易，也可以获得"拒绝证据"来取消部分已完成交易的状态。这种方法的优点是不需要考虑一致性问题，只有在客户端提交信息的基础上才能实现状态共识的一致性。但是，一旦客户端崩溃，交易就会被锁定。

Zilliqa 作为第一个实用的分片系统，其层次结构和数据结构非常完整。但是，与 OmniLedger 相比，仍然存在一些问题，如在历元转换时无法处理交易、状态分片功能不足等问题。此外，使用双层工作量证明机制会浪费能量，并且重新集中计算能力更容易控制切分，这就增加了内部分片共识的安全风险。

R 链根据分级目录的信息，将地址以电子邮件的格式划分，使状态分片更容易实现。例如，分片 A 和分片 B 是附加到相同的父分片 C，如果 Alice（属于 A）想与 Bob 进行贸易（属于 B），交易消息应该通过它们父分片 C 的验证，父分片 C 和所有子分片的状态将保持相同的状态。上面的示例是一个单层跨分片交易场景，如果执行多层跨分片交易，则需要通过最小的共同算法切分来完成。因此，如果跨分片交易过多，则会增加祖先切分的负担。为了解决这个问题，应该采用一些机器学习方法，如增量支持向量机、高维球面上的距离聚类、线性回归方法和特征选择策略，在视频片段研究的基础上，将地址分成几个片段。此外，地址登记需要最小化预期跨分片交易。所以，节点之间的关系是容易被检测到的，这会引发与隐私相关的问题。

3 种分片技术所使用的底层密码算法都是基于 EC-schnorr 算法，OmniLedger 提出的群签名 CoSi 提到了 EC-schnorr 算法中的多交互问题。对于异步网络，BLS 聚合签名更适合没有任何交互的情况。

对于聚合签名的效率研究也是一个重要的课题，王子钰等利用 BGL03 单向聚合签名方案聚合区块内部所有交易的输入交易签名，保护交易用户身份隐私。苑超等利用聚合签名技术对 dBFT 的共识过程进行优化，可以有效降低区块链系统中签名空间的复杂度，并没有提高签名验证的效率。高莹等提出无证书的聚合可验证加密签名方案，设计出基于区块链的多方合同签署协议，保障了签署方的隐私。但是，由于所选用 CLAS 方案的签名长度依赖于签署方数量，因此该方案缺少高效性。常兴等提出利用聚合签名技术对比特币进行优化，签名的体积和验证时间将会减少，同时有效地抵抗交易延展性攻击的展望。付金华提出了一种基于 FPGA 聚合签名方案，该方案利用 FPGA 可重构性，在 FPGA 中设计椭圆曲线加速模块进行并行运算，同时优化椭圆曲线数字签名算法。当多个用户发起多个比特币交易请求时，CPU 接收多个用户的数字签名和公私钥后，发送给 FPGA 进行签名聚合加速运算，最终生成聚合签名返回 CPU，CPU 进行聚合签名的验证过程。

通过优化哈希算法能够进一步保障区块链的账户及交易的效率和安全性。通过一种算法获得区块链中一个密钥对，即公钥和私钥。公钥是密钥对中对外公开的部分，一般用来加密，而私钥是非公开的部分，一般用来解密。以比特币地址为例，区块链中的节点地址、公钥、私钥可以这样计算。公钥经过一次 SHA-256 计算，再进行一次 RIPEMD160 计算，得到一个公钥哈希（20B 160 比特），添加版本信息，再来两次 SHA-256 运算，取前 4 比特字节，放到哈希公钥加版本信息后，再经过 Base58 编码，最终得到地址。

默克尔树通常也被称为 Hash Tree，是一种树形结构，可以是二叉树，也可以是多叉树。默克尔树的叶子是数据块的哈希值。非叶子节点是其对应子节点串联字符串的 Hash，用于区块头和 SPV 认证。比特币在进行交易中，每进行一次交易都会做一次哈希运算，然后在对应的两个交易再做一次哈希运算，算到最后的根部就是 MerkleRoot。

区块链中的工作量证明机制，在比特币中称为挖矿，是通过计算一个满足特定条件的哈希值，得到区块链中一个新的区块。根据哈希运算在 CPU 中运算的复杂度进行确定实现的工作量（现发展为专用矿机），会产生一个比规定目标还要小的值。矿工付出的工作量越多算力越高，找到正解哈希值的概率、获得记账权的概率以及得到比特币奖励的概率也越大。

基于哈希函数的快速查找，比特币中提出布隆过滤器（Bloom filter），它可以快速地判断出某一个被检索的值一定是不存在于所搜索的集合当中，过滤掉大量的无用数据，减少了不必要的下载，解决客户的检索问题。但是，随着区块链的不断发展，区块链中的轻量级哈希函数 SHA-1 已经不再视为可抵御有充足资金、充足计算资源的攻击者。SHA-256 可以代替它来进行相关的信息交互，具有很好的抗强碰撞的能力。为了不出现断链的情况，改变一个区块哈希值必须同时修改该区块后面的所有区块，这样不但计算需求很大，区块链的安全性也得不到保障。随着高性能计算的发展，FPGA（field programmable gate array，现场可编程门阵列）已经广泛地应用于各个领域。与 CPU 和 GPU 相比，FPGA 改变了传统的顺序执行模式，利用硬件的并行运算以及流水线的操作模式，尽可能地在每个时间周期内完成更多的计算任务。同时，

FPGA 具有可重构性，可在执行运算的过程中动态重构，实现最优效能的硬件结构。通过对 FPGA 灵活的扩展，与区块链相结合，能够很好地提高算法的性能，同时提高传输效率，增加哈希算法的安全性。

2. 网络层

区块链的网络层主要包括 P2P 组网机制、数据传播机制和数据验证机制等。其目的是实现区块链网络节点之间的信息交互。P2P 主要存在 4 种不同的网络模型，也代表着 P2P 技术的 4 个发展阶段：集中式、纯分布式、混合式和结构化。

（1）集中式。最简单的路由方式就是集中式，即存在一个中心节点保存了其他所有节点的索引信息，索引信息一般包括节点 IP 地址、端口、节点资源等。集中式路由的优点是结构简单、实现容易。但缺点也很明显，由于中心节点需要存储所有节点的路由信息，当节点规模扩展时，就很容易出现性能瓶颈，而且存在单点故障问题。

（2）纯分布式。纯分布式移除了中心节点，在 P2P 节点之间建立随机网络，就是在一个新加入节点和 P2P 网络中的某个节点间随机建立连接通道，从而形成一个随机拓扑结构，如图 5-4 所示。新节点加入该网络的实现方法也有很多种，最简单的就是随机选择一个已经存在的节点并建立邻居关系。像比特币的话，则是使用 DNS 的方式来查询其他节点，DNS 一般是硬编码到代码里的，这些 DNS 服务器就会提供比特币节点的 IP 地址列表，从而新节点就可以找到其他节点建立连接通道。新节点与邻居节点建立连接后，还需要进行全网广播，让整个网络知道该节点的存在。全网广播的方式：该节点首先向邻居节点广播，邻居节点收到广播消息后，再继续向自己的邻居节点广播，以此类推，从而广播到整个网络。这种广播方法也称为泛洪机制。随机网络结构不存在集中式结构的单点性能瓶颈问题和单点故障问题，具有较好的可扩展性。但泛洪机制引入了新的问题，主要是可控性差的问题，包括两个较大的问题：一是容易形成泛洪循环，如节点 A 发出的消息经过节点 B 到节点 C，节点 C 再广播到节点 A，这就形成了一个循环；二是响应消息风暴问题，如果节点 A 想请求的资源被很多节点所拥有，那么在很短时间内，会出现大量节点同时向节点 A 发送响应消息，这就可能会让节点 A 瞬间瘫痪。

（3）混合式。混合式其实就是混合了集中式和分布式结构，网络中存在多个超级节点组成分布式网络，而每个超级节点则有多个普通节点与它组成局部的集中式网络，如图 5-5 所示。一个新的普通节点加入，则先选择一个超级节点进行通信，该超级节点再推送其他超级节点列表给新加入节点，加入节点再根据列表中的超级节点状态决定选择哪个具体的超级节点作为父节点。这种结构的泛洪广播只是发生在超级节点之间，就可以避免大规模泛洪存在的问

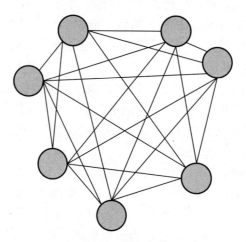

图 5-4 随机拓扑结构

题。在实际应用中，混合式结构是相对灵活并且比较有效的组网架构，实现难度也较小。因此，目前较多的系统基于混合式结构进行开发实现。

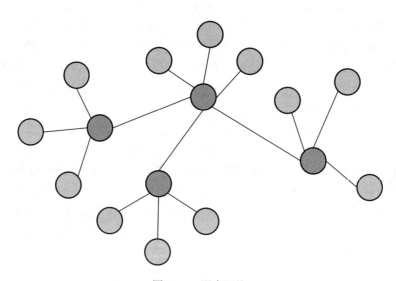

图 5-5 混合网络

（4）结构化。结构化 P2P 网络也是一种分布式网络结构，但与纯分布式结构不同。纯分布式网络就是一个随机网络，而结构化网络则将所有节点按照某种结构进行有序组织，如形成一个环状网络或树状网络。而结构化网络的具体实现上，普遍都是基于 DHT（distributed hash table，分布式哈希表）算法思想。DHT 只是提出一种网络模型，并不涉及具体实现，主要想解决如何在分布式环境下快速而又准确地路由、定位数据的问题。具体的实现方案有 Chord、Pastry、CAN、Kademlia 等算法。其中，Kademlia 也是以太坊网络的实现算法，很多常用的 P2P 应用如 BitTorrent、电驴等也是使用 Kademlia。

3. 共识层

区块链的共识层包含了在网络节点上的各种共识算法。共识算法包含两个层面：第一个层面是点的层面，即多个节点对某个数据达成一致共识。这里的节点可以是任意的计算机设备，如个人计算机、笔记本电脑、手机、路由器等，数据可以是交易数据、状态数据等。第二个层面是线的层面，即多个节点对多个数据的顺序达成一致共识，这是很多共识算法要解决的本质问题。目前，比较流行的共识算法主要有 PoW、PoS（proof of stake，权益证明）和 DPoS（delegated proof of stake，股权授权证明）3 种。它们共同的目的是针对区块数据，在去中心化系统中高度分散的网络节点上能够快速有效地达成共识，决定出由谁记账的功能，记账决定方式对整个区块链系统的安全性和可靠性具有重大影响。

PoW 算法为一种概率算法，其共识结果是临时的，随着时间推移或某种强化，共识结果被推翻的概率越来越小，最终称为事实上结果。PoW 系统的主要特征是计算的不对称性。工作端要做一定难度的工作才能得出一个结果，而验证方却很容易通过结果来检查工作端是否做了相应的工作。该工作量的要求是，在某个字符串后面连接一个称为 nonce 的整数值串，对连接后的字符串进行 SHA-256 哈希运算，如果得到的哈希结果（以十六进制的形式表示）是以若干"0"开头的，则验证通过。

PoS 的基本思想：当你持有币，你就拥有记账权，然后有投票权。投票权和持有币的数量是成正比的，也就是持有币越多，投票的权力越大。简单来说，就是根据你持有货币的量和时间，给你发利息的一个制度。在股权证明 PoS 模式下，有一个名词叫币龄，每个币每天产生 1 币龄。如你持有 100 个币，总共持有了 30 天，那么，此时你的币龄就为 3 000。这个时候，如果你发现了一个 POS 区块，你的币龄就会被清空为零。你每被清空 365 币龄，你将会从区块中获得 0.05 个币的利息（可理解为年利率 5%）。那么在这个案例中，利息＝3 000×5%/365＝0.41 个币。

DPoS 的原理：让每一个持有比特股的人进行投票，由此产生 101 位代表，可以将其理解为 101 个超级节点或者矿池，而这 101 个超级节点彼此的权利是完全相等的。如果代表不能履行他们的职责（当轮到他们时，没能生成区块），他们会被除名，网络会选出新的超级节点来取代他们。

比特股引入了见证人这个概念，见证人可以生成区块，每一个持有比特股的人都可以投票选举见证人。得到总同意票数中的前 N 个（N 通常定义为 101）候选者可以当选为见证人，当选见证人的个数（N）需满足：至少一半的参与投票者相信 N 已经充分地去中心化。

见证人的候选名单每个维护周期（1 天）更新一次。见证人然后随机排列，每个见证人按序有 2s 的权限时间生成区块。若见证人在给定的时间片不能生成区块，则区块生成权限交给下一个时间片对应的见证人。

比特股还设计了另外一类竞选，代表竞选。选出的代表拥有提出改变网络参数的特权，包括交易费用、区块大小、见证人费用和区块区间。若大多数代表同意所提出的改变，持股人有两周的审查期，这期间可以罢免代表并废止所提出的改变。这一设计确保代表技术上没有直接修改参数的权利以及所有网络参数的改变最终需得到持股人的同意。

4. 激励层

区块链的激励层通过算法实现对为区块链做出贡献的节点进行奖励。激励层包括发行机制和分配机制，目的是把经济因素考虑到区块链技术体系中来，鼓励节点参与区块链的安全验证工作，对做出贡献的节点提供一定的奖励措施。在公有链中，激励层是必需的，对遵守规则参与记账的节点进行奖励，对不遵守规则的节点进行惩罚，也就是奖罚分明，保证整个区块链系统的良性发展。而在私有链当中，激励层并不是必需的。对于参与记账的节点，它们的博弈是在区块链之外完成的，具有记账的义务或者自愿进行记账。

5. 合约层

区块链的合约层是整个区块链系统的基础，包含各类脚本、代码、算法机制及智能合约。合约层将代码嵌入区块链中，可以实现自定义的智能合约。当合约层受到区块链的交易触发，智能合约将自动执行代码，读取区块链的数据或者向区块链写入数据。通过智能合约自动执行算法，无须第三方参与，节约了巨额的信任成本，也是区块链去信任的基础。

智能合约本质上是在区块链之上实施的，批准的合约条款被转换成计算机程序可执行的语句，合约条款之间的逻辑联系也以程序中逻辑流的形式得以保留（如 if-else-if 语句）。每个合约声明的执行都被记录为存储在区块链的不可变交易，智能合约保证适当的访问控制和合同执行。特别是，开发人员可以为合约中的每个功能分配访问权限。一旦智能合约中的任何条件得到满足，触发的语句将以可预测的方式自动执行相应的函数。

智能合约的整个生命周期由 4 个连续的阶段组成，如图 5-6 所示，包括以下步骤。

（1）智能合约创建。几个相关方首先将合约的义务、去哪里和禁止进行

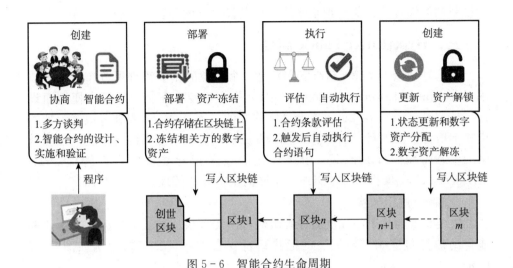

图 5-6　智能合约生命周期

协商，达成协议后，程序员将自然语言编写的合约转换为计算机语言编写的智能合约。

（2）智能合约部署。经过验证的智能合约可以部署到区块链的平台上，储存在区块链的合约无法修改，任何修订都需要新的智能合约，所有各方都可以通过区块链访问合约。

（3）智能合约执行。部署智能合约后，合约条款已经经过监控和评估，一旦达到合约条件，合约程序将自动执行。

（4）智能合约完成。智能合约执行后，所有相关方的信息状态都会更新。因此智能合约执行期间的交易以及更新的状态存储在区块链。智能合约的部署、执行和完成过程中，已经执行了一系列事务并将其存储在区块链。因此，所有这 3 个阶段都需要向区块链写入数据。

6. 应用层

区块链的应用层包含了区块链的各种应用场景和案例。在区块链的起始阶段，主要用于加密货币领域，其中比特币是最具代表性的。随着 2013 年以太坊的出现，区块链在应用领域得到了扩展。其中，智能合约和区块链的结合起着重要作用，以太坊的目标主要是公有链。在数据处理领域，区块链保证了数据的真实性、安全性和可靠性。

在区块链的架构中，数据层、网络层和共识层是构建区块链的必要因素，缺少其中任何一层，区块链都将不是真正完整的区块链。激励层、合约层和应用层并不是区块链架构中必要的因素，根据区块链不同的功能和应用，这 3 层是可以选择的。基于时间戳的链式区块结构、基于共识机制的激励机制和可编程的智能合约是区块链最具代表性的创新点。

三、Hyperledger Fabric 简介

Hyperledger Fabric（超级账本）是一个开源的企业级许可分布式账本技术（distributed ledger technology，DLT）平台，专为在企业环境中使用而设计。Hyperledger 是在 Linux 基金会下建立的，该基金会本身在开放式治理的模式下培育开源项目，历史悠久且非常成功，发展了强大的可持续社区和繁荣的生态系统。Hyperledger 由多元化的技术指导委员会进行管理，Hyperledger Fabric 项目由多个组织的不同的维护人员管理。

1. Fabric 逻辑架构

超级账本的共识与成员服务等组件可以实现快速安装与使用。其中，智能合约被打包成为"链码"的形式运行在容器中，其逻辑架构如图 5-7 所示。

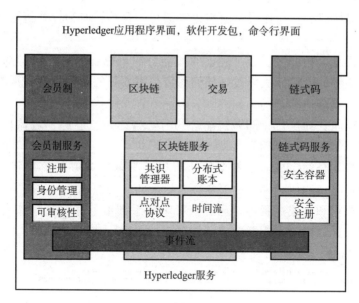

图 5-7　超级账本逻辑架构

超级账本包括会员制服务、区块链服务和链码服务。

（1）会员制服务。会员制服务负责的是网络中节点身份信息的识别和机密的保护，目的是保证平台的安全性。身份管理为网络节点提供了管理身份、隐私、机密和审计的功能。Fabric 采用了 PKI 公钥体系，每一个网络节点首先需要从证书颁发机构（CA）获取身份证书，然后使用身份证书加入Fabric网络。节点发起操作的时候，需要带上节点的签名，系统会检查交易

签名是否合法以及是否具有指定的交易或者管理权限。

（2）区块链服务。区块链服务则是核心部分，包括了共识机制的管理、分布式账本的实现以及链上各节点间的通信。Fabric 中客户端发送交易请求，背书节点进行背书，按照区块链策略将交易排序打包生成新的区块，主记账节点获取到区块之后，通过 P2P 协议广播区块到不同的记账节点中，拿到区块之后，记账节点通过账本存储管理模块写入本地账本中。上层应用程序还可以通过账本管理模块来查询交易，包括通过交易号、区块编号、区块哈希值等。

（3）链码服务。链码服务则是提供部署和运行链码的环境。在超级账本中，智能合约被打包为链码的形式，主要制定网络中不同节点交互和交易的业务逻辑。Fabric 采用 Docker 作为其链码的安全执行环境，一方面，可以确保链码执行和用户本地数据隔离，保证安全；另一方面，可以更容易支持多种语言的链代码提供智能合约开发的灵活性。

2. Fabric 事务流

数据提交至超级账本中主要经过 3 个阶段，如图 5－8 所示。

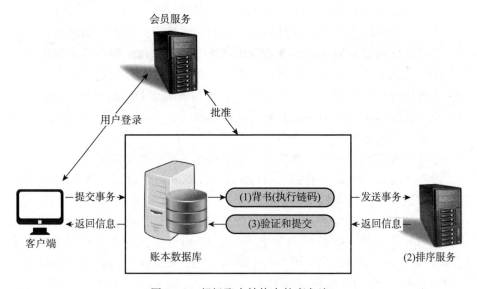

图 5－8　超级账本结构中的事务流

（1）背书阶段。客户端将其交易发送给一些背书节点。首先每个节点在容器中执行交易并签名，然后将背书结果提交到客户端。如果所收集的背书满足背书策略，则客户端将交易发送给排序服务。在此阶段，每个背书节点实例化的智能合约将与世界状态（Fabric 中的数据存储）交互，并保持分布式账本状态的当前值。

（2）排序服务。排序服务接收来自不同客户端的交易，并按照通道进行分离，它不需要检查事务的内容来执行其操作。排序服务为每个通道创建事务块，用自己的身份对事务块进行加密，并使用gossip协议将其广播给所有对等节点。该阶段主要作用是对收到的事务进行排序，创建块并将它们传递给所有对等节点。

（3）验证和提交阶段。通道上的所有批准和提交的对等节点都接收来自排序节点的块。对等节点将验证块上的订单签名，然后验证读取集版本，以决定事务是否有效。每个有效的数据块将被提交给区块链分布式账本，同时数据块内每个事务中的写入集将被更新为世界状态。

3. Fabric 特点

（1）模块化。Fabric具有高度模块化和可配置的架构，无论是可插拔的共识、可插拔的身份管理协议（如 LDAP 或 OpenID Connect）、密钥管理协议还是加密库，该平台的核心设计旨在满足企业业务需求的多样性，可为各行各业的业务提供创新性、多样性和优化。其中，包括银行、金融、保险、医疗保健、人力资源、供应链甚至数字音乐分发。

Fabric 由以下模块化的组件组成：

①可插拔的排序服务对交易顺序建立共识，然后向节点广播区块。

②可插拔的成员服务提供者负责将网络中的实体与加密身份相关联。

③可选的 P2P gossip 服务通过排序服务将区块发送到其他节点。

④智能合约（"链码"）隔离运行在容器环境（如 Docker）中。它们可以用标准编程语言编写，但不能直接访问账本状态。

⑤账本可以通过配置支持多种 DBMS。

⑥可插拔的背书和验证策略，每个应用程序可以独立配置。

没有"可以一统天下的链"，Hyperledger Fabric 可以通过多种方式进行配置，以满足不同行业应用的需求。

（2）使用通用编程语言编写的智能合约。Fabric 是第一个支持通用编程语言编写智能合约（如 Java、Go 和 Node.js）的分布式账本平台，不受限于特定领域语言（domain-specific languages，DSL）。智能合约，在 Fabric 中称之为"链码"，作为受信任的分布式应用程序，从区块链中获得信任，在节点中达成基本共识。它是区块链应用的业务逻辑。

有 3 个关键点适用于智能合约，尤其是应用于平台时：

①多个智能合约在网络中同时运行。

②它们可以动态部署（很多情况下任何人都可以部署）。

③应用代码应视为不被信任的，甚至可能是恶意的。

大多数现有的具有智能合约能力的区块链平台遵循顺序执行架构，其中的共识协议为：

①验证并将交易排序，然后将它们传播到所有的节点。

②每个节点按顺序执行交易。

几乎所有现有的区块链系统都可以找到顺序执行架构，从非许可平台，如 Ethereum（基于 PoW 共识）到许可平台，如 Tendermint、Chain 和 Quorum。

采用顺序执行架构的区块链执行智能合约的结果一定是确定的；否则，可能永远不会达成共识。为了解决非确定性问题，许多平台要求智能合约以非标准或特定领域的语言（如 Solidity）编写，以便消除非确定性操作。这阻碍了平台的广泛采用，因为它要求开发人员学习新语言来编写智能合约，而且可能会编写错误的程序。

此外，由于所有节点都按顺序执行所有交易，性能和规模被限制。事实上，系统要求智能合约代码要在每个节点上都执行，这就需要采取复杂措施来保护整个系统免受恶意合约的影响，以确保整个系统的弹性。

（3）许可和非许可区块链。Fabric 平台也是许可的，这意味着它与公共非许可网络不同，参与者彼此了解而不是匿名的或完全不信任的。也就是说，尽管参与者可能不会完全彼此信任（例如，同行业中的竞争对手），但网络可以在一个治理模式下运行，这个治理模式是建立在参与者之间确实存在的信任之上的，如处理纠纷的法律协议或框架。

在一个非许可区块链中，几乎任何人都可以参与，每个参与者都是匿名的。在这样的情况下，区块链状态达到不可变的区块深度前不存在信任。为了弥补这种信任的缺失，非许可区块链通常采用"挖矿"或交易费来提供经济激励，以抵消参与基于"工作量证明（PoW）"的拜占庭容错共识形式的特殊成本。

许可区块链在一组已知的、已识别的且经常经过审查的参与者中操作区块链，这些参与者在产生一定程度信任的治理模型下运作。许可区块链提供了一种方法来保护具有共同目标，但可能彼此不完全信任的一组实体之间的交互。通过依赖参与者的身份，许可区块链可以使用更传统的崩溃容错（CFT）或拜占庭容错（BFT）共识协议，而不需要昂贵的挖掘。

在许可的情况下，降低了参与者故意通过智能合约引入恶意代码的风险。首先，参与者彼此了解对方以及所有的操作，无论是提交交易、修改网络配置还是部署智能合约，都根据网络中已经确定的背书策略和相关交易类型被记录在区块链上。与完全匿名相比，可以很容易地识别犯罪方，并根据治理模式的条款进行处理。

（4）执行-排序-验证架构。针对交易 Fabric 引入了一种新的架构，它被称为执行-排序-验证。为了解决顺序执行模型面临的弹性、灵活性、可伸缩性、性能和机密性问题，它将交易流分为3个步骤：

①执行一个交易并检查其正确性，从而给它背书。

②通过（可插拔的）共识协议将交易排序。

③提交交易到账本前，先根据特定应用程序的背书策略验证交易。

这种设计与顺序执行模式完全不同，因为 Fabric 在交易顺序达成最终一致前执行交易。

在 Fabric 中，特定应用程序的背书策略可以指定需要哪些节点或多少节点来保证给定的智能合约正确执行。因此，每个交易只需要由满足交易的背书策略所必需的节点的子集来执行（背书）。这样可以并行执行，从而提高系统的整体性能和规模。第一阶段也消除了任何非确定性，因为在排序之前可以过滤掉不一致的结果。

（5）隐私和保密性。在一个公共的、非许可的区块链网络中，利用 PoW 作为其共识模型，交易在每个节点上执行。这意味着合约本身和他们处理的交易数据都不保密。每个交易以及实现它的代码，对于网络中的每个节点都是可见的。在这种情况下，得到了基于 PoW 的拜占庭容错共识，却牺牲了合约和数据的保密性。

对于许多商业业务而言，缺乏保密性就会有问题。例如，在供应链合作伙伴组成的网络中，作为巩固关系或促进额外销售的手段，某些消费者可能会获得优惠利率。如果每个参与者都可以看到每个合约和交易，在一个完全透明的网络中就不可能维持这种商业关系，因为每个消费者都会想要优惠利率。再比如证券行业，无论一个交易者建仓（或出仓）都会不希望其竞争对手知道，否则他们将会试图入局，进而影响交易者的策略。

为了解决缺乏隐私和机密性的问题来满足企业业务需求，区块链平台采用了多种方法。Hyperledger Fabric 是一个许可平台，通过其通道架构和私有数据特性实现保密。在通道方面，Fabric 网络中的成员组建了一个子网络，在子网络中的成员可以看到其所参与到的交易。因此，参与到通道的节点才有权访问智能合约（链码）和交易数据，以此保证了隐私性和保密性。私有数据通过在通道中的成员间使用集合，实现了与通道相同的隐私能力并且不用创建和维护独立的通道。

（6）可插拔共识。交易的排序被委托给模块化组件以达成共识，该组件在逻辑上与执行交易和维护账本的节点解耦。具体来说，就是排序服务。由于共识是模块化的，可以根据特定部署或解决方案的信任假设来定制其实现。这种模块化架构允许平台依赖完善的工具包进行 CFT（崩溃容错）或 BFT（拜占庭容错）的排序。

Fabric 提供了一种基于 etcd 库中 Raft 协议的 CFT 排序服务的实现。一个 Fabric 网络中可以有多种排序服务以支持不同的应用或应用需求。

四、Fabric 共识算法

共识机制（consensus）是所有区块链项目中最基础、最根本的成分之一，从简单方便理解的角度来说，可以理解为一种能够保证保持网络中所有账本（ledger）或节点交易的同步和记录一致的机制。

不同共识算法各有不同侧重点，且各有利弊，在一个分布式网络结构中会有各种各样的异常情况，譬如惰性节点、主机崩溃、无响应和最恶劣的恶意节点。有的算法对恶意节点的攻击有比较强的防御性，而有的节点在低延时和高吞吐量方面表现极佳。但总的来说，所有共识算法都有一个共同点，就是只会在交易双方都确认后才进行更新。在账本更新的同时，交易双方能够在账本的相同位置更新一个相同的交易信息。

Fabric 与其他区块链系统最大的不同体现在私有和许可。与开放无须许可的网络系统允许未知身份的参与者加入网络不同（需要通过 PoW 等算法来保证交易有效并维护网络的安全），Fabric 通过 MSP（membership service provider）来登记所有的成员，且很多联盟链产品都选用此开源平台作为基石。

Fabric 提供了多个可拔插选项。账本数据可被存储为多种格式，共识机制可被接入或者断开，同时支持多种不同的 MSP。提供了建立 channel 的功能，这允许参与者为交易新建一个单独的账本。当网络中的一些参与者是竞争对手时，这个功能变得尤为重要。因为这些参与者并不希望所有的交易信息，如提供给部分客户的特定价格信息，都对网络中所有参与者公开。只有在同一个 channel 中的参与者，才会拥有该 channel 中的账本，而其他不在此 channel 中的参与者则看不到这个账本。

共识服务在 Fabric 系统中占十分重要的地位。所有交易在发送到 Fabric 系统中以后，都要经由共识服务对交易顺序进行共识，然后将交易按顺序打包进行区块链，保证了任一笔交易在区块链中的位置，以及在整个 Fabric 系统中各节点的一致性和唯一确定性。Fabric 主要支持的共识算法有 Solo（单节点共识）、Kafka（分布式队列）、PBFT、Raft 等。

（一）Solo 共识算法

Solo 是一种单中心化的共识机制，是指 Order 节点为单节点通信模式，Peer 节点发送过来的消息由一个 Order 节点进行排序和产生区块，提供单节点的排序功能。由于 Solo 模式的安全性和稳定性较差，所以一般用来演示系统和本机开发环境中，而不能进行扩展，也不支持容错。

Solo 共识模式调用过程说明：

（1）Peer 节点通过 gPRC 连接排序服务，连接成功后，发送交易信息。

（2）排序服务通过 Recv 接口，监听 Peer 节点发送过来的信息，收到信息后进行数据区块处理。

（3）排序服务根据收到的消息生成数据区块，并将数据区块写入账本（ledger）中，返回处理信息。

（4）Peer 节点通过 deliver 接口，获取排序服务生成的区块数据。

（二）Kafka 共识算法

Kafka 是由 Apache 开发的一个开源项目，常用于访问日志、消息服务等工作。Kafka 能够提供基于集群的排序功能，可以有效地避免单点故障而导致整个网络的问题。它同时支持崩溃容错（CFT），支持持久化，可以进行扩展，在 CFT 情况允许下，Fabric 推荐在当前生产环境下使用。它的优点是方便对交易排序、性能高，缺点是中心化程序较高。

Kafka 是一个分布式的流式信息处理平台，目标是为实时数据提供统一、高吞吐、低延迟的性能。Kafka 由以下几类角色构成：

（1）Broker。消息处理节点，主要任务是接收 Producers 发送的消息，然后写入对应的 topic 的 partition 中，并将排序后的消息发送给订阅该 topic 的 Consumers。大量的 Broker 节点提高了数据吞吐量，并互相对 partition 数据做冗余备份（类似 RAID 技术）。

（2）Zookeeper。为 Brokers 提供集群管理服务和共识算法服务（paxos 算法）。例如，选举 leader 节点处理消息并将结果同步给其他 followers 节点，移除故障节点以及加入新节点并将最新的网络拓扑图同步发送给所有 Brokers。

（3）Producer。消息生产者，应用程序通过调用 Producer API 将消息发送给 Brokers。

（4）Consumer。消息消费者，应用程序通过 Consumer API 订阅 topic 并接收处理后的消息。

Kafka 将消息分类保存为多个 topic，每个 topic 包含多个 partition，消息被连续追加写入 partition 中，形成目录式的结构。一个 topic 可以被多个 Consumers 订阅。简单来说，partition 就是一个 FIFO 的消息管道，一端由 Producer 写入消息，另一端由 Consumer 取走消息（注意，这里的取走并不会移除消息，而是移动 Consumer 的位置指针）。

在 Hyperledger Fabric 中，Kafka 实际运行逻辑如下：

（1）对于每一条链，都有一个对应的分区。

（2）每个链对应一个单一的分区主题。

（3）排序节点负责将来自特定链的交易（通过广播 RPC 接收）中继到对应的分区。

（4）排序节点可以读取分区并获得在所有排序节点间达成一致的排序交易列表。

（5）一个链中的交易是定时分批处理的，也就是说，当一个新的批次的第一个交易进来时，开始计时。

（6）当交易达到最大数量时或超时后进行批次切分，生成新的区块。

（7）定时交易是另一个交易，由上面描述的定时器生成。

（8）每个排序节点为每个链维护一个本地日志，生成的区块保存在本地账本中。

（9）交易区块通过分发 RPC 返回客户端。

（10）当发生崩溃时，可以利用不同的排序节点分发区块，因为所有的排序节点都维护有本地日志。

（三）PBFT 共识算法

网络时代的到来，恶意攻击和软件出错问题越来越常见，很容易出现拜占庭错误。PBFT（practical byzantine fault tolerance，实用拜占庭容错）算法在异步系统下，只要保证错误节点

$$f \leqslant \frac{n-1}{3}$$

系统就能在容错前提下保证安全性和活力（safety & liveness）。式中的 f 为错误副本节点数，n 为系统总节点数。

1. 算法流程

PBFT 算法是状态机复制的一种形式。它将服务建模为在分布式系统中跨不同节点复制的状态机。每个状态机副本维护服务状态并实现服务操作。

定义有 R 个副本，其角标序号是从 0 至 $R-1$。$R=3f+1$，其中，f 是最大的错误副本个数。实际上 R 也可以比 $3f+1$ 的值大。但是，出于性能最大化考虑，若是 R 增大，势必会导致沟通的成本增加，从而降低系统的性能。

这些副本是通过一系列称为 view（视图）的配置移动，一个视图中，有一个是 primary（主节点），其他的是 backups（备份节点）。视图都是按序编号，一个视图中 primary 的编号 p，遵从 p＝v mod｜R｜，其中 v 是本视图的编号。当 primary 失败了，整个视图都会更改。

算法的大致流程如下：

（1）客户端发送一个调用服务操作的请求给 primary。

（2）primary 广播请求给其他 backups。

（3）副本（primary＋backups）执行请求，并给客户端一个答复。

（4）客户端只要等到 $f+1$ 个来自不同副本的同样答复，这个操作就结束了。

状态机复制的两点要求：

（1）确定性（状态＋操作参数＝确定性计算）。

（2）始于同一个状态。

由于这两点要求，算法保证所有非错误副本对于执行请求的全局顺序达成一致。

图 5-9 中为节点数为 4、失效节点数为 1 情况下的共识过程，图 5-9 为算法流程。其中，C 为客户端，0 为主节点，3 为失效节点。

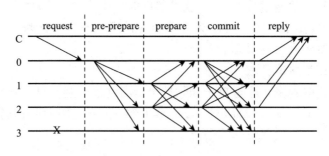

图 5-9　PBFT 算法流程

主节点的作用如下：

（1）正常工作时，接收客户端的事务请求，验证 request 身份后，为该请求设置编号，广播 Pre-Prepare 消息。

（2）新主节点当选时，根据自己收集的 view-change 消息，发送 view-new 信息，让其他节点同步数据。

（3）主节点与所有的其他节点维系心跳（heart beat）。

（4）如果主节点宕机，会因为心跳超时，而触发重新选举，保证系统运行稳定。

（5）如果主节点恶意发送错误编号的消息，那么会在后续的操作中被副本节点察觉。因为 prepare 和 commit 阶段都会进行广播的，一旦不一致，触发 view-change。

（6）如果主节点不发送接收到的 request，客户端在超时未回复时，会重发 request 到所有的副本节点，并触发 view-change。

（7）如果主节点篡改消息，因为 request 里面有数据和客户端的签名，所以 primary 无法篡改消息，其他副本会先验证消息的合法性，否则丢弃，并触发 view-change。

综上所述，限制了权限的主节点，如果宕机、不发生消息、发送错误编号的消息或者篡改消息，都会被其他节点感知，并触发 view-change。

（1）Request。客户端 C 向主节点 p 发送＜REQUEST，O，T，C＞。

O：请求的具体操作。

T：请求时客户端追加的时间戳。

C：客户端标识。

REQUEST：包含消息内容 m，以及消息摘要 d（m）。

客户端对请求进行签名。

（2）Pre-Prepare。主节点收到客户端的请求，需要对客户端请求消息签名是否正确进行校验。

非法请求则丢弃。正确请求则分配一个编号 n，编号 n 主要用于对客户端的请求进行排序。然后广播一条＜＜PRE-PREPARE，v，n，d＞，m＞消息给其他普通节点。

v：视图编号。

d：客户端消息摘要。

m：消息内容。

主节点对＜PRE-PREPARE，v，n，d＞进行签名。

（3）Prepare。普通节点 i 收到主节点的 Pre-Prepare 消息，需要满足以下条件方可接收消息：

①请求和预准备消息的签名正确，并且 d 与 m 的摘要一致。

②当前视图编号是 v。

③该普通节点从未在视图 v 中接收过序号为 n、与摘要 d 不同的消息 m。

④预准备消息的序号 n 在区间 ［h，H］ 内。

非法请求则丢弃。正确请求则普通节点 i 进入准备状态并向所有其他节点（包括主节点）发送一条＜PREPARE，v，n，d，i＞消息，v、n、d、m 与上述 Pre-Prepare 消息内容相同，i 是当前副本节点编号。

普通节点 i 对＜PREPARE，v，n，d，i＞签名。记录 Pre-Prepare 和 Pre-pare 消息到日志中，用于视图轮换过程中恢复未完成的请求操作。

Prepare 阶段如果发生视图轮换会导致丢弃 Prepare 阶段的请求。

（4）Commit。主节点和普通节点收到 Prepare 消息，需要满足以下条件方可接收消息：

①普通节点对 Prepare 消息的签名正确。

②消息的视图编号 v 与节点的当前视图编号一致。

③n 在区间 ［h，H］ 内。

非法请求则丢弃。如果节点 i 收到了 $2f+1$ 个（包括自身在内）验证通过的 Prepare 消息，表明网络中的大多数节点已经收到同一信息，则向其他节点包括主节点发送一条＜COMMIT，v，n，d，i＞消息，v、n、d、i 与上述 Prepare 消息内容相同。

节点 i 对＜COMMIT，v，n，d，i＞签名。记录 Commit 消息到日志中，用于视图轮换过程中恢复未完成的请求操作。记录其他副本节点发送的 Prepare 消息到日志中。Commit 阶段用来确保网络中大多数节点都已经收到足够多的信息来达成共识，如果 Commit 阶段发生视图轮换，会保存原来 Commit 阶段的请求，不会达不成共识，也不会丢失请求编号。

（5）Reply。主节点和普通节点收到 Commit 消息，需要满足以下条件方可接收消息：

①节点对 Commit 消息的签名正确。

②消息的视图编号 v 与节点的当前视图编号一致。

③n 在区间［h，H］内。

非法请求则丢弃。如果副本节点 i 收到了 $2f+1$ 个（包括自身在内）验证通过的 Commit 消息，说明当前网络中的大部分节点已经达成共识，运行客户端的请求操作 o，并返回＜REPLY，v，t，c，i，r＞给客户端。

r 是请求操作结果，客户端如果收到 $f+1$ 个相同的 Reply 消息，说明客户端发起的请求已经达成全网共识；否则，客户端需要判断是否重新发送请求给主节点。记录其他副本节点发送的 Commit 消息到日志中。

2. 垃圾回收

为了确保在视图轮换过程中能够恢复先前的请求，每一个副本节点都记录一些消息到本地的日志中，当执行请求后，副本节点需要把之前该请求的记录消息清除掉。最简单的做法是在 Reply 消息后，再执行一次当前状态的共识同步，但成本比较高，因此可以在执行完多条请求 K（如 100 条）后执行一次状态同步。状态同步消息就是 CheckPoint 消息。

节点 i 发送＜CheckPoint，n，d，i＞给其他节点，n 是当前节点所保留的最后一个视图请求编号，d 是对当前状态的一个摘要，该 CheckPoint 消息记录到日志中。如果副本节点 i 收到了 $2f+1$ 个验证过的 CheckPoint 消息，则清除先前日志中的消息，并以 n 作为当前一个 stable checkpoint（稳定检查点）。

实际中，当节点 i 向其他节点发出 CheckPoint 消息后，其他节点还没有完成 K 条请求，所以不会立即对 i 的请求做出响应，还会按照自己的节奏向前行进，但此时发出的 CheckPoint 并未形成 stable，为了防止 i 的处理请求过快，设置一个上文提到的高低水位区间［h，H］来解决问题。低水位 h 等于上一个 stable checkpoint 的编号，高水位 H（H＝h+L，其中 L 是指定的数值）等于 checkpoint 周期处理请求数 K 的整数倍，可以设置为 L＝2K。当节点 i 处理请求超过高水位 H 时，此时就会停止脚步，等待 stable checkpoint 发生变化，再继续前进。

3. 视图轮换

当普通节点感知到 primary 异常的时候，触发 view-change，重新选举必须要有 2f＋1 个节点都 confirm（VIEW-CHANGE）了，发起重选才生效，一旦超过 2f 节点都发起 view-change 消息，则选举结束，p＝v＋1 mod｜R｜节点当选为 new Primary。并且，new primary 会根据自己统计的 view-change 的内容生成并广播 new-view 消息，其他节点验证之后，开始新的 view＜VIEW-CHANGE，v＋1，n，C，P，i＞消息：

v＋1：新的 view 编号。

n：最新的 stable checkpoint 的编号。

C：2f＋1 验证过的 CheckPoint 消息集合。

P：当前副本节点未完成的请求的 Pre-Prepare 和 Prepare 消息集合。

新的主节点就是 newPrimary＝v＋1 mod｜R｜。当 newPrimary 收到 2f 个有效的 view-change 消息后，向其他节点广播 NEW-VIEW 消息＜NEW-VIEW，v＋1，V，O＞：

V：有效的 view-change 消息集合。

O：主节点重新发起的未经完成的 Pre-Prepare 消息集合。

未完成的 Pre-Prepare 消息集合的生成逻辑：

选取 V 中最小的 stable checkpoint 编号 min-s，选取 V 中 prepare 消息的最大编号 max-s。

在 min-s 和 max-s 之间，如果存在 P 消息集合，则创建＜＜PRE-PRE-PARE，v＋1，n，d＞，m＞消息。否则，创建一个空的 Pre-Prepare 消息，即＜＜PRE-PREPARE，v＋1，n，d（null）＞，m（null）＞，m（null）空消息，d（null）空消息摘要。

普通节点收到主节点的 new-view 消息，验证有效性（各个节点都统计 view-change 的个数），有效的话进入 v＋1 状态，并且开始 O 中的 Pre-Prepare 消息处理流程。

（四）Raft 共识算法

PBFT 的数学模型论证了若有 f 个恶意节点，系统必须至少包含 $3f＋1$ 个节点来保证结果一致，那么就意味着整个系统更加复杂，而 Raft 则是在有 f 个节点发生非拜占庭故障如宕机、网络中断、系统崩溃无响应时，系统仅需要 $2f＋1$ 个节点即能保障顺利运行，大大降低了网络复杂度和部署成本，所以在联盟链这样一个恶意节点存在可能性很小的生产环境下才能使用 Raft。

1. 简介

（1）Raft 角色。一个 Raft 集群包含若干节点，Raft 把这些节点分为 3 种状态：Leader、Follower 和 Candidate，每种状态负责的任务也是不一样的。正常情况下，集群中的节点只存在 Leader 与 Follower 两种状态。

①Leader（领导者）：负责日志的同步管理，处理来自客户端的请求，与 Follower 保持 heartBeat 的联系。

②Follower（追随者）：响应 Leader 的日志同步请求，响应 Candidate 的邀票请求，以及把客户端请求到 Follower 的事务转发（重定向）给 Leader。

③Candidate（候选者）：负责选举投票，集群刚启动或者 Leader 宕机时，状态为 Follower 的节点将转为 Candidate 并发起选举，选举胜出（获得超过半数节点的投票）后，从 Candidate 转为 Leader 状态。

（2）主要流程。Raft 的服务端是主从结构，每个副本都维护一个日志列表和状态机。其中，日志是由共识模块维护的，状态机则是客户端可见的数据。所以，在日志中存在但没有复制到状态机的那部分数据，对于客户端来说都是不可见的。

在这个例子中，数据都是简单的 kv 类型。共识模块是 Raft 算法的核心，通过控制 Leader 选举流程、日志顺序、通知状态机执行哪些日志来保证一致性。只要各副本日志的顺序一致，状态机的内容就是一致的。一次更改操作的主要流程（图 5 - 10）为：

①Client 发送变更信息到 Leader。

②共识模块保证发送到各个副本的日志是一致的。

③每台服务器上的状态机接收共识模块的通知，从日志中获取对应操作并执行。

④返回操作结果到 Client。

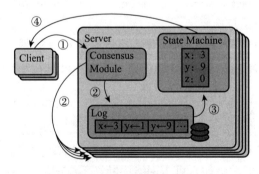

图 5 - 10　更改操作流程

其中，Client 一开始可能将变更请求发送 Follower 上，Follower 会告诉

Client 哪个节点才是 Leader，并让 Client 向 Leader 发送变更信息。

（3）任期。在 Raft 协议中，时间线被划分为不同的任期（term），每个任期内最多只有一个 Leader。在图 5-11 所示的一个任期中，深色部分表示进行选举中，浅色部分表示已经选出 leader，正在提供服务。不一定每个任期都能选出 leader，如 t3 阶段就没有选举成功。

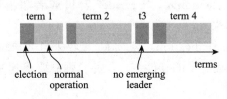

图 5-11　任期

（4）角色转换（图 5-12）。

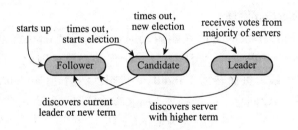

图 5-12　角色转换

①Follower。初始化时，所有节点都是 Follower，只能被动接收 Leader 和 Candidate 的消息，不能主动发消息给两者。从 Leader 处接收变更消息，并返回变更结果。从 Candidate 处接收到竞选消息，并返回自己是否同意选举其为 Leader。

Follower 返回的结果会带上当前的 term，以供 Candidate 和 Leader 检查自己是不是已经落后。

②Candidate。如果一个节点发现太久没有收到来自 Leader 的心跳（heart beat），则会主动提名自己为候选的 Leader，并发送选举的请求。在竞选结果没有确定之前，这个节点就是 Candidate 节点。

对于 Candidate 节点来说，如果竞选成功，它就会转变为 Leader 节点；如果竞选失败，则退回为 Follower 节点。

③Leader。负责接收所有的更新请求，并将更新请求转发给 Follower。同时，还会不间断地向外 Follower 发送心跳。当 Leader 发现自己落后，则会转变为 Follower。

（5）Raft 3 个子问题。Raft 集群中只有一个是 Leader，其他节点都是 Follower。Follower 都是被动的，不会发送任何请求，只是简单地响应来自 Leader 或者 Candidate 的请求。Leader 负责处理所有的客户端请求（如果一个客户端和 Follower 联系，那么 Follower 会把请求重定向给 Leader）。为简化逻辑和实现，Raft 将一致性问题分解成了 3 个相对独立的子问题。

①选举（leader election）。当 Leader 宕机或者集群初创时，一个新的 Leader 需要被选举出来。

②日志复制（log replication）。Leader 接收来自客户端的请求并将其以日志条目的形式复制到集群中的其他节点，并且强制要求其他节点的日志与自己保持一致。

③安全性（safety）。如果有任何的服务器节点已经应用了一个确定的日志条目到它的状态机中，那么其他服务器节点不能在同一个日志索引位置应用一个不同的指令。

2. Leader election 原理

一个应用 Raft 协议的集群在刚启动时，所有节点的状态都是 Follower。由于没有 Leader，Followers 无法与 Leader 保持心跳，因此，Followers 会认为 Leader 已经下线，进而转为 Candidate 状态。然后，Candidate 将向集群中其他节点请求投票，同意自己升级为 Leader。如果 Candidate 收到超过半数节点的投票（$N/2+1$），它将获胜成为 Leader。

第一阶段：所有节点都是 Follower（图 5 - 13）。

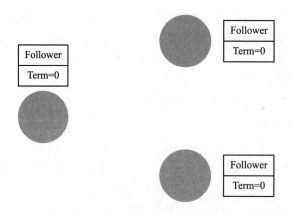

图 5 - 13　所有节点都是 Follower

一个应用 Raft 协议的集群在刚启动（或 Leader 宕机）时，所有节点的状态都是 Follower，初始 Term（任期）为 0。同时，启动选举定时器，每个节点的选举定时器超时时间都为 100～500ms 且不一致（避免同时发起选举）。

第二阶段：Follower 转为 Candidate 并发起投票（图 5-14）。

没有 Leader，Followers 无法与 Leader 保持心跳，节点启动后在一个选举定时器周期内未收到心跳和投票请求，则状态转为候选者 Candidate 状态，且 Term 自增，并向集群中所有节点发送投票请求并且重置选举定时器。

注意，由于每个节点的选举定时器超时时间都为 100～500ms，且彼此不一样，以避免所有 Follower 同时转为 Candidate 并同时发起投票请求。换言之，最先转为 Candidate 并发起投票请求的节点将具有成为 Leader 的"先发优势"。

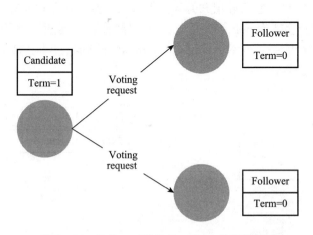

图 5-14　Follower 转为 Candidate 并发起投票

第三阶段：投票策略（图 5-15）。

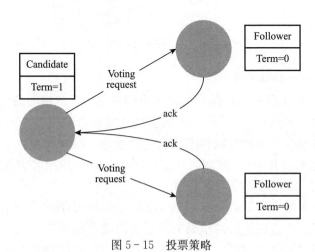

图 5-15　投票策略

节点收到投票请求后会根据以下情况决定是否接受投票请求（每个 follower 刚成为 Candidate 的时候会将票投给自己）：

（1）请求节点的 Term 大于自己的 Term，且自己尚未投票给其他节点，则接受请求，把票投给它。

（2）请求节点的 Term 小于自己的 Term，且自己尚未投票，则拒绝请求，将票投给自己。

第四阶段：Candidate 转为 Leader（图 5 - 16）。

一轮选举过后，正常情况下，会有一个 Candidate 收到超过半数节点（$N/2+1$）的投票，它将胜出并升级为 Leader。然后，定时发送心跳给其他的节点，其他节点会转为 Follower 并与 Leader 保持同步。到此，本轮选举结束。

注意：有可能一轮选举中，没有 Candidate 收到超过半数节点投票，那么将进行下一轮选举。

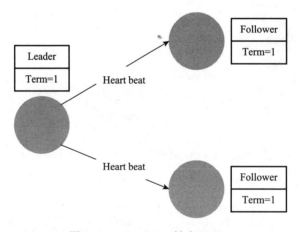

图 5 - 16　Candidate 转为 Leader

3. Log Replication 原理

在一个 Raft 集群中，只有 Leader 节点能够处理客户端的请求（如果客户端的请求发到了 Follower，Follower 将会把请求重定向到 Leader），客户端的每一个请求都包含一条被复制状态机执行的指令。Leader 把这条指令作为一条新的日志条目（Entry）附加到日志中去，然后并行地将附加条目发送给 Followers，让它们复制这条日志条目。

当这条日志条目被 Followers 安全复制，Leader 会将这条日志条目应用到它的状态机中，然后把执行的结果返回给客户端。如果 Follower 崩溃或者运行缓慢，再或者网络丢包，Leader 会不断地重复尝试附加日志条目（尽管已经回复了客户端），直到所有的 Follower 都最终存储了所有的日志条目，确保强一致性。

第一阶段：客户端请求提交到 Leader。

如图 5-17 所示，Leader 收到客户端的请求，如存储数据 5。Leader 在收到请求后，会将它作为日志条目（Entry）写入本地日志中。需要注意的是，此时该 Entry 的状态是未提交（Uncommitted），Leader 并不会更新本地数据。因此，它是不可读的。

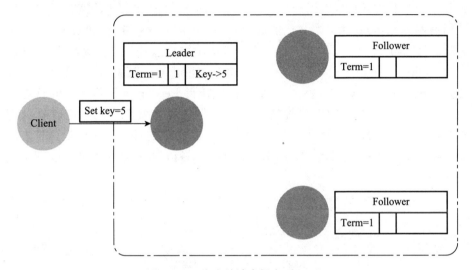

图 5-17　客户端请求提交到 Leader

第二阶段：Leader 将 Entry 发送到其他 Follower。

Leader 与 Followers 之间保持着心跳联系，随着心跳 Leader 将追加的 Entry（AppendEntries）并行地发送给其他的 Follower，并让它们复制这条日志条目，这一过程称为复制（replicate）。

因为 Leader 与 Follower 的心跳是周期性的，而一个周期 Leader 可能接收到多条客户端的请求，因此，随心跳向 Followers 发送的大概率是多个 Entry，即 AppendEntries。假设只有一条请求，就是一个 Entry。

在发送追加日志条目的时候，Leader 会把新的日志条目紧接着之前条目的索引位置（prevLogIndex），Leader 任期号（Term）也包含在其中。如果 Follower 在它的日志中找不到包含相同索引位置和任期号的条目，那么它就会拒绝接收新的日志条目，因为出现这种情况说明 Follower 和 Leader 不一致。

在正常情况下，Leader 和 Follower 的日志保持一致，所以追加日志的一致性检查从来不会失败。然而，Leader 和 Follower 一系列崩溃的情况会使它们的日志处于不一致状态。Follower 可能会丢失一些在新的 Leader 中的日志条目，它也可能拥有一些 Leader 没有的日志条目，或者两者都发生。丢失或者多出日志条目可能会持续多个任期。

要使 Follower 的日志与 Leader 恢复一致，Leader 必须找到最后两者达成一致的地方，就是回溯，找到两者最近的一致点。然后，删除从那个点之后的所有日志条目，发送自己的日志给 Follower。所有的这些操作都在进行附加日志的一致性检查时完成。

Leader 为每一个 Follower 维护一个 nextIndex，它表示下一个需要发送给 Follower 的日志条目的索引地址。当一个 Leader 刚获得权力的时候，它初始化所有的 nextIndex 值，为自己的最后一条日志的 index 加 1。如果一个 Follower 的日志与 Leader 不一致，那么在下一次附加日志时一致性检查就会失败。在被 Follower 拒绝之后，Leader 就会减小该 Follower 对应的 nextIndex 值并进行重试。最终，nextIndex 会在某个位置使得 Leader 和 Follower 的日志达成一致（图 5 - 18）。如果这种情况发生，附加日志就会成功，这时就会把 Follower 冲突的日志条目全部删除并且加上 Leader 的日志。一旦附加日志成功，那么 Follower 的日志就会与 Leader 保持一致，并且在接下来的任期继续保持一致。

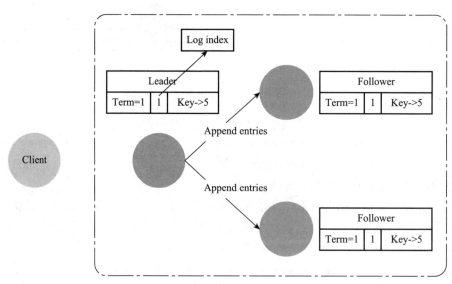

图 5 - 18　解决 Leader 与 Follower 不一致的流程

第三阶段：Leader 等待 Followers 回应（图 5 - 19）。

Followers 接收到 Leader 发来的复制请求后，有两种可能的回应：

（1）写入本地日志中，返回 Success。

（2）一致性检查失败，拒绝写入，返回 False。原因和解决办法上面已做了详细说明。

　　需要注意的是，此时该 Entry 的状态也未提交（uncommitted）。完成上述步骤后，Followers 会向 Leader 发出 Success 的回应。当 Leader 收到大多数 Followers 的回应后，会将第一阶段写入的 Entry 标记为提交状态（Committed），并把这条日志条目应用到它的状态机中。

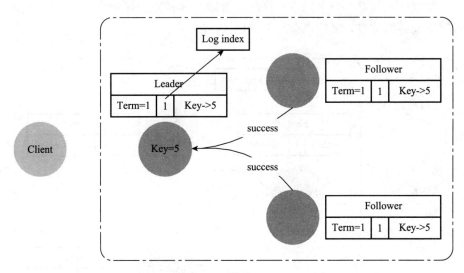

图 5 - 19　Leader 等待 Followers 回应

第四阶段：Leader 回应客户端（图 5 - 20）。

完成前 3 个阶段后，Leader 会向客户端回应 OK，表示写操作成功。

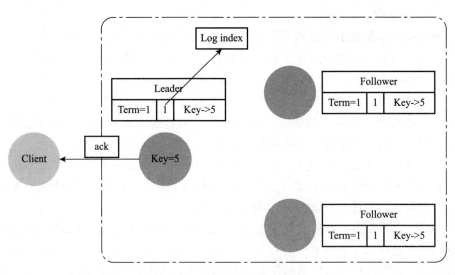

图 5 - 20　Leader 回应客户端

第五阶段 Leader 通知 Followers Entry 已提交（图 5 - 21）。

Leader 回应客户端后，将随着下一个心跳通知 Followers，Followers 收到通知后也会将 Entry 标记为提交状态。至此，Raft 集群超过半数节点已经达到一致状态，可以确保强一致性。

需要注意的是，由于网络、性能、故障等各种原因导致"反应慢""不一致"等问题的节点，最终也会与 Leader 达成一致。

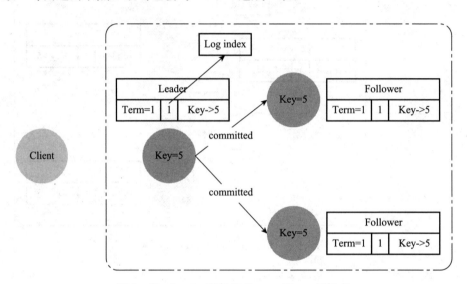

图 5 - 21　Leader 通知 Followers Entry 已提交

4. 安全性

前面描述了 Raft 算法是如何选举 Leader 和复制日志的。然而，截至目前描述的机制并不能充分地保证每一个状态机会按照相同的顺序执行相同的指令。例如，一个 Follower 可能处于不可用状态，同时 Leader 已经提交了若干日志条目；然后，这个 Follower 恢复（尚未与 Leader 达成一致），而 Leader 故障；如果该 Follower 被选举为 Leader 并且覆盖这些日志条目，就会出现问题，即不同的状态机执行不同的指令序列。

鉴于此，在 Leader 选举的时候，需增加一些限制来完善 Raft 算法。这些限制可保证任何的 Leader 对于给定的任期号（Term）都拥有之前任期的所有被提交的日志条目（所谓 Leader 的完整特性）。

（1）选举限制。在所有基于 Leader 机制的一致性算法中，Leader 都必须存储所有已经提交的日志条目。为了保障这一点，Raft 使用了一种简单而有效的方法，以保证所有之前的任期号中已经提交的日志条目在选举的时候都会出现在新的 Leader 中。换言之，日志条目的传送是单向的，只从 Leader 传给

Follower，并且 Leader 从不会覆盖自身本地日志中已经存在的条目。

Raft 使用投票方式来阻止一个 Candidate 赢得选举，除非这个 Candidate 包含了所有已经提交的日志条目。Candidate 为了赢得选举必须联系集群中的大部分节点。这意味着每一个已经提交的日志条目肯定存在于至少一个服务器节点上。如果 Candidate 的日志至少与大多数的服务器节点一样新（这个新的定义会在下面讨论），那么它一定持有了所有已经提交的日志条目（多数派的思想）。投票请求的限制请求中包含了 Candidate 的日志信息，然后投票人会拒绝那些日志没有自己新的投票请求。

Raft 通过比较两份日志中最后一条日志条目的索引值和任期号来确定谁的日志比较新。如果两份日志最后条目的任期号不同，那么任期号大的日志更加新。如果两份日志最后的条目任期号相同，那么日志比较长的那个就更加新。

（2）提交之前任期内的日志条目。Leader 知道一条当前任期内的日志记录是可以被提交的，只要它被复制到了大多数的 Follower 上（多数派的思想）。如果一个 Leader 在提交日志条目之前崩溃了，继任的 Leader 会继续尝试复制这条日志记录。然而，一个 Leader 并不能断定“一个之前任期里的日志条目被保存到大多数 Follower 上”就一定已经提交了。这很明显，从日志复制的过程就可以看出。

鉴于上述情况，Raft 算法不会通过计算副本数目的方式去提交一个之前任期内的日志条目。只有 Leader 当前任期里的日志条目通过计算副本数目可以被提交；一旦当前任期的日志条目以这种方式被提交，那么由于日志匹配特性，之前的日志条目也都会被间接提交。在某些情况下，Leader 可以安全地知道一个老的日志条目是否已经被提交（只需判断该条目是否存储到所有节点上）。但是，Raft 为了简化问题使用了一种更加保守的方法。

当 Leader 复制之前任期里的日志时，Raft 会为所有日志保留原始的任期号，这在提交规则上产生了额外的复杂性。但是，这种策略更加容易辨别出日志，即使随着时间和日志的变化，日志仍维护着同一个任期编号。此外，该策略使得新 Leader 只需要发送较少日志条目。

五、Fabric 应用开发

对于 Fabric 应用的设计开发，图 5-22 是 Fabric 应用架构。一般区块链应用可分为呈现层、应用层、业务层和数据层。

呈现层一般包含的是常见的用户界面，如登录界面、展示界面、应用管理界面等，这一层与传统的 Web 应用和移动 App 没有区别，区块链在这一层中对于用户来说毫无存在感。

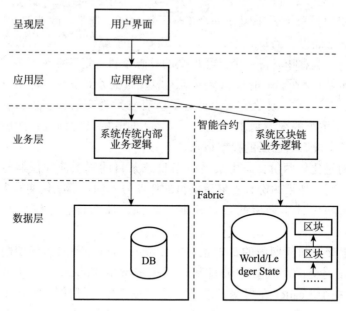

图 5-22　Fabric 应用架构

应用层为应用逻辑所在的一层。这一层处理用户输入数据，根据这些数据判断出具体的业务，然后调用相应的业务处理接口。如果为系统传统内部业务，则通过传统的业务接口处理；如果是区块链业务，则通过区块链智能合约调用接口处理。

业务层存放着整个应用的全部业务逻辑。业务层可分为两类：系统传统内部业务逻辑和系统区块链业务逻辑。系统传统内部业务逻辑和传统应用业务逻辑实现方法一样，而系统区块链业务逻辑则由智能合约具体实现。

数据层存储的是整个系统的数据。数据层分为传统数据库存储和 Fabric 存储。系统内部逻辑的数据会存在传统数据库中，这部分数据是系统内部隐私数据。涉及区块链业务逻辑的数据则存在 Fabric 区块链中，各参与方之间通过 Fabric 区块链共享这些数据。

Fabric 相比于其他区块链平台，具有以下 3 点适用于区块链应用的优势。

1. 灵活的链码信任机制

在 Fabric 系统中，链码即是智能合约。链码的运行与交易背书、区块链打包在功能上被分割为不同节点角色完成，且区块的打包可以由一组节点共同承担，从而实现对部分节点失败或者错误行为的容忍。而对于每一个链码，背书节点可以是不同的节点，这保证了交易执行的隐私性、可靠性。

2. 高效的可扩展性

大部分区块链系统采用的都是节点对等的设计方式，Fabric 中交易的 endorser（背书节点）与区块链打包的 orderer 节点解耦，这使得系统的伸缩性更好。尤其是当不同的链码指定不同的 endorser 时，不同链码的执行将相互独立开来，即允许并行执行链码。

3. 可插拔的共识算法

在 Fabric 系统中，orderer 节点主要负责完成共识，并且各类共识算法支持以插件的形式应用于 orderer 节点，用户可以根据具体的应用环境选择不同的共识算法。

第三节　区块链溯源

合规高效的基于区块链技术打造的产品追溯能够实现防伪、防窜货、追溯、营销等功能。

区块链作为分布式加密记账技术，把信息存储分散开来，如存储在公链或者联盟链中，区别于以往的中央式存储方式，规避了许多信息安全方面的风险。从食品原料信息、供应商信息、生产加工信息、质检信息、仓储信息、物流信息、代理商信息、终端门店信息、消费者信息，全链打通，轻松实现扫码展示。

在防伪追溯载体方面，一般采用的一物一码技术都是以二维码为载体，可以通过微信、支付宝、浏览器进行扫码，然后就会跳转到对应的 H5 承载页，展示信息，包括公司信息、产品信息、生产日期、保质期、有效期、批号等影响食品安全的节点数据。

区块链溯源的优缺点也非常明显：

优点：可以将产品全生命周期中的每一个关键节点信息上链存储，真实展示、真实溯源，让信息被篡改成为不可能的事情，保证上链后信息的安全性。

缺点：价格方面相对较高，上链环节增加了额外的信息存储成本。对于一些产量较大的公司来说，区块链技术使用成本会带来一些负担。

针对区块链技术应用的特性以及市场现状，作为区块链追溯技术提供方，也会制定一些具有成功应用适用性的行业解决方案，针对性地解决一些行业特征明显或有一定难度的产品溯源需求。

同时，提供了源头认证的合作方加入，此举是为了让上链之前的信息真实性和可靠性得到更好的保证，用权威的第三方机构质检报告认证信息来消除大家的种种顾虑。

作为一些头部企业或者食品领域的品牌方，都开始逐渐选择区块链＋追溯平台的应用模式，一方面，在有品牌背书的基础上进一步提升市场竞争力，打造差异化的产品可信溯源模型；另一方面，为了净化自己的品牌市场空间，让防伪技术层面进一步提高，打击假冒伪劣产品并压缩其生存空间，提升消费者认可度。

对于渠道代理商、经销商、门店来说，在防窜货方案中也是可以无缝融入区块链，让防窜货变得更加简单，对于工厂和品牌方来说，都可以轻松减少人力稽查的成本，通过手持掌上电脑的扫码出入库操作完成一系列的产品全生命周期跟踪。

总结来说，区块链防伪追溯平台，不仅解决了传统溯源系统的中心化信任问题，也解决了产品追溯信息的真实性和安全性问题，革命性地变革了传统追溯 SAAS 云平台的市场格局，未来拥有十分宽阔的发展空间。

第六章

追溯中的防伪认证技术

本章主要介绍追溯系统实现过程中利用的防伪认证技术，包括数字签名技术、哈希算法、图像隐藏技术和二维码技术。

第一节　数字签名技术

一、数字签名简介

数字签名是密码学中的一个重要方面，由于计算机的出现以及互联网技术的不断发展，人们在日常生活中不得不对一些在网络世界中的行为进行确认，即需要对电子文档进行签名，数字签名技术应运而生。

数字签名（又称公钥数字签名）是只有信息的发送者才能产生的、别人无法伪造的一段数字串，这段数字串同时是对信息的发送者发送信息真实性的一个有效证明。它是一种类似写在纸上的普通的物理签名，但是在使用了公钥加密领域的技术来实现的，用于鉴别数字信息的方法。一套数字签名通常定义两种互补的运算，一个用于签名，另一个用于验证。数字签名是非对称密钥加密技术与数字摘要技术的应用。数字签名与传统纸质签名拥有相同的效果，必须具备可信、不可伪造、不可重用、文件不可更改、不可抵赖的特征。

二、加密体制系统

数据加密就是用特殊的加密方法转换原始的内容，当加密后的消息被人得到后，也不可能知道正确的消息内容。数据解密的过程即数据加密的逆过程，它通过一系列的解密方法将加密后的消息还原为原始信息。

加密技术按加解密使用的密钥是否相同可以分为两种，分别是对称式加密技术和非对称式加密技术。加密数据采用的密钥以及解密数据采用的密钥一致，即使用单一密钥加解密的算法称为对称式加密算法，而与其相对应的加解密密钥不同，即使用两个密钥的加密算法称为非对称式加密算法。

1. 对称式加密技术

数据发信方将明文（原始数据）和加密密钥一起经过特殊加密算法处理后，使其变成复杂的加密密文发送出去。收信方收到密文后，若想解读原文，则需要使用加密用过的密钥及相同算法的逆算法对密文进行解密，才能使其恢复成可读明文。在对称加密算法中，使用的密钥只有一个，发、收信双方都使用这个密钥对数据进行加密和解密，这就要求解密方事先必须知道加密密钥。

对称加密算法的特点是算法公开、计算量小、加密快、加密效率高。对称加密算法的安全性取决于密钥的长度，密钥越长其被破解的可能性越小，但其加解密速度将降低。由于其使用一把密钥，所以通信双方在使用密文通信之前必须先进行密钥交换，而在密钥交换过程当中很容易被其他人截获。也就是说，对称式加密算法在实际应用中最大的威胁来自密钥的交换，这也是对称加密算法的一个缺点。基于"对称密钥"的加密算法主要有 DES、TripleDES、RC2、RC4、RC5 和 Blowfish 等。

（1）DES 算法。DES 算法把 64 位的明文输入块变为数据长度为 64 位的密文输出块。其中，8 位为奇偶校验位，另外 56 位作为密码的长度。首先，DES 把输入的 64 位数据块按位重新组合，并把输出分为 L0、R0 两部分，每部分各长 32 位，并进行前后置换，最终由 L0 输出左 32 位，R0 输出右 32 位。根据这个法则，经过 16 次迭代运算后，得到 L16、R16，将此作为输入，进行与初始置换相反的逆置换，即得到密文输出。

DES 算法具有极高的安全性，截至目前，除了用穷举搜索法对 DES 算法进行攻击外，还没有发现更有效的办法，而 56 位长密钥的穷举空间为 2^{56}。这意味着如果一台计算机的速度是每秒检测 100 万个密钥，那么它搜索完全部密钥就需要将近 2 285 年的时间，因此 DES 算法是一种很可靠的加密方法。

（2）RC4 算法。RC4 算法的原理是"搅乱"，它包括初始化算法和伪随机子密码生成算法两大部分。在初始化过程中，密钥的主要功能是将一个 256B 的初始数簇进行随机搅乱，不同的数簇在经过伪随机子密码生成算法的处理后可以得到不同的子密钥序列，将得到的子密钥序列和明文进行异或运算（⊕）后，得到密文。

由于 RC4 算法加密采用的是异或方式，所以，一旦子密钥序列出现了重复，密文就有可能被破解。但是，目前还没有发现密钥长度达到 128 位的 RC4 有重复的可能性。所以，RC4 也是目前最安全的加密算法之一。

（3）BlowFish 算法。BlowFish 算法是一个 64 位分组及可变密钥长度的分组密码算法，该算法是非专利的。

BlowFish 算法使用两个"盒"：pbox［18］和 sbox［4256］，BlowFish 算法有一个核心加密函数。该函数输入 64 位信息，运算后以 64 位密文的形式输出。用 BlowFish 算法加密信息，需要密钥预处理和信息加密两个过程。Blow-Fish 算法的原密钥 pbox 和 sbox 是固定的，要加密一个信息，需要选择一个 key，用这个 key 对 pbox 和 sbox 进行变换，得到下一步信息加密所用到的 key_pbox 和 key_sbox。

BlowFish 算法解密，同样需要密钥预处理和信息解密两个过程。密钥预处理的过程和加密时完全相同。信息解密的过程就是把信息加密过程的 key_pbox 逆序使用即可。

图 6-1 为对称式加密方法的加密过程和解密过程。

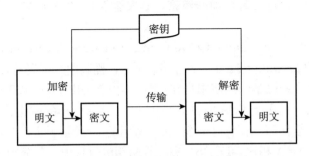

图 6-1 对称加密方法的加密过程和解密过程

2. 非对称式加密技术

对称加密最大的缺点是加解密之前需要进行密钥交换，而在交换过程中很可能会被他人捕获。现实世界中，可以认为加解密的过程是单向的，即通信双方一方负责加密，另一方负责解密，可以使用特殊的算法，利用两把密钥，一把只用于加密，另一把用于解密。而使用加密的那把密钥是无法进行解密的，这样在进行通信之前可以将加密的那把密钥公开，而仅仅保存解密的密钥，这样就避开了对称密钥的最大缺点。非对称加密方式即是利用两把密钥（公钥和私钥），私钥是由接收信息一方自己保存，公钥公开。当需要通信时，对方使用公钥加密信息，而此加密的信息也只有与接收方匹配的私钥可以解开。

目前，比较流行的非对称加密算法有 RSA、DSA 和 ECDSA。

（1）RSA。RSA 是一种目前应用非常广泛、历史也比较悠久的非对称密钥加密技术，在 1977 年由麻省理工学院的罗纳德·李维斯特（Ron Rivest）、阿迪·萨莫尔（Adi Shamir）和伦纳德·阿德曼（Leonard Adleman）3 位科学家提出。由于难破解，RSA 是目前应用最广泛的数字加密和签名技术，如国内的支付宝就是通过 RSA 算法来进行签名验证。它的安全程度取决于密钥的长度，目前主流可选密钥长度为 1 024 位、2 048 位、4 096 位等，理论上密钥越长越难破解，按照维基百科上的说法，小于等于 256 位的密钥，在一台个人计算机上花几个小时就能被破解，512 位的密钥和 768 位的密钥也分别在 1999 年和 2009 年被成功破解。虽然目前还没有公开资料证实有人能够成功破解 1 024 位的密钥，但显然距离这个节点也并不遥远。所以，目前业界推荐使用 2 048 位或以上的密钥，不过目前看 2 048 位的密钥已经足够安全了，支付宝的官方文档上推荐也是 2 048 位。当然，更长的密钥更安全，但也意味着会产生更大的性能开销。

（2）DSA。即 Digital Signature Algorithm，数字签名算法，由美国国家标准与技术研究所（NIST）于 1991 年提出。与 RSA 不同的是，DSA 仅能用于数字签名，不能进行数据加密解密，其安全性与 RSA 相当，但其性能要比 RSA 好。

（3）ECDSA。即 Elliptic Curve Digital Signature Algorithm，椭圆曲线签名算法，是 ECC（elliptic curve cryptography，椭圆曲线密码学）和 DSA 的结合，椭圆曲线在密码学中的使用是在 1985 年由 NealKoblitz 和 VictorMiller 分别独立提出的。相比于 RSA 算法，ECC 可以使用更小的密钥、更高的效率，提供更高的安全保障。据称 256 位 ECC 密钥的安全性等同于 3 072 位的 RSA 密钥，与普通 DSA 相比，ECDSA 在计算密钥的过程中，部分因子使用了椭圆曲线算法。

公钥密码体制采用的加密密钥（公开钥）和解密密钥（秘密钥）是不同的。由于加密密钥是公开的，密钥的分配和管理就很简单，而且能够很容易实现数字签名。其主要优点：①密钥分配简单；②密钥的保存量少；③可以满足互不相识的人之间进行私人谈话时的保密性要求；④可以完成数字签名和数字鉴别。

但在实际应用中，公钥密码体制并没有完全取代私钥密码体制，这是因为公钥密码体制在应用中存在以下几个缺点：①公钥密码是对大数进行操作，计算量特别大，速度远比不上私钥密码体制；②公钥密码中要将相当一部分密码信息予以公布，势必对系统产生影响；③在公钥密码中，若公钥文件被更改，则公钥被攻破。

图 6-2 为非对称式加密方法的加密过程和解密过程。

三、数字签名产生方式

1. 传统密码算法产生方式

使用传统密码算法，通信的双方使用相同的密钥对消息进行加解密，由于密钥的唯一性和保密性，所以可以将加密的密文作为一种签名。传统加密算法

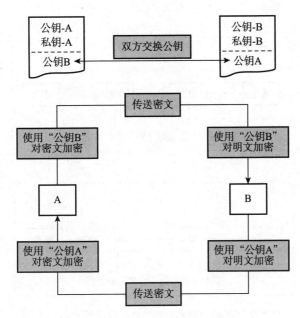

图 6-2　非对称式加密方法的加密过程和解密过程

产生数字签名的方式如图 6-3 所示。

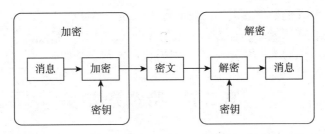

图 6-3　传统加密算法产生数字签名的方式

　　该算法出现比较早，虽能在一定程度上满足信息的保密性，但是作为数字签名仍然存在一定的风险。

2. 公钥密码算法产生方式

　　公钥密码算法即通信双方使用两把密钥对消息数据进行加解密算法，由于非对称加密方式中，公钥是公开的。签名者先用接收方的公钥对原始消息进行加密，再使用自己的私钥对加密后的消息再加密，这样最后的密文就是数字签名。发送到接收者之后，接收者使用签名者的公钥进行解密，将解密后的内容再用自己的私钥再解密，即可以得到原始的消息内容。公钥密码算法中，由于私钥仅仅只有签名者自己知道，因此接收者能够确信消息是来自签名者的。签名过程如图 6-4 所示。

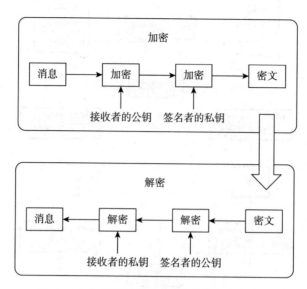

图 6-4　由公钥密码算法产生数字签名的方式

3. 签名算法产生

输入：消息 M，密钥 K。

输出：对 M 的数字签名 S，表示为 S＝Sig_k（M）。

验证：对 M 的签名验证 V，表示为 Ver（S，M），那么
如果 Ver(S，M)＝Sig_k（M），则为真；否则，为假。

第二节　哈希算法

　　非对称加密算法的缺点是算法复杂、运行太慢。如果加密的内容太多，加解密效率将非常低下。使用哈希算法可以将一个任意长度的信息值映射为一个长度固定的信息值，通常固定长度的信息值也远远短于原信息值。映射后的信息值就被称为映射前信息值相对应的哈希值。散列任何一段不同数据即使只是更改其中某一个字母，对应的哈希值就会与更改之前的哈希值不一致。换言之，想找到两个不一样的数据能产生相同哈希值是不可能实现的。因此，可以利用哈希值来校验数据的完整性。

　　哈希（hash）算法，即散列函数，是一种单向密码体制，即它是一个从明文到密文的不可逆的映射，只有加密过程，没有解密过程。同时，哈希函数可以将任意长度的输入经过变化以后得到固定长度的输出。哈希函数的这种单向特征和输出数据长度固定的特征使得它可以生成消息或者数据。目前，比较典

型的哈希算法主要有 MD5 算法和 SHA-1 算法以及它们的加强版。

一、MD5 算法

MD5 信息摘要算法（MD5 message-digest algorithm），一种被广泛使用的密码散列函数，可以产生出一个 128 位（16B）的散列值（hash value），用于确保信息传输完整一致。MD5 算法由美国密码学家罗纳德·李维斯特（Ronald Linn Rivest）设计，于 1992 年公开，用以取代 MD4 算法。这套算法的程序在 RFC 1321 标准中被加以规范。1996 年后，该算法被证实存在弱点，可以被加以破解，对于需要高度安全性的数据，专家一般建议改用其他算法，如 SHA-2。

MD5 算法由 MD4 算法、MD3 算法、MD2 算法改进而来，主要增强算法复杂度和不可逆性。MD5 算法因其普遍、稳定、快速的特点，仍广泛应用于普通数据的加密保护领域。

1. MD2 算法简介

Rivest 在 1989 年开发出 MD2 算法。在这个算法中，首先对信息进行数据补位，使信息的字节长度是 16 的倍数。然后，以一个 16 位的校验和追加到信息末尾，并且根据这个新产生的信息计算出散列值。后来，Rogier 和 Chauvaud 发现，如果忽略了校验，将与 MD2 算法产生冲突。MD2 算法加密后结果是唯一的（即不同信息加密后的结果不同）。

2. MD4 算法简介

为了加强算法的安全性，Rivest 在 1990 年又开发出 MD4 算法。MD4 算法同样需要填补信息以确保信息的比特位长度减去 448 后能被 512 整除（信息比特位长度 mod 512＝448）。然后，一个以 64 位二进制表示的信息的最初长度被添加进来。信息被处理成 512 位 damgard/merkle 迭代结构的区块，而且每个区块要通过 3 个不同步骤的处理。Den boer 和 Bosselaers 以及其他人很快发现了攻击 MD4 算法版本中第一步和第三步的漏洞。Dobbertin 向大家演示了如何利用一台普通的个人计算机在几分钟内找到 MD4 算法完整版本中的冲突（这个冲突实际上是一种漏洞，它将导致对不同的内容进行加密却可能得到相同的加密后结果）。

3. MD5 算法简介

1991 年，Rivest 开发出技术上更为趋近成熟的 MD5 算法。它在 MD4 算法的基础上增加了"安全带"（safety-belts）的概念。虽然 MD5 算法比 MD4 算法复杂度大一些，但更为安全。这个算法很明显由 4 个与 MD4 算法设计有少许不同的步骤组成。在 MD5 算法中，信息摘要的大小和填充的必要条件与 MD4 算法完全相同。

（1）MD5 算法原理。MD5 码以 512 位分组来处理输入的信息，且每一分组又被划分为 16 个 32 位子分组，经过一系列的处理后，算法的输出由 4 个 32 位分组组成，将这 4 个 32 位分组级联后将生成一个 128 位散列值。总体流程如图 6-5 所示，每次运算都由前一轮的 128 位结果值和当前的 512 位值进行运算。

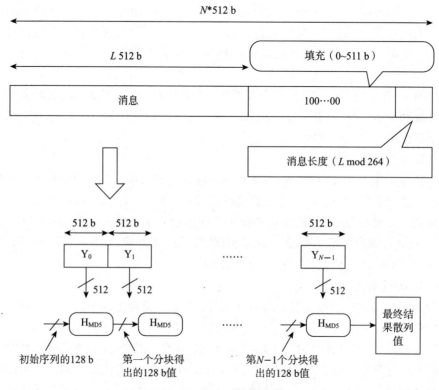

图 6-5 MD5 算法整体流程

（2）MD5 算法具体步骤。

①按位补充数据。在 MD5 算法中，首先需要对信息进行填充，这个数据按位（bit）补充，要求最终的位数对 512 求模的结果为 448。也就是说，数据补位后，其位数长度只差 64 位（bit）就是 512 的整数倍。即便这个数据的位数对 512 求模的结果正好是 448 也必须进行补位。补位的实现过程：首先在数据后补一个 1b；接着在后面补上一堆 0b，直到整个数据的位数对 512 求模的结果正好为 448。总之，至少补 1 位，而最多可能补 512 位。填充结束后，信息的长度应当满足以下公式：

$$N \times 512 + 448 \ (b) \tag{6-1}$$

②扩展长度。在完成补位工作后，又将一个表示数据原始长度的 64 位数（这是对原始数据没有补位前长度的描述，用二进制来表示）补在最后。当完成补位及补充数据的描述后，得到的结果数据长度正好是 512 的整数倍。也就是说，长度正好是 16 个（32 位）字的整数倍。即信息的长度变为 $N \times 512 + 448 + 64 = (N+1) \times 512$ 位。

③初始化 MD 缓存器。MD5 运算要用到一个 128 位的 MD5 缓存器，用来保存中间变量和最终结果。该缓存器又可看成 4 个 32 位的寄存器 A、B、C、D，初始化为：

A＝0x01234567

B＝0x89abcdef

C＝0xfedcba98

D＝0x76543210

④处理数据段。循环的次数是分组的个数（$N+1$）。

将每一 512 字节细分成 16 个小组，每个小组 64 位（8 字节）。

首先定义 4 个非线性函数 F、G、H、I，对输入的报文运算以 512 位数据段为单位进行处理。对每个数据段都要进行 4 轮的逻辑处理，在 4 轮中分别使用 4 个不同的函数 F、G、H、I。每一轮以 ABCD 和当前的 512 位的块为输入，处理后送入 ABCD（128 位）。

4 个线性函数（& 是与，｜是或，～是非）分别如下：

$$F(X, Y, Z) = (X \& Y) \mid ((\sim X) \& Z) \tag{6-2}$$

$$G(X, Y, Z) = (X \& Z) \mid (Y \& (\sim Z)) \tag{6-3}$$

$$H(X, Y, Z) = X^{YZ} \tag{6-4}$$

$$I(X, Y, Z) = Y^{(X \mid Z)} \tag{6-5}$$

设 M_j 表示消息的第 j 个子分组（从 0 到 15），符号 $<<<$ 表示循环左移：

$$FF(a, b, c, d, M_j, s, t_i): a = b + ((a + F(b, c, d) + M_j + t_i) <<< s) \tag{6-6}$$

$$GG(a, b, c, d, M_j, s, t_i): a = b + ((a + G(b, c, d) + M_j + t_i) <<< s) \tag{6-7}$$

$$HH(a, b, c, d, M_j, s, t_i): a = b + ((a + H(b, c, d) + M_j + t_i) <<< s) \tag{6-8}$$

$$II(a, b, c, d, M_j, s, t_i): a = b + ((a + I(b, c, d) + M_j + t_i) <<< s) \tag{6-9}$$

4 轮运算：

FF：

a＝FF (a, b, c, d, M_0, 7, 0xd76aa478)

b＝FF (d, a, b, c, M_1, 12, 0xe8c7b756)

c＝FF (c, d, a, b, M_2, 17, 0x242070db)

d＝FF (b, c, d, a, M_3, 22, 0xc1bdceee)

a＝FF (a, b, c, d, M_4, 7, 0xf57c0faf)

b＝FF (d, a, b, c, M_5, 12, 0x4787c62a)

c＝FF (c, d, a, b, M_6, 17, 0xa8304613)

d＝FF (b, c, d, a, M_7, 22, 0xfd469501)

a＝FF (a, b, c, d, M_8, 7, 0x698098d8)

b＝FF (d, a, b, c, M_9, 12, 0x8b44f7af)

c＝FF (c, d, a, b, M_{10}, 17, 0xffff5bb1)

d＝FF (b, c, d, a, M_{11}, 22, 0x895cd7be)

a＝FF (a, b, c, d, M_{12}, 7, 0x6b901122)

b＝FF (d, a, b, c, M_{13}, 12, 0xfd987193)

c＝FF (c, d, a, b, M_{14}, 17, 0xa679438e)

d＝FF (b, c, d, a, M_{15}, 22, 0x49b40821)

GG：

a＝GG (a, b, c, d, M_1, 5, 0xf61E2562)

b＝GG (d, a, b, c, M_6, 9, 0xc040b340)

c＝GG (c, d, a, b, M_{11}, 14, 0x265e5a51)

d＝GG (b, c, d, a, M_0, 20, 0xe9b6c7aa)

a＝GG (a, b, c, d, M_5, 5, 0xd62f105d)

b＝GG (d, a, b, c, M_{10}, 9, 0x02441453)

c＝GG (c, d, a, b, M_{15}, 14, 0xd8a1e681)

d＝GG (b, c, d, a, M_4, 20, 0xe7d3fbc8)

a＝GG (a, b, c, d, M_9, 5, 0x21e1cde6)

b＝GG (d, a, b, c, M_{14}, 9, 0xc33707d6)

c＝GG (c, d, a, b, M_3, 14, 0xf4d50d87)

d＝GG (b, c, d, a, M_8, 20, 0x455a14ed)

a＝GG (a, b, c, d, M_{13}, 5, 0xa9e3e905)

b＝GG (d, a, b, c, M_2, 9, 0xfcefa3f8)

c＝GG (c, d, a, b, M_7, 14, 0x676f02d9)

d＝GG (b, c, d, a, M_{12}, 20, 0x8d2a4c8a)

HH：

a＝HH (a, b, c, d, M_5, 4, 0xfffa3942)

$b = HH\ (d,\ a,\ b,\ c,\ M_8,\ 11,\ 0x8771f681)$

$c = HH\ (c,\ d,\ a,\ b,\ M_{11},\ 16,\ 0x6d9d6122)$

$d = HH\ (b,\ c,\ d,\ a,\ M_{14},\ 23,\ 0xfde5380c)$

$a = HH\ (a,\ b,\ c,\ d,\ M_1,\ 4,\ 0xa4beea44)$

$b = HH\ (d,\ a,\ b,\ c,\ M_4,\ 11,\ 0x4bdecfa9)$

$c = HH\ (c,\ d,\ a,\ b,\ M_7,\ 16,\ 0xf6bb4b60)$

$d = HH\ (b,\ c,\ d,\ a,\ M_{10},\ 23,\ 0xbebfbc70)$

$a = HH\ (a,\ b,\ c,\ d,\ M_{13},\ 4,\ 0x289b7ec6)$

$b = HH\ (d,\ a,\ b,\ c,\ M_0,\ 11,\ 0xeaa127fa)$

$c = HH\ (c,\ d,\ a,\ b,\ M_3,\ 16,\ 0xd4ef3085)$

$d = HH\ (b,\ c,\ d,\ a,\ M_6,\ 23,\ 0x04881d05)$

$a = HH\ (a,\ b,\ c,\ d,\ M_9,\ 4,\ 0xd9d4d039)$

$b = HH\ (d,\ a,\ b,\ c,\ M_{12},\ 11,\ 0xe6db99e5)$

$c = HH\ (c,\ d,\ a,\ b,\ M_{15},\ 16,\ 0x1fa27cf8)$

$d = HH\ (b,\ c,\ d,\ a,\ M_2,\ 23,\ 0xc4ac5665)$

II：

$a = II\ (a,\ b,\ c,\ d,\ M_0,\ 6,\ 0xf4292244)$

$b = II\ (d,\ a,\ b,\ c,\ M_7,\ 10,\ 0x432aff97)$

$c = II\ (c,\ d,\ a,\ b,\ M_{14},\ 15,\ 0xab9423a7)$

$d = II\ (b,\ c,\ d,\ a,\ M_5,\ 21,\ 0xfc93a039)$

$a = II\ (a,\ b,\ c,\ d,\ M_{12},\ 6,\ 0x655b59c3)$

$b = II\ (d,\ a,\ b,\ c,\ M_3,\ 10,\ 0x8f0ccc92)$

$c = II\ (c,\ d,\ a,\ b,\ M_{10},\ 15,\ 0xffeff47d)$

$d = II\ (b,\ c,\ d,\ a,\ M_1,\ 21,\ 0x85845dd1)$

$a = II\ (a,\ b,\ c,\ d,\ M_8,\ 6,\ 0x6fa87e4f)$

$b = II\ (d,\ a,\ b,\ c,\ M_{15},\ 10,\ 0xfe2ce6e0)$

$c = II\ (c,\ d,\ a,\ b,\ M_6,\ 15,\ 0xa3014314)$

$d = II\ (b,\ c,\ d,\ a,\ M_{13},\ 21,\ 0x4e0811a1)$

$a = II\ (a,\ b,\ c,\ d,\ M_4,\ 6,\ 0xf7537e82)$

$b = II\ (d,\ a,\ b,\ c,\ M_{11},\ 10,\ 0xbd3af235)$

$c = II\ (c,\ d,\ a,\ b,\ M_2,\ 15,\ 0x2ad7d2bb)$

$d = II\ (b,\ c,\ d,\ a,\ M_9,\ 21,\ 0xeb86d391)$

每轮循环后，将 A、B、C、D 分别加上 a、b、c、d，然后进入下一循环。

二、SHA-1 算法

安全散列算法（secure hash algorithm，SHA）是一个密码散列函数家族，是 FIPS 所认证的安全散列算法。能计算出一个数字消息所对应到的、长度固定的字符串（又称消息摘要）的算法。若输入的消息不同，它们对应到不同字符串的概率很高。

SHA 家族的 5 个算法，分别是 SHA-1、SHA-224、SHA-256、SHA-384 和 SHA-512，由美国国家安全局（NSA）所设计，并由美国国家标准与技术研究院（NIST）发布，是美国政府标准。后四者有时并称为 SHA-2。SHA-1 算法在许多安全协定中广为使用，包括 TLS 和 SSL、PGP、SSH、S/MIME 和 IPsec，曾被视为是 MD5 算法的后继者。

SHA-1 算法主要适用于数字签名标准里面定义的数字签名算法。对于任一个长度小于 264 位的消息，SHA-1 会产生一个 160 位的消息摘要。在消息传输过程中，由于链路的一些干扰或者人为的一些改变可以使消息发生变化，所以接收者在获得消息后，可以使用这个消息摘要来验证接收数据是否完整。SHA-1 算法也有与 MD5 算法相同的特性，即能保证消息产生的摘要唯一性和不可逆推行性。但是，SHA-1 算法运算后产生的消息长度固定为 160 位。算法实现如下：

在 SHA-1 算法中，必须把原始消息（字符串、文件等）转换成位字符串。SHA-1 算法只接收位作为输入。假设对字符串"abc"产生消息摘要，首先将它转换成位字符串如下：

01100001 01100010 01100011

这个位字符串的长度为 24，需要 5 个步骤来计算 MD5。

1. 补位

消息必须进行补位，以使其长度在对 512 取模以后的余数是 448。也就是说，（补位后的消息长度）%512＝448。即使长度已经满足对 512 取模后余数是 448，补位也必须进行。

补位是这样进行的：先补一个 1，然后再补 0，直到长度满足对 512 取模后余数是 448。总而言之，补位是至少补 1 位，最多补 512 位。还是以前面的"abc"为例显示补位的过程。

原始信息：

01100001 01100010 01100011

补位第一步：01100001 01100010 01100011 1

　　　　　　　　　　　　　　　首先补一个"1"

补位第二步：01100001 01100010 01100011 10……0

然后补 423 个 "0"

把最后补位完成后的数据用 16 进制写成下面的样子：

61626380 00000000 00000000 00000000

00000000 00000000 00000000 00000000

00000000 00000000 00000000 00000000

00000000 00000000

现在，数据的长度是 448 了，进行下一步操作。

2. 补长度

所谓的补长度，是将原始数据的长度补到已经进行了补位操作的消息后面。通常用一个 64 位的数据来表示原始消息的长度。如果消息长度不大于 2^{64}，那么第一个字就是 0。在进行了补长度的操作以后，整个消息就变成下面这样了（16 进制格式）：

61626380 00000000 00000000 00000000

00000000 00000000 00000000 00000000

00000000 00000000 00000000 00000000

00000000 00000000 00000000 00000018

如果原始的消息长度超过了 512，需要将它补成 512 的倍数。然后，把整个消息分成一个一个 512 位的数据块，分别处理每一个数据块，从而得到消息摘要。

3. 使用的常量

一系列的常量字 K（0），K（1），…，K（79），使用十六进制表示如下：

$$K_t = \begin{cases} \text{0x5A827999} & (0 \leqslant t \leqslant 19) \\ \text{0x6ED9EBA1} & (20 \leqslant t \leqslant 39) \\ \text{0x8F1BBCDC} & (40 \leqslant t \leqslant 59) \\ \text{0xCA62C1D6} & (60 \leqslant t \leqslant 79) \end{cases} \tag{6-10}$$

4. 使用的函数

在 SHA-1 算法中需要一系列的函数。每个函数 f_t（$0 \leqslant t \leqslant 79$）都操作 32 位字 B、C、D 并且产生 32 位字作为输出。f_t（B，C，D）定义（& 是与，| 是或，～是非，⊕是异或）如下：

$$f_t(B,C,D) = \begin{cases} (B\&C) | ((\sim B)\&D), & 0 \leqslant t \leqslant 19 \\ (B \oplus C \oplus D), & 20 \leqslant t \leqslant 39 \\ (B\&C) | (B\&D) | (C\&D), & 40 \leqslant t \leqslant 59 \\ (B \oplus C \oplus D), & 60 \leqslant t \leqslant 79 \end{cases}$$

$$(6-11)$$

5. 计算摘要

使用进行了补位和补长度后的消息来计算消息摘要。计算需要两个缓冲区，每个都由 5 个 32 位的字组成，还需要一个 80 个 32 位字的缓冲区。第一个 5 个字的缓冲区被标识为 A、B、C、D、E。第二个 5 个字的缓冲区被标识为 H_0、H_1、H_2、H_3、H_4。80 个字的缓冲区被标识为 W_0，W_1，…，W_{79}。还需要一个一个字的 TEMP 缓冲区。

为了产生消息摘要，在第 4 部分中定义的 16 个字的数据块 M_1，M_2，…，M_n 会依次进行处理，处理每个数据块 M_i 包含 80 个步骤。

在处理每个数据块之前，缓冲区 $\{H_i\}$ 被初始化为下面的值（16 进制）：

$H_0 = 0x67452301$

$H_1 = 0xEFCDAB89$

$H_2 = 0x98BADCFE$

$H_3 = 0x10325476$

$H_4 = 0xC3D2E1F0$

现在开始处理 M_1，M_2，…，M_n。为了处理 M_i，需要进行下面的步骤：

（1）将 M_i 分成 16 个字 W_0，W_1，…，W_{15}，W_0 是最左边的字。

（2）对于 $t = 16 \sim 79$，令 $W_t = S^1 (W_{t-3} \oplus W_{t-8} \oplus W_{t-14} \oplus W_{t-16})$。

（3）令 $A = H_0$，$B = H_1$，$C = H_2$，$D = H_3$，$E = H_4$。

（4）对于 $t = 0 \sim 79$，执行下面的循环语句：

$TEMP = S^5 (A) + f_t (B, C, D) + E + W_t + K_t$

$E = D$

$D = C$

$C = S^{30} (B)$

$B = A$

$A = TEMP$

（5）计算。

$H_0 = H_0 + A$

$H_1 = H_1 + B$

$H_2 = H_2 + C$

$H_3 = H_3 + D$

$H_4 = H_4 + E$

在处理完所有的 M_n 后，消息摘要是一个 160 位的字符串，以下面的顺序标识 $H_0 H_1 H_2 H_3 H_4$。

三、MD5 算法和 SHA-1 算法的比较

MD5 算法和 SHA-1 算法有很多相似之处，其主要原因在于它们都是由

MD4 算法发展而来。MD5 算法与 SHA-1 算法的结构不同之处如下：

（1）SHA-1 算法产生的摘要比 MD5 算法长 32 位，SHA-1 算法为 160 位，MD5 算法为 128 位。

（2）在使一个任意的消息产生的摘要等于一个特定消息产生的摘要的难度系数时，MD5 算法是 2^{128} 数量级的操作，SHA-1 算法是 2^{160} 数量级的操作。

（3）在使两个不同的报文产生相同的摘要的难度系数：MD5 算法是 2^{64} 数量级的操作，SHA-1 算法是 2^{80} 数量级的操作。

（4）但由于 SHA-1 算法的循环步骤比 MD5 算法多（80∶64）且要处理的缓存大（160 位∶128 位），SHA-1 算法的运行速度比 MD5 算法慢。

因此，由比较可知，SHA-1 算法对强行攻击的强度比 MD5 算法要更大一些；但 SHA-1 算法的运行速度相对于 MD5 算法要慢一些。

第三节　图像隐藏技术

图像隐藏技术属于信息隐藏学科的分支，其框架如图 6-6 所示。

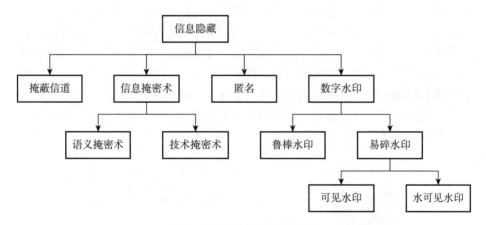

图 6-6　信息隐藏技术框架

主要是信息掩密术和数字水印。前者指将信息隐藏到图像中，使其不可见，目的是保护隐藏的信息。后者虽也是将信息隐藏在图像中，但其目的是保护载体信息。不管是信息掩密还是数字水印，都具有以下属性：安全性、不可见性与鲁棒性。安全性指掩密信息和数字水印的安全性，要求其不容易被篡改；不可见性指掩密信息和数字水印对人眼不可见，即处理前后的载体图像的变化极小，小到人眼不能发现的地步；鲁棒性又称健壮性，源自英文单词 robustness，指隐藏的信息在载体图像被攻击后仍然不被改变或者仍然可以恢复。

图 6-7 中，嵌入对象是指待隐藏的秘密信息；掩护对象是将用于隐藏嵌

入对象的公开信息；嵌入过程是通过使用特定的嵌入算法，可将嵌入对象添加到可公开的掩护对象中，从而生成隐藏对象；提取过程是使用特定的提取算法从隐藏对象中提取出嵌入对象的过程；执行嵌入过程和提取过程的个人或组织分别称为嵌入者和提取者。

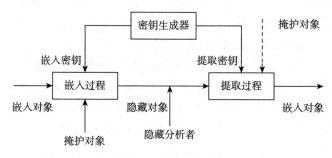

图 6-7　信息隐藏模型

在信息隐藏系统模型中，在嵌入过程中使用嵌入密钥将嵌入对象嵌入掩护对象中，生成隐藏对象，如图 6-8 所示是将一个文本格式的文件嵌入一张 JPEG 格式的图像中。嵌入对象和掩护对象可以是文本、图像或音频等。在没有使用工具进行分析时，觉得掩护对象与隐藏对象几乎没有差别，这就是信息隐藏概念中所说的"利用人类感觉器官的不敏感性"。隐藏对象在信道中进行传输，在传输过程中，有可能会遭到隐藏分析者的攻击，隐藏分析者的目标在于检测出隐藏对象、查明被嵌入对象、向第三方证明消息被嵌入、删除被嵌入对象、阻拦等。其中，前 3 个目标通常可以由被动观察完成，称为被动攻击；后 2 个目标通常可以由主动攻击实现。

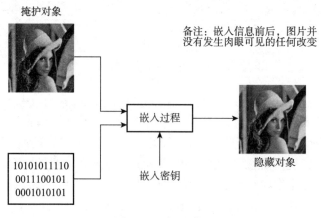

图 6-8　嵌入过程

　　提取过程则是在提取密钥的参与下从所接收到的隐藏对象中提取出嵌入对象，如将上述文本格式文件从 JPEG 格式的图像中提取出来。有些提取过程并不需要掩护对象的参与，这样的系统称为盲隐藏技术，而那些需要掩护对象参与的系统则称为非盲隐藏技术。

　　实现图像隐藏的算法分两大类，即空间域图像隐藏算法和变换域图像隐藏算法。空间域是相对于变换域而得名的，空间域指图像的存储空间，即物理存储中的表现形式；对于数字图像，其空间域就是一系列字节的组合。变换域是将图像由空间域变换到频域的表示方法。实践证明，将图像从空间域变换到频域，能够增强图像的鲁棒性和减少图像占用的物理空间。

一、空间域图像隐藏算法

　　空间域图像隐藏算法指的是，将被隐藏信息直接嵌入载体的像素信息中，代表算法是 LSB 算法，还包括 MSB（最高位算法）、直接四位法、Patchwork 算法等在图像物理存储操作的算法。LSB（least significant bit，最低有效位）算法是指将隐藏信息的比特位信息嵌入载体图像像素点的最低位中。此算法的实现较为简单，理论上载体图像可以隐藏一个大小为其 1/8 以下的图像，所以隐藏量较大。但是，由于信息隐藏在图像的像素值下，对载体图像的任何操作都会影响到隐藏图像的像素，其鲁棒性较低。

　　MSB（most significang bit，最高有效位）算法是指将载体图像像素点的最高位一次替换为被隐藏图像的值。此算法与 LSB 算法类似，但是由于最高位对载体图像的影响远远大于最低位的影响，图像隐藏的效果较差，所以很少使用。

　　直接四位法指的是将载体图像的后 4 位替换为被隐藏图像的前 4 位信息。该算法的隐藏量很大，理论上可以隐藏与载体图像相同大小的图片。但是，由于其同时修改了载体图像和隐藏图像，算法的鲁棒性和安全性都较差。

二、变换域图像隐藏算法

　　变换域图像隐藏算法将图像变换到频率域上，通过改变变换域系数的形式来实现图像隐藏的技术，在变换域上的可操作嵌入量较大且不可见性高。变换域算法包括离散余弦变换（DCT）算法、离散傅里叶变换（DFT）算法、离散小波变换（DWT）算法等。

　　DCT 算法是最常用的变换域算法之一。该算法将载体图像分块，一般分成 8×8 小块，对每一块进行 DCT 变换，是基于分块的 DCT 变换。研究发现，频域的低频分量的改变极易被人眼察觉，而高频分量又极易受到各种攻击，因此可以选择在频域的中频分量编码，隐藏信息，以平衡隐藏算法的不可见性和鲁棒性。

DFT 算法认为图像的相位信息比幅度信息重要，通过将需隐藏的图片嵌入 DFT 系数相位信息中，适当调整图像的幅度信息实现高鲁棒性。由此可以看出，DFT 算法是将图像分为幅度信息和相位信息，丰富了细节信息。但是，DFT 变换较复杂，因此实现信息隐藏的效率较低。

DWT 算法是一种基于时域和频域的多分辨率的算法，近几年广受研究者们的关注。该算法将载体图像进行 3 级小波变换处理，将隐藏信息嵌入载体图像第 3 级小波变化的对角线系数分量中，适当调整嵌入强度，实现图像隐藏。该算法对压缩、椒盐噪声、剪切攻击等有较强鲁棒性。

1. DFT 算法

DFT（discrete fourier transform）代表着离散傅里叶变换，是作为有限长序列的在数字信号处理中被广泛使用的一种频域表示方法。DFT 来源于傅里叶变换（FT）和周期序列的离散傅里叶级数（DFS），DFS 是一种适用于周期序列的变换。但由于实际的数字信号处理过程中获取和处理的序列是有限长的序列，而周期序列作为一种理论上的模型实际上只有有限个序列值才具有意义，而且它和有限长序列有着本质上的联系。因此，可以从周期序列的离散傅里叶级数（DFS）出发推导出有限长序列的离散频谱表达式（DFT）。可以将 DFT 所要变换的对象——有限长序列看成周期序列的一个周期表示，即先把序列值周期延拓后，再取主值序列即可得到有限长序列。从而可以推断出 DFT 和 IDFT 的变换式为

$$X(k) = DFT[x(n)] = \sum_{n=0}^{N-1} x(n) e^{-j\frac{2\pi}{N}kn} = \sum_{n=0}^{N-1} x(n) W_N^{kn}$$

$$x(n) = IDFT[X(k)] = \frac{1}{N} \sum_{n=0}^{N-1} X(k) e^{j\frac{2\pi}{N}kn} = \frac{1}{N} \sum_{n=0}^{N-1} X(k) W_N^{-nk}$$

同时，$x(n)$ 的 N 点 DFT 也是其傅里叶变换在区间 $[0, 2\pi]$ 上的 N 点等间隔采样，因此与傅里叶变换（FT）关系密切。一般情况下，信号序列 $x(n)$ 及其频谱序列都是用复数来表示的，因此计算 DFT 的一个值 $X(k)$ 需要进行 N 次复数乘法和 $N-1$ 次复数加法。这就说明，直接计算 N 点的 DFT 需要进行 N^2 次复数乘法以及 $N(N-1)$ 次复数加法，IDFT 也是如此。因此，DFT 与 IDFT 的运算次数与 N^2 成正比，随着 N 的增加，运算量将急剧增加。

为了减少 DFT 的计算量从而快速地得到变换之后的结果，研究人员发明了一种算法——FFT 算法。FFT 算法将时域序列逐次分解为一组子序列，利用旋转因子的特性由子序列的 DFT 来实现整个序列的 DFT。DIT-FFT 算法的原理是通过将原始有限长序列不断进行奇偶分解成 2^M 个 DFT，再利用旋转因子的特性和 DFT 的隐含周期性将计算量缩短。因此，$N=2^M$ 的序列经过 M 级

时域奇偶抽取可分解为 N 个 1 点 DFT（即时域序列本身）和 M 级蝶形运算，其中每一级蝶形运算有 $N/2$ 个蝶形，含 $N/2$ 次复乘和 N 次复加。通过计算可以得到总运算量为 $\dfrac{N}{2}M$ 次复乘和 NM 次复加。FFT 算法比直接计算 DFT 的运算量大大减少，尤其是 N 较大时，计算量的减少更为显著。例如，当 $N=$ 1 024时，采用 FFT 算法时，复数乘法的次数低于直接 DFT 时的次数的 0.5%。

2. DCT 算法

DCT 为离散余弦变换，是在 DFT 的基础上推导出来的，是 DFT 的一种特殊形式。在 DFT 傅立叶级数展开式中，如果被展开的函数是实偶函数，那么其傅立叶级数就只包含余弦项，再将其离散化可导出该余弦项的余弦变换就是离散余弦变换（DCT）。离散余弦变换被展开的函数是实偶函数，因此离散余弦变换相当于一个长度是其本身 2 倍的离散傅里叶变换，并且离散余弦变换后的函数仍然为一个实偶函数。一维的 DCT 变换公式如下：

$$F(u)=\sqrt{\frac{2}{N}}\sum_{x=0}^{N-1}f(x)\cos\frac{2(x+1)u\pi}{2N}$$

$$f(x)=\sqrt{\frac{1}{N}}F(0)+\sqrt{\frac{2}{N}}\sum_{u=0}^{N-1}F(u)\cos\frac{2(x+1)u\pi}{2N}$$

对于图像这类二维离散序列 A 来说，它的二维离散余弦变换定义如下：

$$B_{pq}=\alpha_p\,\alpha_q\sum_{m=0}^{M-1}\sum_{n=0}^{N-1}A_{mn}\cos\frac{\pi(2m+1)p}{2M}\cos\frac{\pi(2n+1)q}{2n}$$

$$0\leqslant p\leqslant M-1;0\leqslant q\leqslant N-1$$

其中，B 的值被称为矩阵 A 的 DCT 系数，在得到所有的 DCT 系数后，便形成了一个与 A 同样大小的矩阵 B。通过下面的反离散余弦变换公式，可以由矩阵 B 恢复原来的离散序列 A：

$$A_{mn}=\sum_{p=0}^{M-1}\sum_{q=0}^{N-1}\alpha_p\,\alpha_q B_{pq}\cos\frac{\pi(2m+1)p}{2M}\cos\frac{\pi(2n+1)q}{2n}$$

$$0\leqslant m\leqslant M-1;0\leqslant n\leqslant N-1$$

$$\alpha_p=\begin{cases}\dfrac{1}{\sqrt{M}}, & p=0\\[2ex]\sqrt{\dfrac{2}{M}}, & 1\leqslant p\leqslant M-1\end{cases}$$

$$\alpha_q=\begin{cases}\dfrac{1}{\sqrt{N}}, & q=0\\[2ex]\sqrt{\dfrac{2}{N}}, & 1\leqslant q\leqslant N-1\end{cases}$$

3. DWT 简介

DWT（discrete wavelet transformation）代表着离散小波变换，是对基本小波的尺度和平移进行离散化的一种新型谱分析工具。它既能考察局部时域过程的频域特征，又能考察局部频域过程的时域特征，因此即使是那些非平稳过程也能够进行很好的变换和处理。对于图像来说，它能够将图像变换为一系列的小波系数，并将这些系数进行高效压缩和储存，并且小波的粗略边缘消除了DCT 压缩普遍具有的方块效应，从而可以更好地还原和表现图像。

在数字图像处理的过程中，需要将连续的小波及小波变换进行离散化。一般计算机是二进制运算和处理的，因此使用计算机进行小波变换的实现需要进行二进制离散处理。这种离散化的小波及其相应的小波变换称为离散小波变换。实际上，离散小波变换是对连续小波变换的尺度、位移按照 2 的幂次进行离散化得到的，因此也被称为二进制小波变换。虽然经典的傅里叶变换能够反映出信号的全局及整体信息，但其表现形式不够直观，并且信号频谱易受噪声信息的干扰从而复杂化。因此，需要使用一系列的带通滤波器将信号分解为不同的频率分量并对这些频率子带进行分开处理。而小波分解的好处就在于它能够在不同的尺度上对信号进行分解，可以根据不同的用途及目标选择不同的尺度来获得想要的频域信息。

对于很多信号来说，其低频分量常常蕴藏着信号的基本特征，而高频信号只是给出了信号的细节信息，如图像信号的边缘轮廓信息。语音信号如果去掉了高频信号仍能听出所承载信息的基本内容，尽管声音听起来和以前可能不同；如果去掉信号的低频部分，则听到的是一些没有意义的声音。因此，可以有选择地丢弃掉高频信息以达到有损压缩信号的目的。在小波分析中，经常将信号分解为近似部分和细节部分。其中，近似部分表示信号的低频信息，细节部分代表着信号的高频信息。因此，原始信号通过两个相互的滤波器产生两个信号。通过不断地分解可以将近似信号连续分解成许多低分辨率的信号成分，直到达到想要的目标。因此在实际的应用中，一般根据信号的特征或者合适的标准来选择适当的分解层数。

对于一个二维平面的任意函数来说，其连续的小波变换为

$$W_f(a,b) = \frac{1}{\sqrt{|a|}} \Psi\left(\frac{t-b}{a}\right) \quad a,b \in R, a \neq 0$$

其重构公式（逆变换）为

$$f(t) = \frac{1}{C_\Psi} \int_{-\infty}^{\infty} \int_{-\infty}^{\infty} \frac{1}{a^2} W_f(a,b) \Psi\left(\frac{t-b}{a}\right)$$

离散小波变换需要将连续小波变换中的尺度参数 a 和平移参数 b 进行离散化。因此，可以得到相应的离散小波变换为

$$W_f(a,b) = <f, \Psi_{a,b}(t)>$$

其重构公式为

$$f(t) = \sum_{a,b \in Z} <f, \Psi_{a,b}> \Psi_{a,b}(t)$$

第四节 二维码技术

一、概述

二维码/二维条码（2-dimensional bar code）是用某种特定的几何图形按一定规律在平面（二维方向上）分布的、黑白相间的、记录数据符号信息的图形；在代码编制上，巧妙地利用构成计算机内部逻辑基础的"0""1"比特流的概念，使用若干与二进制相对应的几何形体来表示文字数值信息，通过图像输入设备或光电扫描设备自动识读以实现信息自动处理。它具有条码技术的一些共性：每种码制有其特定的字符集，每个字符占有一定的宽度，具有一定的校验功能等。除继承了一维条码的优点之外，还新增了以下 5 个特性：

1. 二维码安全性强

一维条形码存储信息有局限性，只能将多余的信息存储在后台的数据中。而二维码能够存储较大的信息量，可以直接将信息存储于条形码中，因此阅读信息时直接阅读条形码即可。另外，二维码使用了错误修正技术，增加了携带信息的安全性。

2. 二维码密度高

一维条形码的密度低，无法满足描述产品信息的需求，二维码利用垂直方向的尺寸来提高信息密度，其密度可达到一维码的几十到几百倍。因此，二维码可以直接存储产品的信息，再使用二维码识读器识读二维码即可获得产品信息。

3. 二维码具有纠错功能

一维条形码是与其要表示的信息一同印刷的，当一维条形码受到损坏无法扫描时，可利用键盘录入代替。因此，一维条形码仅限于防止读错，其本身并没有纠错功能。但是，二维码能够表示的数据长度可能达到几千字节，其表示的信息不会与二维码一起印刷。倘若二维码自身没有纠错功能，在其受到损坏时，该二维码所表示的信息就无法读出，所以二维码需要新增错误纠正机制。因此，二维码在受到局部损坏时，可以通过自身的纠错功能使得二维码仍然可以正常使用。

4. 二维码可以表示多种语言文字及图像数据

多数一维条形码只能表示数字、英文字母以及一些特殊字符，最大只能表示 128 个 ASCII 字符，而不能表示其他语言文字。二维码则引入了一种新的可以表示字节流的机制。由于在计算机中存储所有的语言都是以机内码即字节码的形式表示，所以可以使用某种方法将语言文字信息转换成字节流，再使用二维码表示字节流，这样二维码就可以表示多种语言文字。此外，图像大多也是以字节形式存储的，所以二维码也可能用来表示图形。

5. 二维码可引入加密机制

由于图像信息可以通过一些加密算法进行加密，所以在用二维码表示图像时，可以先将图像信息进行加密后再用二维码表示，这样就能够防止各类证件、卡片等被伪造。而在识别二维码时，使用对应的解密算法即可得到所需的图像信息。

二、原理

二维码功能分区如图 6-9 所示，用特定的几何图形按编排规律在二维方向上分布，采用黑白相间的图形来记录数据符号信息。为了利用计算机内部逻辑，用数字"0"和数字"1"作为代码，同时使用若干与二进制相对应的几何形体表示文字数值信息。

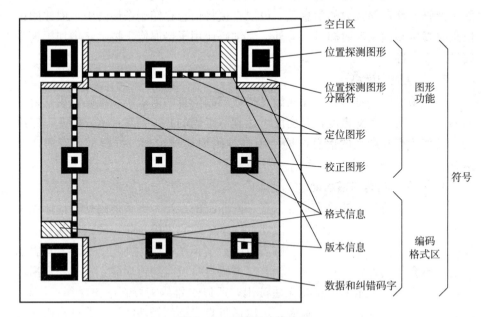

图 6-9　二维码功能分区

位置探测图形、位置探测图形分隔符、定位图形：用于二维码的定位，对于每个 QR 码（二维码中的一种）来说，位置是固定的，大小规格有所差异。

校正图形：如果规格确定，则校正图形的数量以及位置也确定。

格式信息：用来表示该二维码的纠错级别，总共有 L、M、Q、H 4 种，分别有不同的纠错率。

版本信息：共有 40 种规格的矩阵（一般为黑白色），从 21×21（版本 1）到 177×177（版本 40），每种版本符号比前版本每边增加 4 个模块。

数据和纠错码字：实际的二维码数据信息以及纠错码字（可以用于修正二维码损坏所带来的错误）。

二维码的原理可以从堆叠式/行排式二维条码和矩阵式二维条码的原理来讲述。

1. 堆叠式/行排式二维条码

堆叠式/行排式二维条码又称堆积式二维条码或层排式二维条码，其编码原理是建立在一维条形码的基础之上，按需要堆积成两行或多行。它在编码设计、校验原理、识读方式等方面继承了一维条形码的一些特点，识读设备与条码印刷与一维条形码技术兼容。但由于行数的增加，需要对行进行判定，其译码算法与软件也不完全相同于一维条形码。有代表性的堆叠式/行排式二维条码有 Code 16K、Code 49、PDF417、MicroPDF417 等。

2. 矩阵式二维码

矩阵式二维条码（又称棋盘式二维条码）是在一个矩形空间通过黑、白像素在矩阵中的不同分布进行编码的。在矩阵相应元素位置上，用点（方点、圆点或其他形状）的出现表示二进制"1"，点的不出现表示二进制的"0"，点的排列组合确定了矩阵式二维条码所代表的意义。矩阵式二维条码是建立在计算机图像处理技术、组合编码原理等基础上的一种新型图形符号自动识读处理码制。具有代表性的矩阵式二维条码有 Code One、MaxiCode、QR Code、Data Matrix、Han Xin Code、Grid Matrix 等。

二维码在现实生活中的应用越来越普遍，由于 QR Code 的流行，二维码又称 QR Code。

三、二维码同其他自动识别技术的对比

二维码技术是相对比较新的一种识别技术。与传统的接触式卡片、PVC卡、无线射频识别技术相比，有一些相同之处，都是用于识别的技术；除了相同之处，二维码还有与它们不同之处，二维码作为一种新型技术有着其特有的优势。

在使用载体、读写方式、识别距离等比较重要的方面，将二维码与其他传统的识别技术进行比较，并简要做出总结，如表 6-1 所示。

表 6-1　二维码与其他技术的比较

类型	使用载体	读写方式	识别距离	抗干扰性	保密性	价格	扫描器投入	优点	缺点
二维码	图片	只读	微距	强	好	低廉	低廉	成本低廉，存储信息量大，扫描设备多样	只读
芯片	芯片卡	读写	接触	一般	好	中等	中等	可读写	必须接触才能读写
射频技术	标签	读写	0~2m	一般	好	中等	中等	不接触可读写	成本较高

　　传统的磁条和PVC卡的优势体现在数据的读写方式，可以进行读和写两个功能，银行业务以及公交地铁卡通常用的就是磁条和PVC卡。但是，这两种识别技术的优势也直接导致其缺点，即制作成本高和灵活性不够。平时常见的门禁控制、电子门票、航空行李处理等大多使用的就是RFID识别技术。RFID识别技术同样制作成本高，此外，应用也具有局限性。二维码与其他几种技术相比，成本比较低，而且存储量也比较大，识别方式多样。

第七章

追溯系统开发技术

本章介绍可追溯软件系统开发需要的 Web 端和移动端技术。Web 端技术包括前端开发技术、后台开发技术、前后端分离技术以及 Web 集成开发工具。移动端技术包括原生 App、Web App 和混合 App 技术。

第一节　Web 开发技术

在 PC 刚兴起的年代，软件主要使用 C/S 架构（client/server，客户端/服务器），即应用运行在桌面上，而数据库这样的软件运行在服务器端。随着互联网的兴起，B/S 架构模式（browser/server，浏览器/服务器）开始流行，这种架构模式就是 Web 应用开发。

Web 开发整体分为两个大的开发内容：一个是前端开发，一个是后端开发。前端即网站前台部分，运行在 PC 端、移动端等浏览器上展现给用户浏览的网页。后端主要是构建工作应用程序背后的实际逻辑。

一、Web 前端开发技术

Web 前端开发三大核心技术是 HTML、CSS 和 JavaScript（图 7-1）。

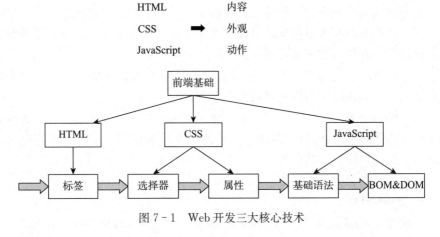

图 7-1　Web 开发三大核心技术

1. HTML

HTML（hyper text markup language，超文本标记语言）是构成 Web 世界的基石。HTML 是一种基础技术，常与 CSS、JavaScript 一起被众多网站用于设计令人赏心悦目的网页、网页应用程序以及移动应用程序的用户界面；负责结构，网页想要表达的内容由 HTML 书写。

HTML 其实是文本，它需要浏览器的解释，它的编辑器大体可以分为以下几种：

（1）基本文本、文档编辑软件。使用微软自带的记事本或写字板都可以编写，如果用 WPS 或 Word 来编写也可以，不过保存时需使用 . htm 或 . html 作为扩展名，这样浏览器就能认出并直接解释执行了。

（2）半所见即所得软件。如 FCK-Editer、E-webediter 等在线网页编辑器，尤其推荐 Sublime Text 代码编辑器（由 Jon Skinner 开发，Sublime Text 2 代码编辑器收费但可以无限期试用）。

（3）所见即所得软件。这是使用最广泛的一类编辑器，完全可以一点不懂 HTML 的知识就可以做出网页，如 AMAYA（出品单位：万维网联盟）、FRONTPAGE（出品单位：微软）、Dreamweaver（出品单位：Adobe）、Microsoft Visual Studio（出品公司：微软）。所见即所得软件与半所见即所得软件相比，开发更快，效率更高，且直观表现更强。任何地方进行修改只需要刷新即可显示；缺点是生成的代码结构复杂，不利于大型网站的多人协作和精准定位等高级功能的实现。

2. CSS

层叠样式表（cascading style sheets）是一种用来表现 HTML 或 XML（标准通用标记语言的一个子集）等文件样式的计算机语言。CSS 不仅可以静态地修饰网页，还可以配合各种脚本语言动态地对网页各元素进行格式化。CSS 能够对网页中元素位置的排版进行像素级精确控制，支持几乎所有的字体字号样式，拥有对网页对象和模型样式编辑的能力。负责样式，网页美观与否由它来控制。它的编程工具包括：

（1）记事本。使用 Windows 系统自带的记事本可以编辑网页。只需要在保存文档时以 . html 为后缀名进行保存即可。

（2）Dreamweaver。它与 Flash、Fireworks 并称"网页三剑客"。Dreamweaver 是集网页制作和管理网站于一身的所见即所得网页编辑器，它是第一套针对专业网页设计师特别开发的视觉化网页开发工具，利用它可以轻而易举地制作出充满动感的网页。

3. JavaScript

一种直译式脚本语言，是一种动态类型、弱类型、基于原型的语言，内置支持类型。它的解释器被称为 JavaScript 引擎，为浏览器的一部分，广泛用于客户端的脚本语言，最早是在 HTML 网页上使用，用来给 HTML 网页增加动态功能。负责交互，用户与网页产生的互动由它来控制。

（1）主要功能。

①嵌入动态文本于 HTML 页面。

②对浏览器事件做出响应。

③读写 HTML 元素。

④在数据被提交到服务器之前验证数据。

⑤检测访客的浏览器信息。控制 Cookies，包括创建和修改等。

⑥基于 Node.js 技术进行服务器端编程。

（2）语言组成。

①ECMAScript，描述了该语言的语法和基本对象。

②文档对象模型（DOM），描述处理网页内容的方法和接口。

③浏览器对象模型（BOM），描述与浏览器进行交互的方法和接口。

4. 前端开发主流框架

随着前端技术越来越多，给前端工作者的技术选择越来越多，就会让人感觉前端越来越复杂，这是从无到有的复杂。但是，当这些知识点被集合成一个框架的时候，前端就变成非常容易的事。

（1）Vue.js。Vue.js 是一套构建用户界面的渐进式前端框架。与其他重量级框架不同的是，Vue 采用自底向上增量开发的设计。Vue 的核心库只关注视图层，并且非常容易学习，非常容易与其他库或已有项目整合。另外，Vue 完全有能力驱动采用单文件组件和 Vue 生态系统支持的库开发的复杂单页应用。独特的数据双向绑定，即 DOM 元素的变化不会导致其绑定数据的变化，开发者只用操作数据的来源即可。

Vue.js 的目标是通过尽可能简单的 API 实现响应的数据绑定和组合的视图组件。

Vue.js 自身不是一个全能框架，只聚焦于视图层。因此，它非常容易学习，非常容易与其他库或已有项目整合。另外，在与相关工具和支持库一起使用时，Vue.js 也能驱动复杂的单页应用。

（2）桌面端组件库 element UI。Element 是一套为开发者、设计师和产品经理准备的基于 Vue 2.0 的桌面端组件库。

element-UI 可以在 Vue 中使用，也支持 react 和 angular 开发。

按需找到组件，引入使用。有的组件是开发中经常要用到的。

自己使用系统原生的远远满足不了需求，二次开发不但麻烦，而且难度大，使用这些 UI 框架可以大大降低开发难度。

交互体验好；即使是复杂的表单操作，反馈也非常清楚，操作简洁直观；易上手，码示例很充足。

有自定义主题、内置过渡动画等功能。组件有布局容器、按钮和表单、上传文件、表格、弹框提示、菜单以及走马灯等常用组件。

二、Web 后端开发技术

Web 后端指的是运行在后台并且控制着前端的内容，它主要负责程序设计架构思想，管理数据库等。后端更多的是应用到数据库并且进行交互以处理相应的业务逻辑。它需要考虑的是如何实现功能、数据的存取、平台的稳定性与性能等方面。Web 后端开发技术包括：

（1）脚本语言基础。主流的后端脚本语言有 PHP、Java、python、C、C++等。

（2）数据库基础。后端就是跟数据库打交道的，需要熟练使用 Oracle、SQL Server、mySQL 等常用的数据库系统，并对数据库有较强的设计能力。

（3）服务器基础。后端代码是运行在服务器上的，不像前端运行在客户浏览器上，所以需要掌握少许的服务器基础。如 maven 项目配置管理工具，tomcat、jboss 等应用服务器，同时需要了解在高并发处理情况下的负载调优问题。

（4）精通面向对象分析和设计技术。包括设计模式、UML 建模等。

（5）熟悉网络编程。具有设计和开发对外 API 接口经验和能力，同时具备跨平台的 API 规范设计以及 API 高效调用设计能力。

（一）Web 服务器类型

Web 后台从服务器实现方式上主要分为基于线程驱动和基于事件驱动两种类型。

1. 基于线程驱动

实现多线程服务器最直观的方法是遵循每个连接使用一个线程来处理（one-connection-per-thread）的方式，如图 7-2 所示，服务器每当收到客户端的一个请求，便开启一个独立的线程来处理。对于使用了非线程安全库而又要避免线程竞争的站点来说，这是适当的方式。它还使用了多路处理模块（MPM）来隔离多个请求，因此单个请求中出现的问题不会影响到其他的请求。

进程开销过重，并伴随着更慢的上下文切换，以及更多的内存消耗。因此，每个连接用一个线程处理的方式提供了更好的可伸缩性，即使用多线程编程更容易出错，并更难于调试。

为了调整线程数以获得最佳的整体性能，并避免线程创建/销毁的开销，

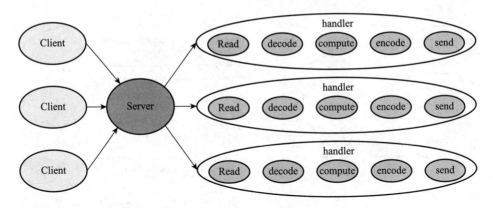

图 7 - 2 基于线程的架构

通常将一个单独的调度线程放置于一个有容量上限的阻塞队列和线程池之前。调度程序在套接字上阻塞新连接并将它们放入阻塞队列，超出队列限制的连接将被丢弃，但接受连接的延迟变得可预测。线程池轮询队列中的传入请求，然后处理并响应。

线程驱动优点：充分利用计算资源，单个线程故障不影响其他线程等。

线程驱动缺点：线程占用资源严重，并发性能受到影响。

2. 基于事件驱动

事件驱动的方式能够将线程从连接中分离出来，这些连接只使用线程来处理特定的回调或处理器上的事件。

事件驱动架构由事件创建者和事件消费者组成。作为事件源的创建者只知道事件已经发生。消费者是需要知道事件已经发生的实体。它们可能参与事件处理，或者只是受事件影响。

（1）反应器模式。该模式是事件驱动架构的一种实现方式（图 7 - 3）。简而言之，它使用一个单线程事件轮询阻塞所有的资源并在事件触发后将它们发送到相应的处理程序或回调函数中。

可以定义一些事件，如新连接传入、准备读取、准备写入等，只要事件处理程序或回调函数被注册用来处理它们，那么就不再需要阻塞 I/O。这些处理程序或回调函数可以在多核环境中利用线程池技术。

该模式将模块化应用程序级代码与可重用的反应器实现分离开来。反应器模式中有两个重要的参与者：

①Reactor。Reactor 运行在一个单独的线程中，其工作是将工作分派给适当的处理程序来对 I/O 事件做出反应。这就像一家公司的电话接线员接听客户电话并将该线路转接到适当的联系人。

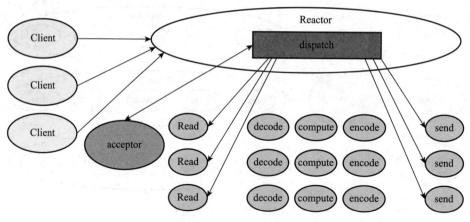

图 7 - 3 反应器模式

②Handler。Handler 执行与 I/O 事件相关的实际工作。一个 Reactor 通过调度适当的 Handler 来响应 I/O 事件。Handler 执行非阻塞的操作。

③反应器模式的目标。Reactor 架构允许事件驱动的应用程序解复用和分配从一个或多个客户端传递给应用程序的服务请求。

一个 Reactor 将持续查找事件，并在事件触发后通知相应的事件处理程序进行处理。它接收来自多个并发客户端的消息、请求和连接，并使用事件处理程序按顺序处理它们。Reactor 设计模式的目的是避免为每个消息、请求和连接创建单独的线程。使用 Reactor 的应用程序只需要使用一个线程来处理同时发生的事件。

基本上，标准的 Reactor 模式允许在事件发生的同时保持简单的单线程。Reactor 允许使用单个线程有效处理阻塞的多个任务。Reactor 还管理一组事件处理程序，当被用来处理一个任务时，它会连接可用的处理程序并使其处于活动状态。

（2）事件循环。

①查找所有处于活动状态和解锁状态的处理程序，或将其委托给一个调度程序。

②按顺序执行这些调度程序直到完成，或达到某个阻塞点。已完成的调度程序将被置于未激活状态，允许继续执行事件循环。

③重复此步骤。

（3）事件驱动的优缺点。

优点：资源占用少，能获得更好的并发性能，特别适用于 I/O 端的应用。

缺点：若线程出现问题，可能会影响多个请求，对代码要求更高，不适用于计算量大的应用。

（二）服务器开发架构

后台开发有多种语言，常用的有 Java、PHP、C♯、Python、Ruby、Nodejs 等。目前，主流后台仍然以 Java 为主，Java 后台架构最常用的有 3 种，即面向切面编程的 spring、支持 MVC 的 springmvc、支持微服务架构的 springboot；PHP 主流框架有 7 个，即 ThinkPHP、Yii、laravel、Code Igniter、Zend Framework、CakePHP、Symfony；Nodejs 后台近些年也得到了巨大发展，常用的架构有 Express 和 Sails；Python 主流框架是 Django；Ruby 主流框架是 Rails。

1. MVC

MVC 是 Model（模型）、View（视图）和 Controller（控制）3 个单词的首字母缩写，是一种经典的设计模式，一个计算机程序对数据的输入、处理和输出被分为模型、视图和控制 3 个部分，合作方式如图 7-4 所示。模型提供对数据库访问的方法，同时模型也需要关联视图，使得模型中的数据改变时更新视图中对应的模型数据。视图可以用于与用户交互，可以以多种方式展示模型数据给用户，视图只关注于数据的采集与显示，而不对流程的业务数据进行处理。控制器则主要处理视图上用户发来的请求并决定调用模型中处理该请求的方法，可以说是视图与模型之间的沟通渠道。

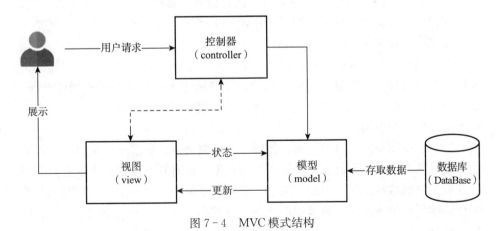

图 7-4　MVC 模式结构

（1）视图。视图代表用户交互界面，对于 Web 应用来说，可以概括为 HTML 界面，但也有可能为 XHTML、XML 和 Applet。随着应用的复杂性和规模性，界面的处理也变得具有挑战性。一个应用可能有很多不同的视图，MVC 设计模式对于视图的处理仅限于视图上数据的采集和处理，以及用户的请求，而不包括在视图上的业务流程的处理。业务流程的处理交给模型处理。

例如，一个订单的视图只接受来自模型的数据并显示给用户，以及将用户界面的输入数据和请求传递给控制和模型。

（2）模型。模型就是业务流程/状态的处理以及业务规则的制定。业务流程的处理过程对其他层来说是黑箱操作，模型接受视图请求的数据，并返回最终的处理结果。业务模型的设计可以说是 MVC 最主要的核心。目前流行的 EJB 模型就是一个典型的应用例子，它从应用技术实现的角度对模型做了进一步的划分，以便充分利用现有的组件，但它不能作为应用设计模型的框架。它仅仅告诉用户按这种模型设计就可以利用某些技术组件，从而减少了技术上的困难。对一个开发者来说，就可以专注于业务模型的设计。MVC 设计模式表明，把应用的模型按一定的规则抽取出来，抽取的层次很重要，这也是判断开发人员是否优秀的设计依据。抽象与具体不能隔得太远，也不能太近。MVC 并没有提供模型的设计方法，而只告诉用户应该组织管理这些模型，以便于模型的重构和提高重用性。可以用对象编程来做比喻，MVC 定义了一个顶级类，告诉它的子类只能做这些，但没法限制用户能做这些。这点对编程的开发人员非常重要。

业务模型还有一个很重要的模型，那就是数据模型。数据模型主要指实体对象的数据保存（持续化）。例如，将一张订单保存到数据库，从数据库获取订单。可以将这个模型单独列出，所有有关数据库的操作只限制在该模型中。

（3）控制。控制可以理解为从用户接收请求，将模型与视图匹配在一起，共同完成用户的请求。划分控制层的作用也很明显，它清楚地表明，它就是一个分发器，选择什么样的模型，选择什么样的视图，可以完成什么样的用户请求。控制层并不做任何的数据处理。例如，用户点击一个连接，控制层接受请求后，并不处理业务信息，它只把用户的信息传递给模型，告诉模型做什么，选择符合要求的视图返回给用户。因此，一个模型可能对应多个视图，一个视图可能对应多个模型。

模型、视图与控制器的分离，使得一个模型可以具有多个显示视图。如果用户通过某个视图的控制器改变了模型的数据，所有其他依赖于这些数据的视图都应反映到这些变化。因此，无论何时发生了何种数据变化，控制器都会将变化通知所有的视图，导致显示的更新。这实际上是一种模型的变化-传播机制。模型、视图、控制器三者之间的关系和各自的主要功能如下：

①最上面的一层，是直接面向最终用户的"视图层"（View）。它提供给用户的操作界面，是程序的外壳。

②最底下的一层，是核心的"数据层"（Model），也就是程序需要操作的数据或信息。

③中间的一层，就是"控制层"（Controller），它负责根据用户从"视图

层"输入的指令，选取"数据层"中的数据，然后对其进行相应的操作，产生最终结果。

这3层是紧密联系在一起的，但又是互相独立的，每一层内部的变化不影响其他层。每一层都对外提供接口（interface），供上面一层调用。这样一来，软件就可以实现模块化，修改外观或者变更数据都不用修改其他层，大大方便了维护和升级。

2. Spring

Spring框架是一个开放源代码的J2EE应用程序框架。Spring框架是一个分层架构，由7个定义良好的模块组成。Spring模块构建在核心容器之上，核心容器定义了创建、配置和管理bean的方式，如图7-5所示。

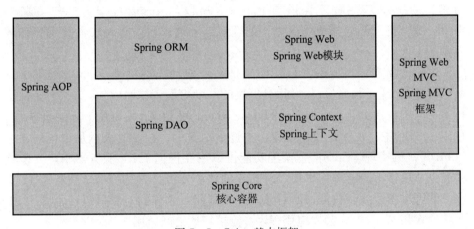

图7-5　Sping基本框架

（1）模块功能。组成Spring框架的每个模块（或组件）都可以单独存在，或者与其他一个或多个模块联合实现。每个模块的功能如下：

①核心容器。核心容器提供Spring框架的基本功能（Spring Core）。核心容器的主要组件是BeanFactory，它是工厂模式的实现。BeanFactory使用控制反转（IOC）模式将应用程序的配置和依赖性规范与实际的应用程序代码分开。

②Spring上下文。Spring上下文是一个配置文件，向Spring框架提供上下文信息。Spring上下文包括企业服务，如JNDI、EJB、电子邮件、国际化、校验和调度功能。

③Spring AOP。通过配置管理特性，Spring AOP模块直接将面向切面的编程功能集成到了Spring框架中。所以，可以很容易地使Spring框架管理的任何对象支持AOP。Spring AOP模块为基于Spring的应用程序中的对象提供了事务管理服务。通过使用Spring AOP，不用依赖EJB组件就可以将声明性

事务管理集成到应用程序中。

④Spring DAO。JDBC DAO 抽象层提供了有意义的异常层次结构，可用该结构来管理异常处理和不同数据库供应商抛出的错误消息。异常层次结构简化了错误处理，并且极大地降低了需要编写的异常代码数量（如打开和关闭连接）。Spring DAO 面向 JDBC 的异常遵从通用的 DAO 异常层次结构。

⑤Spring ORM。负责框架中对象关系映射，提供相关 ORM 接入框架的关系对象管理工具。Spring 框架插入了若干 ORM 框架，从而提供了 ORM 的对象关系工具，其中包括 JDO、Hibernate 和 iBatisSQL Map。所有这些都遵从 Spring 的通用事务和 DAO 异常层次结构。

⑥Spring Web 模块。Web 上下文模块建立在应用程序上下文模块之上，为基于 Web 的应用程序提供了上下文。所以，Spring 框架支持与 Jakarta Struts 的集成。Web 模块还简化了处理多部分请求以及将请求参数绑定到域对象的工作。

⑦Spring MVC 框架。MVC 框架是一个全功能的构建 Web 应用程序的 MVC 实现。通过策略接口，MVC 框架的高度可配置。MVC 容纳了大量视图技术，其中包括 JSP、Velocity、Tiles、iText 和 POI。模型由 javabean 构成，存放于 Map 中；视图是一个接口，负责显示模型；控制器表示逻辑代码，是 Controller 的实现。Spring 框架的功能可以用在任何 J2EE 服务器中，大多数功能也适用于不受管理的环境。Spring 的核心要点：支持不绑定到特定 J2EE 服务的可重用业务和数据访问对象。毫无疑问，这样的对象可以在不同 J2EE 环境（Web 或 EJB）、独立应用程序、测试环境之间重用。

（2）Spring 框架特征。

①轻量。从大小与开销两方面而言 Spring 都是轻量的。完整的 Spring 框架可以在一个大小只有 1MB 多的 JAR 文件里发布。并且，Spring 所需的处理开销也是微不足道的。此外，Spring 是非侵入式的，典型的 Spring 应用中的对象不依赖于 Spring 的特定类。

②控制反转。Spring 通过一种称作控制反转（IoC）的技术促进了低耦合。当应用了 IoC，一个对象依赖的其他对象会通过被动的方式传递进来，而不是这个对象自己创建或者查找依赖对象。可以认为 IoC 与 JNDI 相反——不是对象从容器中查找依赖，而是容器在对象初始化时不等对象请求就主动将依赖传递给它。它的底层设计模式采用了工厂模式，所有的 Bean[①] 都需要注册到 Bean 工厂中，将其初始化和生命周期的监控交由工厂实现管理。程序员只需

---

① 在 Spring 中，构成应用程序主干并由 Spring IoC 容器管理的对象称为 Bean，是一个由 Spring IoC 容器实例化、组装和管理的对象。

要按照规定的格式进行 Bean 开发，然后利用 XML 文件进行 Bean 的定义和参数配置，其他的动态生成和监控就不需要调用者完成，而是统一交给了平台进行管理。控制反转是软件设计大师 Martin Fowler 在 2004 年发表的 *Inversion of Control Containers and the Dependency Injection pattern* 中提出的。这篇文章系统地阐述了控制反转的思想，提出了控制反转有依赖查找和依赖注入实现方式。控制反转意味着在系统开发过程中，设计的类将交由容器去控制，而不是在类的内部去控制，类与类之间的关系将交由容器处理，一个类在需要调用另一个类时，只要调用另一个类在容器中注册的名字就可以得到这个类的实例，与传统的编程方式有了很大的不同，这就是控制反转的含义。

③面向切面。Spring 提供了面向切面编程的丰富支持，允许通过分离应用的业务逻辑与系统级服务［如审计（auditing）和事务（transaction）管理］进行内聚性的开发。应用对象只实现它们应该做的——完成业务逻辑——仅此而已。它们并不负责（甚至是意识）其他的系统级关注点，如日志或事务支持。

④容器。Spring 包含并管理应用对象的配置和生命周期，在这个意义上它是一种容器，可以配置每个 Bean 如何被创建——基于一个可配置原型（prototype），Bean 可以创建一个单独的实例或者每次需要时都生成一个新的实例，以及它们是如何相互关联的。然而，Spring 不应该被混同于传统的重量级的 EJB 容器，它们经常是庞大与笨重的，难以使用。

⑤框架。Spring 可以将简单的组件配置组合成为复杂的应用。在 Spring 中，应用对象被声明式地组合，典型的是在一个 XML 文件里。Spring 也提供了很多基础功能（事务管理、持久化框架集成等），将应用逻辑的开发留给了用户。

⑥MVC。Spring 的作用是整合，但不仅仅限于整合，Spring 框架可以被看作一个企业解决方案级别的框架。客户端发送请求，服务器控制器（由 DispatcherServlet 实现的）完成请求的转发，控制器调用一个用于映射的类 HandlerMapping，该类用于将请求映射到对应的处理器来处理请求。HandlerMapping 将请求映射到对应的处理器 Controller（相当于 Action）。在 Spring 中，如果写一些处理器组件，一般实现 Controller 接口，在 Controller 中就可以调用一些 Service 或 DAO 来进行数据操作。ModelAndView 用于存放从 DAO 中取出的数据，还可以存放响应视图的一些数据。如果想将处理结果返回给用户，那么在 Spring 框架中还提供一个视图组件 ViewResolver，该组件根据 Controller 返回的标示找到对应的视图，将响应（response）返回给用户。

3. Spring MVC

Spring MVC 属于 Spring FrameWork 的后续产品，已经融合在 Spring Web Flow 里面。Spring 框架提供了构建 Web 应用程序的全功能 MVC 模块。使用 Spring 可插入的 MVC 架构，从而在使用 Spring 进行 Web 开发时，可以选择使用 Spring 的 Spring MVC 框架或集成其他 MVC 开发框架，如 Struts1（现在一般不用）、Struts 2（一般老项目使用）等。Spring MVC 分离了控制器、模型对象、过滤器以及处理程序对象的角色，这种分离让它们更容易进行定制。

（1）组件。

①DisPatcherServlet（前端控制器核心）。用户在浏览器输入 URL，发起请求，首先会到达 DisPatcherServlet，由它来调用其他组件来配合工作的完成，DisPatcherServlet 的存在大大降低了组件之间的耦合性。

②HandlerMapping（处理器映射器）。记录 URL 与处理器的映射，方式有注解、XML 配置等。

③HandLer（处理器）。也称后端控制器（通俗一点，Controller 层所写的业务代码），对用户的请求进行处理。

④HandlerAdapter（处理器适配器）。通过 HandlerAdapter 对处理器进行执行，这是适配器模式的应用，通过扩展适配器可以对更多类型的处理器进行执行。

⑤ViewResolver（视图解析器）。负责解析 View 视图，并进行渲染（数据填充），将处理结果通过页面展示给用户看。

⑥View（视图）。View 是一个接口，实现类支持不同的 View 类型（JSP、freemarker、velocity）。

（2）流程图。SpringMVC 流程见图 7 - 6。

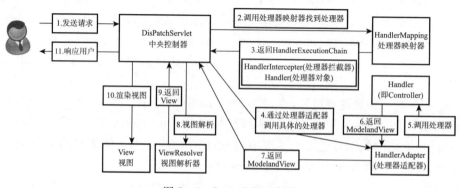

图 7 - 6 SpringMVC 流程

具体流程如下：

①DispatchServlet 表示前置控制器，是整个 SpringMVC 的控制中心。用户发出请求，DispatchServlet 接收并拦截请求。

②HandlerMapping 为处理器映射。DispathServlet 调用 HandlerMapping，HandlerMapping 根据请求 URL 查找 Handler。

③返回处理器执行链，根据 URL 查找控制器，并且将解析后的信息传递给 DispatchServlet。

④HandlerAdapter 表示处理器适配器，并且将解析后的信息传递给 DispatchServlet。

⑤执行 handler，找到具体的处理器。

⑥Controller 将具体的执行信息返回给 HandlerAdapter，如 ModeAndView。

⑦HandlerAdapter 将视图逻辑名或模型传递给 DispatchServlet。

⑧DispatchServlet 调用视图解析器（ViewResolver）来解析 HandlerAdapter 传递的逻辑视图名。

⑨视图解析器将解析的逻辑视图名传给 DispatchServlet。

⑩DispatchServlet 根据视图解析器解析的视图结果调用具体的视图，进行视图渲染。

⑪将响应数据返回给客户端。

4. SpringBoot

SpringBoot 是一种全新框架，设计目的是用来简化新 Spring 应用的初始搭建以及开发过程。SpringBoot 从根本上讲不是一种开发框架，是一些库的集合，它能够被任意项目的构建系统所使用。

（1）重要策略。SpringBoot 框架中还有两个非常重要的策略：开箱即用和约定优于配置。

开箱即用（out of box），是指在开发过程中，通过在 MAVEN 项目的 pom 文件中添加相关依赖包，然后使用对应注解来代替烦琐的 XML 配置文件，以管理对象的生命周期。这个特点使得开发人员摆脱了复杂的配置工作及依赖的管理工作，更加专注于业务逻辑。

约定优于配置（convention over configuration），是一种由 SpringBoot 本身来配置目标结构，由开发者在结构中添加信息的软件设计范式。这一特点虽降低了部分灵活性，增加了 BUG 定位的复杂性，但减少了开发人员需要做出决定的数量，同时减少了大量的 XML 配置，并且可以将代码编译、测试和打包等工作自动化。

SpringBoot 应用系统开发模板的基本架构设计从前端到后台进行说明：前

端常使用模板引擎，主要有 FreeMarker 和 Thymeleaf，它们都是用 Java 语言编写的，渲染模板并输出相应文本，使得界面的设计与应用的逻辑分离，同时前端开发还会使用到 Bootstrap、AngularJS、JQuery 等；在浏览器的数据传输格式上采用 Json，非 XML，同时提供 RESTfulAPI；Spring MVC 框架用于数据到达服务器后处理请求；到数据访问层主要有 Hibernate、MyBatis、JPA 等持久层框架；数据库常用 MySQL；开发工具推荐 IntelliJIDEA。

（2）特点。SpringBoot 基于 Spring4.0 设计，不仅继承了 Spring 框架原有的优秀特性，还通过简化配置进一步简化了 Spring 应用的整个搭建和开发过程。另外，SpringBoot 通过集成大量的框架使得依赖包的版本冲突以及引用的不稳定性等问题得到了很好的解决。SpringBoot 所具备的特征有：

①可以创建独立的 Spring 应用程序，并且基于其 Maven 或 Gradle 插件可以创建可执行的 JARs 和 WARs。

②内嵌 Tomcat 或 Jetty 等 Servlet 容器。

③提供自动配置的"starter"项目对象模型（POMS）以简化 Maven 配置。

④尽可能自动配置 Spring 容器。

⑤提供准备好的特性，如指标、健康检查和外部化配置。

⑥绝对没有代码生成，不需要 XML 配置。

（3）微服务接口。一个大型系统的微服务架构，就像一个复杂交织的神经网络，每一个神经元就像是一个功能元素，它们各自完成自己的功能，然后通过 HTTP 相互请求调用。SpringBoot 相对于 SpringMVC 框架来说，更专注于开发微服务后台接口，不开发前端视图，同时遵循默认优化配置，简化了插件配置流程，不需要配置 XML，相对 SpringMVC，大大简化了配置流程。

微服务是一个中架构风格，它要求在开发一个应用的时候，这个应用必须构建成一个系列小小服务的组合；可以通过 HTTP 的方法进行互通。把每个功能元素独立出来，把独立出来的功能元素动态组合，需要的功能元素才组合在一起，需要时间多一些，可以整合多个功能的元素。所以，微服务架构是对功能元素进行复制。Springboot 微服务编程需要配置中心参与，使用配置中心的优势：

①配置实时生效。传统的静态配置方式要想修改某个配置，只能修改之后重新发布应用，要实现动态性，可以选择使用数据库，通过定时轮询访问数据库来感知配置的变化。轮询频率低，感知配置变化的延时就长；轮询频率高，感知配置的变化延时就短，但比较损耗性能，需要在实时性和性能之间做折中。配置中心专门针对这个业务场景，兼顾实时性和一致性来管理动态配置。

②配置管理流程。配置的权限管理、灰度发布、版本管理、格式校验和安

全配置等一系列配置管理相关的特性也是配置中心不可或缺的一部分。

（4）SpringBoot 四层框架。

①Entity 层：实体层，数据库在项目中的类。

Entity 层是实体层，也就是所谓的 Model，也称为 pojo 层，是数据库在项目中的类，包含实体类的属性和对应属性的 set、get 方法。

②Mapper 层：持久层，主要与数据库进行交互。

Mapper 层，也称 DAO 层，会定义实际使用到的方法，如增、删、改、查。数据源和数据库连接的参数都是在配置文件中进行配置的，配置文件一般在同层的 XML 文件夹中。对数据进行持久化操作。

MyBatis 逆向工程生成的 mapper 层，其实就是 DAO 层。

调用 entity 层。能够实现对数据的持久化操作。

③Service 层：业务层，控制业务。

Service 层主要负责业务模块的逻辑应用设计。

先设计放接口的类，再创建实现的类（impl），然后在配置文件中进行配置其实现的关联。

调用 mapper 层，接收 mapper 层返回的数据，完成项目的基本功能设计。

封装 Service 层的业务逻辑有利于业务逻辑的独立性和重复利用性。

④Controller 层：控制层，控制业务逻辑。

Controller 层负责具体的业务模块流程的控制。

Controller 层负责前后端交互，接受前端请求。

调用 Service 层，接收 Service 层返回的数据，最后返回具体的页面和数据到客户端。

（5）SpringBoot 四大组件。

①Auto-configuration。Auto-configuration 是 SpringBoot 的核心特性，其约定大于配置的思想，赋予了 SpringBoot 开箱即用的强大能力。

②starter。starter 是一种非常重要的机制，能够抛弃以前繁杂的配置，将其统一集成进 starter，应用者只需要在 maven 中引入 starter 依赖，Spring-Boot 就能自动扫描到要加载的信息并启动相应的默认配置。starter 让用户摆脱了各种依赖库的处理，需要配置各种信息的困扰。SpringBoot 会自动通过 classpath 路径下的类发现需要的 Bean，并注册进 IOC 容器。SpringBoot 提供了针对日常企业应用研发各种场景的 spring-boot-starter 依赖模块。所有这些依赖模块都遵循着约定俗成的默认配置，并允许用户调整这些配置，即遵循"约定大于配置"的理念。

③SpringBoot CLI。SpringBoot CLI（command line interface）是一个命令行工具，可以用它来快速构建 Spring 原型应用。通过 SpringBoot CLI 可以

通过编写 Groovy 脚本来快速构建出 SpringBoot 应用，并通过命令行的方式将其运行起来。

④Actuator。Actuator 是 Springboot 提供的用来对应用系统进行自省和监控的功能模块，借助于 Actuator 开发者可以很方便地对应用系统某些监控指标进行查看、统计等。

5. Express

基于 Node 运行环境的轻量级 Web 框架，封装了 Node 的 HTTP 模块并对该模块的功能进行了扩展，使开发者可以轻松完成页面路由、请求处理、响应处理。

（1）使用 Express 搭建 Web 服务器。

①引入 Express 模块。

②调用 Express（）方法创建服务器对象 App。

③调用 get（）方法定义 get 路由。

④调用 listen（）方法监听端口。

（2）Express 框架的功能。

①设立中间件响应 HTTP 请求。

②执行基于 HTTP 方法和 URL 不同动作的路由。

③允许动态渲染基于参数传递给模板 HTML 页面。

（3）Express 中间件。中间件特指业务流程的中间处理环节。本质上就是一个 function 处理函数 Express 中间件的调用流程：当一个请求到达 Express 的服务器之后，可以连续调用多个中间件，从而对这次请求进行预处理，如图 7-7 所示。

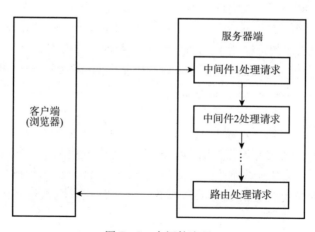

图 7-7　中间件流程

中间件的功能如下：

①路由保护。当客户端访问登录页面时，可以先使用中间件判断用户的登录状态。如果用户未登录，则拦截请求，直接响应提示信息，并禁止用户跳转到登录页面。

②发布网站维护公告。在所有路由的最上面定义接收所有请求的中间件，直接为客户端做出响应，并提示网站正在维护中。

③自定义404。在所有路由的最上面定义接收所有请求的中间件，直接为客户端做出响应，并提示404页面错误信息。

中间件方法说明见表7-1。

表7-1　中间件方法

方法	说明
get( )	响应用户的 get 请求
post( )	响应用户的 post 请求
put( )	响应用户的 put 请求。通常用于修改数据
delete( )	响应用户的 delete 请求。通常用于删除数据
use( )	处理所有的请求
static( )	响应用户对静态资源的访问

（4）Express 优势。

①简洁的路由定义方式。

②简化 HTTP 请求参数的处理。

③提供中间件机制控制 HTTP 请求。

④拥有大量第三方中间件。

⑤支持多种模板引擎。

6. Sails

Sails 是一个动态、开源的 Web 框架，采用测试驱动进行设计。它的配置 urls 到 Actions 的映射与处理后转向的页面都是采用约定俗成的方式。相关特性如下：

（1）Sails 是基于 Node. js Express 和 Socketio 构建的纯粹的 Javascript。既然是 Node. js 应用建立在 Sails 之上，意味着完全使用 JavaScript 编写。

（2）支持众多数据库。Sails 捆绑了强大的 ORM 即 Waterline，它提供了一个简单的数据访问层，可以使用很多数据库 ORM（Waterline）定义完善的适配器系统，可支持各种数据存储。官方支持的数据库包括 MySQL、PostgreSQL、MongoDB、Redis 和本地磁盘/内存。存在针对 CouchDB、neDB、TingoDB、SQLite、Oracle、MSSQL、DB2、ElasticSearch、Riak、neo4j、

OrientDB、Amazon RDS、DynamoDB、Azure 表、RethinkDB 和 Solr 的社区适配器；适用于各种第三方 REST API，如 Quickbooks Yelp 和 Twitter，包括可配置的通用 RESTAPI 适配器等。

（3）自动生成的 REST API。Sails 附带的 blueprint 可帮助快速启动应用程序的后端，而无须编写任何代码。

（4）轻松的 WebSocket 集成。由于 Sails 翻译了传入的套接字消息，因此它们自动与 Sails 应用程序中的每条路由兼容。

（5）声明性，可重用的安全策略。默认情况下，Sails 以策略的形式提供基本的安全性和基于角色的访问控制，在控制器和 action 之前运行可重用的中间件功能，大大简化了业务逻辑并减少了要编写的代码总量。策略可以与 Express/Connect 中间件互换，这意味着可以插入流行的 npm 模块（如 Passport）。

（6）稳健的基础。Sails 建立在 Node. js 的基础之上，Node. js 是一种流行的轻量级服务器端技术，允许开发人员使用 JavaScript 编写快速可扩展的网络应用。Sails 使用 Express 来处理 HTTP 请求，并包装 Socket. io 来管理 WebSockets。因此，如果应用程序确实需要进行底层编程，则可以访问原始的 Express 或 Socket. io 对象。另一个有用的功能是，现有的 Express 路由在 Sails 应用程序中可以很好地工作，因此迁移现有的 Node 应用程序很容易。

三、前后端分离

初期的软件开发是侧重于后端的，因为互联网初期的页面功能比较简单，只需要做数据的展示，然后提供基本的操作就可以，所以整个项目的重点放在后台的业务逻辑处理上。但是，随着业务和技术的发展，前端功能越来越复杂，变得越来越重要，同时前端的技术栈越来越丰富，导致在开发中遇到的问题就越来越多，解决这些问题的难度就越来越大，前端开发不能像以前那样零散地分布在整个系统架构当中了。前端也应该像后端那样，实现工程化、模块化、系统化。于是成立专门的前端部门，把原本跟后端程序员混合在一起的前端开发统一集中起来，形成纯粹的前端部门。专门去研究开发工程化的前端技术，迭代升级新的技术体系，以解决项目中的问题，适应技术的发展。前端开发需要从之前前后端混合在一起的组织架构当中分离出来，形成独立的前端部门和后端部门。

1. 传统单体结构（图 7 - 8）

（1）前端工程师负责编写 HTML 页面，完成前端页面设计。

（2）后端工程师使用模板技术将 HTML 页面代码转换为 JSP 页面，同时内嵌后端代码（如 Java）前后端强依赖，后端必须等前端的 HTML 开发好之

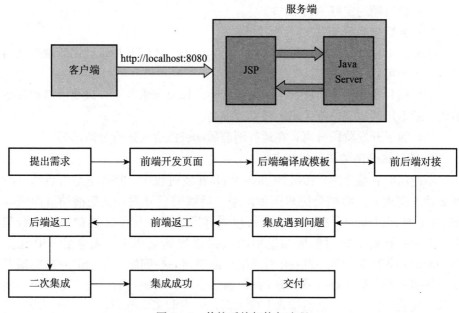

图 7 - 8 传统系统架构与流程

后才能套转换成 JSP。如果需求变更，前端 HTML 要改，后端 JSP 也要跟着变，使得开发效率降低。

（3）产品交付时，要将前后端代码全部进行打包，部署到同一服务器上，或者进行简单的动静态分离部署。

2. 前后端分离架构（图 7 - 9）

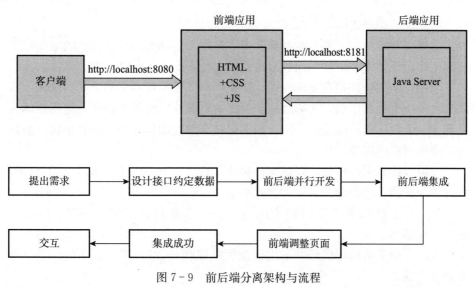

图 7 - 9 前后端分离架构与流程

（1）前后端约定好 API 接口。

（2）前后端并行开发。

①前端工程师只需要编写 HTML 页面，通过 HTTP 请求调用后端提供的接口服务即可。

②后端只要开发接口就行了。无强依赖，如果需求变更，只要接口和参数不变，就不用两边都修改代码，开发效率高。

（3）除了开发阶段分离，在运行期前后端资源也会进行分离部署。

3. 前后端分离架构的优缺点

不使用前后端分离，传统的 Java Web 开发过程中，JSP 不是由后端开发者来独立完成的。前端会把页面做出来，后端需要开发，就把前端页面嵌入 JSP 中；使用其他的 Thymeleaf 模板也同样需要添加标签才能把数据整合起来。因为核心就是如何把后端返回的数据添加到页面中，无论是 JSP 还是 Thymeleaf 模板都一样。如果此时后端页面遇到一些问题，把 JSP 发给前端开发，前端开发人员很难看懂 JSP。此时前端也不好解决，后端也不好解决，沟通和开发效率非常低。前后端耦合度太高，开发起来太麻烦。

前后端分离已成为互联网项目开发的业界标准使用方式。前端只需要独立编写客户端代码，后端也只需要独立编写服务端代码提供数据接口即可。前端通过 AJAX 请求来访问后端的数据接口，将 Model 展示到 View 中即可。前后端开发者只需要提前约定好接口文档（URL、参数、数据类型等），然后分别独立开发即可。前端可以使用示例数据进行测试，完全不需要依赖于后端，最后完成前后端集成即可。真正实现了前后端应用的解耦合，极大地提升了开发效率。

（1）前后端分离的优点。

①提高开发效率。前后端各负其责，前端和后端都做自己擅长的事情，不互相依赖，开发效率更快，而且分工比较均衡，会大大提高开发效率。

②用户访问快，提升页面性能，优化用户体验。没有页面之间的跳转，资源都在同一个页面里面，无刷线加载数据，页面片段间的切换快，使用户体验上升了一大截；前后端若不分离，稍不留神会触发浏览器的重排和重绘，加载慢，降低用户的体验。

③增强代码可维护性，降低维护成本，改善代码的质量。前后端不分离，代码较为繁杂，维护起来难度大、成本高。

④减轻了后端服务器的请求压力。公共资源只需要加载一次，减少了 HTTP 请求数。

⑤同一套后端程序代码，不用修改就可以用于 Web 界面、手机、平板等多种客户端。

（2）前后端分离的缺点。

①首屏渲染的时间长。将多个页面的资源打包糅合到一个页面，这个页面一开始需要加载的东西会非常多，会导致首屏渲染时间很长，首屏渲染后，就是无刷新更新，用户体验相对较好。

②不利于搜索引擎的优化（SEO）。现有的搜索引擎都是通过爬虫工具来爬取各个网站的信息，这些爬虫工具一般只能爬取页面上静态的内容（HT-ML）。而前后端分离，前端的数据基本上都是存放在行为逻辑（JavaScript）文件中，爬虫工具无法爬取，无法分析出网站到底有什么内容，无法与用户输入的关键词做关联，最终排名就低。

③不能使用浏览器里面的前进、后退功能。

④一些版本较低的浏览器对其支持度不足。

四、开发工具

Java 的集成开发工具主要有 IDEA 和 Eclipse。

（一）IDEA

IDEA 全称 IntelliJ IDEA，是 Java 编程语言的集成开发环境。IntelliJ 在业界被公认为最好的 Java 开发工具，尤其在智能代码助手、代码自动提示、重构、JavaEE 支持、各类版本工具（git、svn 等）、JUnit、CVS 整合、代码分析、创新的 GUI 设计等方面，其功能可以说是超常的。

1. 特色功能

（1）智能的选取。在很多时候用户要选取某个方法，或某个循环，或想一步一步从一个变量到整个类慢慢扩充着选取，IDEA 就提供这种基于语法的选择，默认设置了 Ctrl＋W 快捷键，可以实现选取范围的不断扩充，这种方式在重构的时候尤其显得方便。

（2）丰富的导航模式。IDEA 提供了丰富的导航查看模式，例如使用 Ctrl＋E 快捷键显示最近打开过的文件，Ctrl＋N 快捷键显示希望显示的类名查找框（该框同样有智能补充功能，当输入字母后，IDEA 将显示所有候选类名）。在最基本的 Project 视图中还可以选择多种视图方式。

（3）历史记录功能。不用通过版本管理服务器，单纯的 IDEA 就可以查看任何工程中文件的历史记录，在版本恢复时可以很容易地将其恢复。

（4）JUnit 的完美支持。

（5）对重构的优越支持。IDEA 是所有 IDE 中最早支持重构的，其优秀的重构能力一直是其主要卖点之一。

（6）编码辅助。Java 规范中提倡的 toString()、hashCode()、equals() 及所有的 get/set 方法，可以不用进行任何的输入就可以实现代码的自动生成，从而把将用户从无聊的基本方法编码中解放出来。

（7）灵活的排版功能。基本上所有的 IDE 都有重排版功能，而 IDEA 很人性的，因为它支持排版模式的定制，用户可以根据不同的项目要求采用不同的排版方式。

（8）XML 的完美支持。所有流行框架的 XML 文件都支持全提示。

（9）动态语法检测。任何不符合 Java 规范代码、用户预定义的规范、代码累赘都将在页面中加亮显示。

（10）代码检查。对代码进行自动分析，检测不符合规范、存在风险的代码，并加亮显示。

（11）对 JSP 的完全支持。不需要任何插件，完全支持 JSP。

（12）智能编辑。代码输入过程中自动补充方法或类。

（13）EJB 支持。不需要任何插件，完全支持 EJB（6.0 支持 EJB3.0）。

（14）列编辑模式。用过 UtralEdit 的肯定对其列编辑模式赞赏不已，因为它减少了很多重复工作，而 IDEA 完全支持该模式，从而更加提高了编码效率。

（15）预置模板。可以把经常用到的方法编辑进模板，使用时只需输入简单的几个字母就可以完成全部代码的编写。例如，使用比较高的 public static void main（String［］args）｛｝可以在模板中预设 pm 为该方法，输入时只要输入 pm 再按代码辅助键，IDEA 将完成代码的自动输入。

（16）完美的自动代码完成。智能检查类中的方法，当发现方法名只有一个时，自动完成代码输入，从而减少代码的编写工作。

（17）版本控制完美支持。集成了市面上常见的所有版本的控制工具插件，包括 git、svn、github，让开发人员在编程的工程中直接在 intelliJ IDEA 里就能完成代码的提交、检出，以及解决冲突、查看版本控制服务器内容等工作。

（18）检查不使用的代码。自动检查代码中不使用的代码，并给出提示，从而使代码运行更高效。

（19）智能代码。自动检查代码，发现与预置规范有出入的代码则给出提示，若程序员同意修改可自动完成修改。例如，代码"String str＝" Hello Intellij" ＋" IDEA";" IDEA 将给出优化提示，若程序员同意修改 IDEA，自动将代码修改为"String str＝" Hello Intellij IDEA";"。

（20）正则表达式的查找和替换功能。查找和替换支持正则表达式，从而提高效率。

（21）JavaDoc 预览支持。支持 JavaDoc 的预览功能，在 JavaDoc 代码中按下 Ctrl＋Q 快捷键显示 JavaDoc 的相关结果，从而提高 doc 文档的质量。

（22）程序员意图支持。编码时 IDEA 时时检测程序员的意图，或提供建议，或直接完成代码。

2. IDEA 优点

通过以上功能，可以看出 IDEA 优点：

（1）最突出的功能自然是调试（Debug），可以对 Java 代码及 JavaScript、JQuery、Ajax 等技术进行调试。例如，查看 Map 类型的对象，如果实现类采用的是哈希映射，则会自动过滤空的 Entry 实例。

（2）需要动态 Evaluate 一个表达式的值，如得到了一个类的实例，但是并不知道它的 API，可以通过 Code Completion 点出它所支持的方法。

（3）在多线程调试的情况下，Log on console 的功能可以帮用户检查多线程执行的情况。

（二）Eclipse

Eclipse 是一个开放源代码、基于 Java 的可扩展开发平台。就其本身而言，它只是一个框架和一组服务，用于通过插件组件构建开发环境。平台中的每一个子系统都是一组实现了关键功能的自组织的插件，一些插件使用扩展模型向平台添加了可视化的功能，另外一些提供了能够用来实现系统扩展的类库。

Eclipse SDK 包含了基本的平台部分和两个对于插件开发非常有用的重要工具：Java 开发工具（Java development tools，JDT）实现了一个完整的 Java 开发环境，插件开发环境（plug-in developer environment，PDE）提供了简化插件和扩展点开发的专门工具。

Eclipse 平台结构如图 7 - 10 所示，包括：

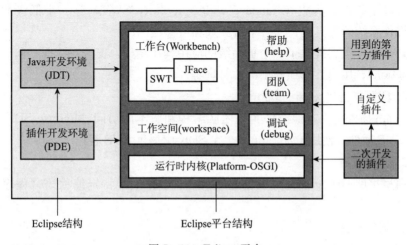

图 7 - 10　Eclipse 平台

1. 运行时核心（runtime core）

平台运行时，核心实现了一个运行时引擎、运行基础平台、动态发现和运行插件。插件就是一个用 OSGI 清单文件（manifest. mf）和一个插件清单文件（plugin. xml）描述的具有组织结构的组件，Eclipse 平台维护了一个所安装插件以及其所提供功能的注册表。

由于运行时的存在，用户只要不使用所安装的插件就不会占用内存和产生性能损失，插件可以安装和添加到平台的注册表，但是，除非用户使用到插件提供的功能，插件就不会激活。

Eclipse 平台运行时是使用 OSGI 服务模型实现的，对于一般应用程序开发者来说，Eclipse 运行时的实现细节或许不是很重要。但是，熟悉 OSGI 的开发者会发现 Eclipse 插件实际上是一个 OSGI 束（bundle）。

2. 资源管理

资源管理插件定义了一个通用资源模型来管理工具插件的制品（artifacts）。插件可以创建和修改项目、文件夹和文件，组织和存储磁盘上的开发制品。

3. 工作台 UI（workbench UI）

工作台 UI 插件实现了工作台 UI 并定义了一些扩展点，使得其他的插件可以添加菜单和工具栏动作、拖曳操作、对话框、向导及定制的视图、编辑器。

还有一些 UI 插件定义了帮助开发用户界面的框架。这些框架用来开发工作台本身。使用这些框架不仅简化了插件用户界面的开发，还确保不同插件具有一个共同的外观和层次一致的工作台集成。

标准小部件工具集（standard widget toolkit，SWT）是一个低级的、独立于操作系统的工具集，支持平台集成和可移植 API。

JFace UI 框架提供了一个更高级的应用程序结构，支持对话框、向导、动作（action）、用户首选项和小部件管理等。

4. 团队支持（team support）

Team 插件允许其他插件实现团队编程和版本库访问。Eclipse SDK 包含一个 CVS 插件，使用 team support 在 SDK 中提供 CVS 客户端支持。

5. 调试支持

通过扩展 Debug 插件可以创建新的插件，来实现特定编程语言程序的启动和调试。

6. 帮助系统

帮助插件实现了一个平台优化的帮助 Web 服务器和文档集成基础工具，

定义了一些能够帮助其他插件实现帮助和插件文档的扩展点。帮助系统提供的文档 Web 服务器包含了一些特定的工具，允许插件能够使用逻辑的、基于插件的 URL 的方式引用文件，而不是通过文件系统 URL。还有一些插件在产品的级别上提供了帮助文档的支持。

7. Java 开发工具（JDT）

Java 开发工具（JDT）扩展了平台工作台（platform workbench），为编辑、查看、编辑、调试和运行 Java 代码提供了特定的功能特性。JDT 作为一个套插件包含在 Eclipse SDK 中。

8. 插件开发环境（plug-in development environment，PDE）

PDE 提供了自动化创建、修改、调试和部署插件的工具。PDE 也是作为一个套插件包含在 Eclipse SDK 中的。

Eclipse 体系结构包括 Eclipse 平台、JDT 和 PDE，它们都以插件的形式插在 Eclipse 平台上，JDT 扩展的平台工作台提供了编辑、查看、编译、调试和运行 Java 代码的专门功能部件。PDE 提供了用来自动创建、处理、调试和部署插件的工具。

第二节　移动应用开发

目前，移动应用开发主要有 3 种方式：原生 App 开发、Web App 开发和混合 App 开发。

一、原生 App 开发

（一）Android 原生 App

开发原生 App 需要根据运行的手机系统采用不同的开发语言，开发 Android App 需要的开发语言是 Java 和 Kotlin，还需要熟悉 Android 环境和机制：

（1）开发环境主要有 Android Studio 和 Eclipse。Eclipse 在上一节已经介绍，可以让开发人员比较容易地开发出功能比较强大、带有人机交互功能的应用程序。Eclipse 开发平台主要包括工作台窗口、菜单栏、工具栏、工作台页、编辑器、视图、状态栏等工作区。

Android Studio 是一个全新的安卓开发环境，基于 IntelliJ IDEA，类似 Eclipse ADT，它提供了集成的安卓开发工具。相比较以前的 Eclipse，它自己内部就集成了 SDK 等，方便开发。通常情况下，在正常安装 JDK 后，继续安装 Android Studio，便可直接使用了。使用 Android Studio 搭建安卓开发环境，方便、快捷。因为 Android SDK 等下载已经集成到 Android Studio 的安装中。

（2）数据结构，App 的某些功能涉及算法，所以要有一定的数学基础。

（3）Android SDK、API 接口开发，包括自行开发 API 的能力和调用第三方 API 的经验。

（4）网络协议，包括 TCP、IP、Socket 等。

（5）服务器技术，WebService 相关知识和相应的开发语言，常用的有 PHP、JSP、ASP. net。

除了这些功能基础，App 开发还涉及 UI 设计、框架、性能优化、调试适配等。

（二）iOS 原生 App

iOS 原生 App 目前主流开发语言有两种：Objective-C 和 Swift。

1. Objective-C

Objective-C 是扩充 C 语言的面向对象编程语言。它主要适用于 Mac OS X 和 GNUstep 这两个使用 OpenStep 标准的系统，是开发苹果系统 App 的主流编程语言，开发者一般用苹果公司的 iOS SDK 搭建开发环境。iOS SDK 是开发 iOS 应用程序中不可少的软件开发包，提供了从创建程序到编译、调试、运行、测试等多种开发过程中需要的工具。

Objective-C 是非常实用的语言。它是一个用 C 语言写成的很小的运行库，令应用程序的尺寸增加很小，与大部分 OO 系统使用极大的 VM 执行时间会取代了整个系统的运作相反，Objective-C 写成的程序通常不会比其原始码大很多。而其函式库（通常没附在软件发行本）也与 Smalltalk 系统要使用极大的内存来开启一个窗口的情况相反。因此，Objective-C 完全兼容标准 C 语言［C++对 C 语言的兼容仅在于大部分语法上，而在 ABI（Application Binary Interface）上，还需要使用 extern "C" 这种显式声明来与 C 函数进行兼容］，而在此基础上增加了面向对象编程语言的特性以及 Smalltalk 消息机制。

Objective-C 是编写以下应用的利器：

（1）iOS 操作系统。

（2）iOS 应用程序。

（3）iPad OS 操作系统。

（4）iPad OS 应用程序。

（5）Mac OS X 操作系统。

（6）Mac OS X 上的应用程序。

Objective-C 的流行归功于 iPhone 的成功。编写 iPhone 应用程序的主要编程语言是 Objective-C。

2. Swift

Swift 是苹果于 2014 年 WWDC 苹果开发者大会发布的新开发语言，可与 Objective-C 共同运行于 macOS 和 iOS 平台，用于搭建基于苹果平台的应用程序。

Swift 是一款易学易用的编程语言，而且它还是第一套具有与脚本语言同样表现力和趣味性的系统编程语言。Swift 的设计以安全为出发点，以避免各种常见的编程错误类别。主要功能特点如下：

（1）语法简便。Swift 是编程语言的最新研究成果，结合了苹果平台构建中的数十年的经验。被命名参数直接从 Objective-C 中获得，并且以一种更加简明的语法使得 Swift 中的 API 易读和维护。

推断类型使代码更干净，不易出错，而模块消除了头，并提供命名空间。内存自动管理，甚至都不需要输入分号。

（2）Swift 特有许多其他的功能，能开发出更传神的代码：

①闭包的统一与函数指针。

②元组和多个返回值。

③泛型。

④快速而简洁的迭代范围或集合。

⑤支持的方法、扩展的协议结构。

⑥函数式编程模式，如映射（mapping）和过滤器（filter）。

（3）互动游乐。Swift Playgrounds 使编写语言代码变得更简单、有趣。输入一行代码后，其结果能够很快地出现。如果代码运行超时，如存在循环，可以通过时间轴辅助观察其执行过程。时间轴在一个图中显示了变量，每执行一步便组成一幅画面，可以播放生动的 SpriteKit 场景。当在 Playgrounds 上完成了代码后，可以简单地移动到工程里的代码中。Playgrounds 可以：

①设计一种新的算法，观察它每一步执行时的结果。

②创建新的测试，在使用测试工具前，先检验这些测试结果。

③试验新的 API 来提高 Swift 编码技巧。

（4）Read-Eval-Print-Loop（REPL）。Xcode 中的调试控制台包括了 Swift 语言内置的交互版本。使用 Swift 语法验证并与所运行的 App 进行交互，或者编写新代码来查看它如何在脚本环境中运行。这可以在 Xcode 控制台或者终端中操作。

（5）为安全设计。Swift 消除了所有不安全代码的类型。变量在使用前总会被初始化，数组和整数会被检查是否溢出，而且内存被自动管理。语法使得定义内容时非常简单，如简单的 3 个字母的关键字即可以定义变量（var）或者常量（let）。

（6）高效强大。Swift 是为高效而强大的编程而创建的语言。使用高性能的 LLVM 编译器，Swift 代码能够转化为优化过的本地代码，适用于现代的 Mac、iPhone 和 iPad 的硬件。语法和标准库也非常简洁，让编程的流程大大缩短、简化。

Swift 从 C 和 Objective-C 中汲取了最好的特性，也包括很多其他语言的特征，如类型、流控制及操作符。它也提供基于对象的特性，如类、协议及泛型，带给 Cocoa 和 Cocoa Touch 开发者所需要的性能。

3. Swift 比 Objective-C 的优势

（1）Swift 容易阅读。不再需要行尾的分号和 if/else 语句条件表达式的括弧。Swift 中方法和函数的调用不再互相嵌套成中括号（[]），而是使用行业标准，在一对括弧内使用逗号分隔的参数列表。这就使得 Swift 语句和语法更加简洁、干净，富有表现力。

（2）Swift 更容易维护。Xcode 编译器能够自动找出并完成需要的增量构建，将 Objective-C 的头文件（.h）和实现文件（.m）组合在一个单独的（.swift）程序代码文件中。

（3）Swift 更加安全。Swift 的宗旨是提高 iOS 产品的代码安全性。包括类型安全性和内存安全性。类型安全性意味着语言本身可以防止类型错误。内存安全性的重要性在于，它有助于避免与空指针或未初始化的指针相关联的漏洞。对于 Objective-C，这些类型的错误是开发中最常见的错误，很难发现和调试，而 Swift 不使用指针，大大节省了修复有关来自 Objective-C 指针逻辑的 bug 时需要耗费的时间和金钱。

（4）Swift 代码更少。Swift 减少了重复性语句和字符串操作所需要的代码量。在 Objective-C 中使用文本字符串将两块信息组合起来的操作非常烦琐，Swift 采用当代编程语言特性，如使用"＋"操作符将两个字符串加在一起。简洁的语法可以省去大量冗余代码。

（5）Swift 速度更快。Objective-C 是一门动态语言，很多方法需要在运行时才可以确定，Swift 不一样，Swift 将很多在运行时才可以确定的信息在编译时就决定了，大大减少了运行的工作量，让 Swift 更加快速。

二、Web App 开发

Web App 是为了实现一套前端代码编译成多个类型的终端应用（Web 页面、手机 App）。iOS/Android 的内置浏览器是基于 webkit 内核的，所以在开发 Web App 时，多数使用 HTML 或 HTML5、CSS3、JavaScript 技术做 UI 布局，使其在网站页面上实现传统的 C/S 架构软件功能，服务端技术用 java、php、ASP。现在也有很多一键生成 webApp 的平台，如百度 siteApp；移动开发平台 APICloud，APICloud 平台提供基于腾讯 x5 浏览器引擎生成 Web App，因为移动端的超级流量入口微信/手机 QQ 等用的也是腾讯 x5 内置浏览器，所以用腾讯 x5 浏览器生成的 App 在移动页面展示时适配于微信的浏览体验，这样可以帮助 Web App 引流。

常用的开发架构是 uni-app。uni-app 是一个使用 Vue.js 开发所有前端应用的框架，开发者编写一套代码，可发布到 iOS、Android、Web（响应式），以及各种小程序、快应用等多个平台。

（一）uni-app 的优点

1. 跨平台发行，运行体验更好

（1）与小程序的组件、API 一致。

（2）兼容 weex 原生渲染，开发效率高。但是，由于 weex 缺陷比较多，建议还是使用局部渲染优化。

2. 通用前端技术栈，学习成本更低

（1）支持 vue 语法，微信小程序 API。

（2）内嵌 mpvue。

3. 周边生态丰富

（1）支持通过 npm 安装第三方包。

（2）支持微信小程序自定义组件及 JS SDK。

（3）兼容 mpvue 组件及项目（内嵌 mpvue 开源框架）。

（4）App 端支持和原生混合编码。

（5）插件开发者可以像开发 uni-app 项目一样编写一个 uni _ modules 插件，并直接上传至插件市场。

（二）功能框架

uni-app 功能框架见图 7 - 11。

图 7 - 11　uni-app 功能框架

三、混合 App 开发

混合开发中主流的是以 Web 为主体型的开发，即以网页语言编写，穿插 Native 功能的 hybrid App 开发类型，网页语言主要有 HTML5、CSS3、JavaScript。Web 主体型的 App 用户体验好坏取决于底层中间件的交互与跨平台的能力。国内外有很多优秀的开发工具，如国外的 AppmAkr、Appmobi，国内的 APICloud，APICloud 的底层引擎用 Deep Engine，使用半翻译式原理，将运行中的 Web 翻译成 Native API，并且支持扩展 API，开发时可调用由原生语言开发的功能模块，以此达到媲美原生 App 的用户体验，同时节省开发时间。

第八章

基于区块链的食用菌工厂化
追溯系统研发

食用菌工厂化追溯系统主要是对食用菌从生产、加工、运输到销售过程中，通过物联网等各种采集方式，把食用菌的生产信息、加工信息、运输信息以及销售信息按照一定的格式和方式存储并进行管理。通过追溯系统，向消费者展示食用菌的详细信息，增加消费者的信任度，实现食用菌安全消费，提升企业品牌。当出现食用菌质量安全事件时，执法机构可以追溯到问题环节，确定责任主体。基于区块链的食用菌工厂化追溯是在追溯系统中引入区块链技术，利用区块链的去中心化、不可篡改、可追溯等特性，保证了食用菌追溯系统的追溯信息真实透明，实现了有效追溯的真实性和可靠性。

第一节　系统总体架构设计

一、系统物理架构

基于区块链的食用菌工厂化追溯系统是一个典型的联盟链，参与方包括食用菌工厂化生产企业、加工商、物流商、销售商以及监管部门，如图 8-1 所

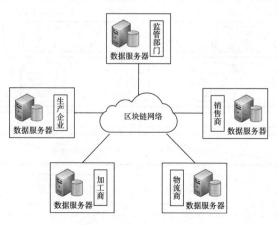

图 8-1　追溯系统物理架构

示。生产企业、加工商、物流商、销售商以及监管部门共同构成了区块链共识网络，每个联盟方运行一个数据库服务器，各方对应的数据互不相见，并且数据进行修改、更新等操作需要各方共同制定，任一方的数据丢失或者损坏可以快速地从其他方恢复，从而维护了各参与方对数据更改的权利。

二、系统逻辑架构

基于联盟链技术，对食用菌追溯系统的架构进行设计，如图8-2所示。该

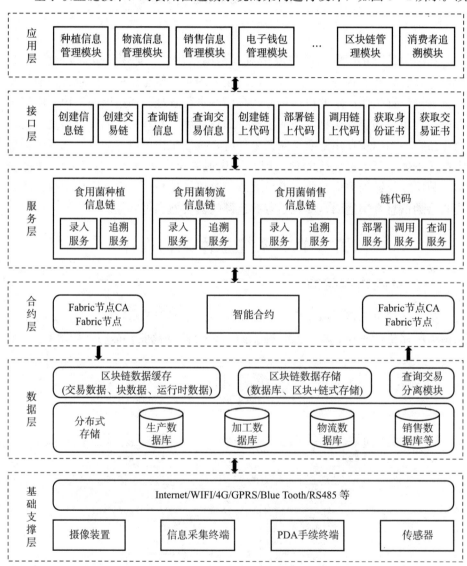

图8-2 系统逻辑分层架构

架构可分为 6 层，自下而上分别是基础支撑层、数据层、合约层、服务层、接口层和应用层。

1. 基础支撑层

包括传感器、信息采集终端、摄像装置、PDA 手续终端等信息采集以及 Internet/Wi-Fi/4G/GPRS/Blue Tooth/RS485 等信息传输设备。

2. 数据层

包括生产数据库、加工数据库、物流数据库和销售数据库等分布式数据库，以及 Hyperledger Fabric 区块链数据和查询及交易数据库。分布式数据库用来专门存放平台多个物理节点的数据，Fabric 区块链数据里面存放着平台内部业务逻辑共享的数据，查询交易数据保存在状态数据库中。这样做不仅解决了区块链存储庞大的数据问题，还有利于用户对数据的管理和维护。可在多个物理节点进行分布式存储，再通过共识算法同步和协调，保证各节点数据的一致性。

3. 合约层

主要存放平台的智能合约部分，负责直接与 Hyperledger Fabric 区块链进行交互。Fabric 系统的智能合约用 Go 语言进行编写，通过智能合约可以指定 Fabric 节点和 Fabric CA 节点参与到交易流程中来。

4. 服务层

主要包括 3 个主要的业务链，即食用菌种植信息链、物流信息链及销售信息链的录入与追溯。链代码由 Go 语言实现，包含主要的业务逻辑，负责区块链账本的更新及查询等相关操作，而且服务层提供链代码的部署及调用等操作。此外，农产品追溯系统包含基于 PKI 体系的权限管理，主要通过对获得许可的节点颁发证书等手段完成节点的身份认证，保证操作安全可控。

5. 接口层

主要对外提供操作区块链的接口，在区块链和系统应用之间建立连接。接口层主要使用 Java 语言编写，对系统应用提供链代码的部署及调用，获取相关证书、信息链和交易链的相关操作。追溯系统接口层主要包括了 chaincode 接口和 Java-SDK 接口，chaincode 接口包含在 Fabric 下的 stub 包中，主要辅助开发人员对智能合约进行业务逻辑的开发；SDK 接口用于与区块链网络进行交互，系统通过 SDK 对区块链网络进行初始化、链代码部署等操作。

6. 应用层

应用层主要包括食用菌信息管理模块、投诉模块以及消费者追溯模块，主要完成系统前端显示及功能展示，是用户通过登录可直接操作的。前端主要采用 Ajax 技术完成与接口层数据的交互，来展示在区块链上查询到的食用菌信息。

第二节 系统功能模块设计

一、区块链客户端功能设计

1. 区块链客户端主要功能

区块链客户端主要功能如下：

（1）发送请求。区块链客户端的主要任务是完成与底层区块链网络进行通信，要完成通信就需要构建请求来实现交互。请求主要有两种形式：一种为查询请求，查询请求无额外开销，只需在区块链中执行内置查询；另一种为交易请求，此请求主要执行用户编写的链代码，执行特定的业务逻辑，实现特定的功能。

（2）通道管理。区块链客户端可对区块链底层网络实现创建通道、节点加入通道、通道配置等功能；另外，区块链客户端应该序列化已创建的通道，为了发送交易请求时，不需要重启区块链网络。

（3）配置节点信息。对区块链网络中的节点信息进行配置，主要包括节点IP地址、节点所属通道等信息。只有配置正确的信息后，客户端才能与节点进行网络交互。

（4）链代码部署。主要是链代码的安装及链代码的实例化等操作。主要完成将包含特定业务逻辑及功能的链代码安装部署到区块链网络中。

2. 区块链客户端与节点交互

区块链客户端与节点交互过程如图8-3所示。从图8-3可看出，区块链客户端若想对账本进行相关操作，就必须在CA证书管理节点获得许可及相应的身份证书，而CA节点在颁发相应的证书后就不再参与网络交易。客户端获得证书后会加入区块链网络的应用通道，通过提交交易提案给相应的背书节点，来向账本请求交易。

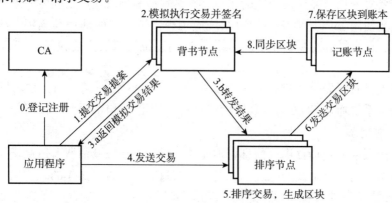

图8-3 区块链客户端与节点交互过程

背书节点收到客户端的请求，会对其进行 ACL 权限检查及合法性检查。检查通过后，则会进行模拟交易，对交易导致的账本状态变化进行背书。背书节点背书完成后，会将信息返回给客户端，客户端收到足够多的背书支持，会通过背书构造交易请求，将其发送给排序节点。

排序节点会对收到的交易进行排序处理。排序节点全局排序网络中的合法交易，并将排序后的交易生成区块结构。生成区块结构后，记账节点会定期从排序节点获取排序后的区块结构，然后进行读写集合版本是否匹配及签名是否完整等检查。检查通过后执行相应的操作，将结果写入账本，由记账节点构建区块。客户端若想获知交易是否成功，可通过事件监听网络的消息。

区块链网络跟客户端进行交互时，就将对应的用户和组织的信息都映射到后端客户端实体里，即在区块链网络与客户端之间加了中间层，与前端直接进行通信的是映射后的实体。在发送查询及交易请求、通道管理的时候，实体中的相关属性会被发送到区块链网络中。

区块链客户端若想跟区块链中的管理员及相关节点进行通信，需要提前在客户端中生成相应的实体结构，并根据区块链的配置信息配置节点名称及节点的网络地址等。而且，需要查看节点是否使用证书传输安全协议（CATLS）。若区块链的节点使用了 CATLS，则需配置其相关的证书；否则，直接为组织中的 CA 创建客户端实例即可。

3. 相应的通道创建及配置

相应的通道创建及配置流程如下：先将某一节点设为管理员，因为创建通道只能由管理员完成。另外，需要一个排序节点，可从组织中选取一个排序节点。然后判断是否为第一次创建通道，若不是则需要之前序列化好的通道文件来进行通道创建，否则直接创建。随后将组织中的排序节点及普通节点都加入通道内，并且要设置事件监听通道，将区块链中链代码的执行结果及时返回给客户端，若链代码出现错误，客户端也能迅速获得相关异常。最后，对通道进行初始化（initialize），过程中区块链网络会创建通道。

4. 创建交易请求

创建交易请求具体流程：创建交易请求，在进行链代码的调用设计时需将方法名设置为 Invoke、Init 等。并且链代码的调用参数需要指定为 String 类型的数组，数组中第一个参数指定为用户想要执行的函数名，因 Invoke() 方法内包含所有待调用的函数，所以用户指定的函数名需要与 Invoke() 方法中的链码标识进行匹配。调用函数时，传入的参数值包括在数组中剩余的参数中，与链代码中的函数实现所需要的参数是一一对应的。

二、登录模块设计

系统采用基于 Fabric 框架的区块链技术，农产品种植、物流、销售等信息都存储在区块链中。在系统进行登录时，需要 CA 证书来管理是否有权限查询区块链数据或更改区块链数据等。在调用区块链的所有 API 中都需要此证书，区块链底层网络会验证证书是否正确，即 CA 证书的作用类似于密钥。所以，基于区块链的农产品追溯系统在进行登录时，不仅需要验证用户的用户名和密码是否正确，还需要验证账户的 CA 证书是否有效，验证通过后才能进行后续的查询及修改数据等操作。具体流程分析如下：

（1）在农产品追溯系统的登录界面进行用户登录并获取证书。

（2）用户名与密码是否匹配，是否获得证书颁发机构颁发的证书；否则，对错误进行反馈，流程结束。

（3）用户登录成功后就会进入系统界面，并根据用户的证书获取查询或更改账本的权限。

三、信息管理模块设计

信息管理主要包括食用菌种植信息、物流信息以及产品销售信息等，以种植信息管理模块为例，其功能包括：

（1）添加食用菌信息。系统在食用菌工厂化生产企业登录的情况下，可以录入食用菌生产产品信息、产地信息、生产环节信息等，如产品介绍、名称、规格、净重、产地名称等，以及生产环节的实时信息（如二氧化碳浓度、温度及湿度等）和食用菌的投入品信息（如农药名称及农药使用量等）。

（2）查询食用菌信息。食用菌信息在添加成功后，系统会返回食用菌的追溯码。用户输入食用菌的追溯码完成对食用菌信息的查询。

（3）修改或更新食用菌信息。食用菌的生长环境需要实时监控，二氧化碳浓度、温度等信息也需随时更新到区块链账本中。食用菌生产企业可根据食用菌的名称完成食用菌信息的修改及更新。

（4）更新或修改记录查询。因为信息存储到区块链后就不能进行更改，更改只是在原有区块的基础上进行添加新区块。因此，食用菌信息的所有更新及修改记录都是可被查询到的，用户只需输入产品名称即可查询。

（5）食用菌信息删除。系统为食用菌生产企业提供食用菌信息删除功能，但删除并不会将食用菌的所有信息全部清空，只是增加一个字段全部为 null 的区块，并将删除标志位置为 true。也就是说，即使将食用菌信息删除，其相关的历史区块也是无法删除的，即历史记录还将存在，仍可查询到被删除食用菌的所有历史信息。

四、电子钱包设计

根据区块链的去中心化、去信任等特点完成电子钱包的设计，使用户与用户之间的交易无须经过第三方信任机构，并通过区块链的加密及共识机制等保证交易的安全性。电子钱包模块主要实现如下功能：

（1）钱包创建。管理员在系统中可针对相应用户进行钱包创建，只有完成创建，才可进行充值及转账交易等操作。

（2）钱包转账。不同的用户之间可通过系统进行转账。

（3）钱包充值。管理员根据用户的充值金额来实现对其账户的充值。

（4）余额查询。管理员及用户都可通过系统随时查询余额。

在创建钱包时，管理员在网页前端输入需要创建钱包的用户 ID 和钱包金额，然后前端会将数据发送到后端客户端，后端客户端再对数据进行处理包装，将相关数据包装成对区块链的交易请求，发送给区块链网络。

区块链中的智能合约即链代码会接受交易请求，然后调用链代码的 invoke 方法进行处理，invoke 方法再调用创建钱包的函数，将数据参数进行传递，相应的函数会对钱包进行创建，同时会存储创建记录，将交易类型 Status 设为"充值"，交易时间设置为当前时间戳，交易 ID 为当前交易的 ID，From ID 及 To ID 都设置为用户 ID，Amount 存储钱包创建金额。区块链中的链代码执行完上述操作后，将返回给客户端后端充值成功的消息，后端在对数据进行处理后返回给前端，前端会弹出充值成功的弹窗。

五、区块管理模块设计

为了方便用户对底层区块链网络中的区块及交易的详细信息进行查看，将其在 Web 端进行显示，可对区块的相关信息、交易时间、节点信息及交易发起者等信息进行查询和显示。

以账本查看为例进行分析与设计。Fabric 账本记录着对区块的所有操作，即增加、修改 K-V 数据库中的数据等操作都会以交易的形式进行记录。区块链交易信息的防篡改由区块链的完整性进行保证，因此可以保证区块链中存储的农产品种植等信息的可靠性及真实性，且都可进行追溯。

账本查看主要包括以下功能：将区块链中的所有区块进行显示；查看区块的详细信息，如区块所属通道、区块哈希值、区块所存数据的哈希值及区块创建时间等信息。

第三节　系统数据库设计

现有的区块链追溯系统的存储方式是将农产品各节点的追溯信息直接写入区块链，随着节点数量的增加，交易数据越来越多，区块链存储负载压力也越来越大。由于区块链特有的链式结构，查询效率十分低下；在同一区块链网络的成员都可以访问账本上的所有数据，对于竞争企业来说，存在数据安全问题。为此，设计了"数据库＋区块链"的链上链下追溯信息双存储方法。

将溯源明文信息存储在各节点本地数据库，各自管理；将本地数据存储的溯源信息的每个字段作为字符串直接拼接起来，考虑到存储空间的问题，追溯信息加密中采用了位长较短的 MD5 算法，对于任意长度字符串的输入，经过 MD5 算法会生成一个 32 位十六进制的值，并将哈希计算之后的值写入区块链。查询时，用同样的方式对本地数据库的溯源信息再次进行哈希计算，与从区块链上查询到的哈希值进行对比，验证溯源信息是否被篡改。

根据供应链每个环节的特点，构建了食用菌追溯区块链结构体，确定种植、加工、物流、销售每个阶段追溯记录结构。如图 8-4 所示，将供应链中

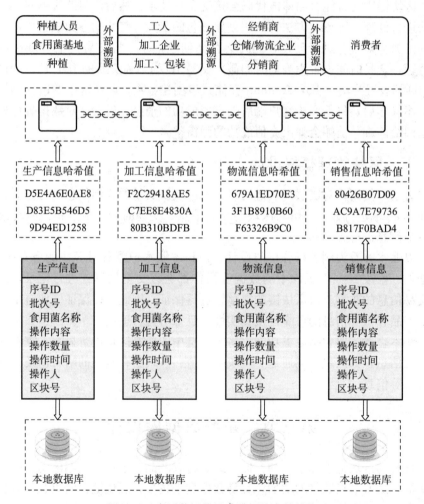

图 8-4　食用菌区块链追溯系统存储结构

的生产、加工、物流、销售信息存储在本地数据库，并通过 MD5 算法对其进行哈希计算，将哈希值存储到区块链系统中，不仅能够验证数据是否能被篡改，还能减小区块链存储负载压力，提高数据隐私安全性。

第四节　追溯系统防篡改详细设计与实现

食用菌区块链溯源防伪流程如图 8-5 所示，溯源信息通过物联网设备或者人工采集，用户将生产、加工、物流、销售等溯源信息存储到供应链各节点本地数据库中，通过 MD5 算法对溯源信息进行哈希计算，将得到的哈希值存储到区块链系统中，并返回其所在的区块号，将区块号更新至本地数据库对应的溯源信息记录中。若需要对农产品信息进行修改，需要对溯源信息的哈希值重新写入区块链，更新其区块号。消费者可以通过扫描二维码从本地数据库中获取溯源信息和区块号，对获取的溯源信息进行哈希计算，并与通过区块号获取存储在区块链上的哈希值进行一致性对比，判断产品溯源信息是否被篡改。

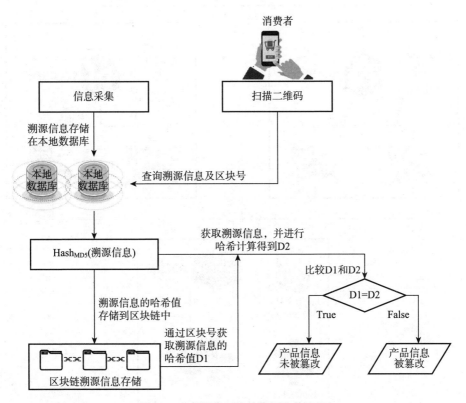

图 8-5　食用菌区块链溯源防伪流程

第五节　系统部署

完成系统开发后，便需将其部署到服务器以提供服务。食用菌追溯系统的系统部署结构如图 8-6 所示，本系统有两台应用服务器，其中一台为数据服

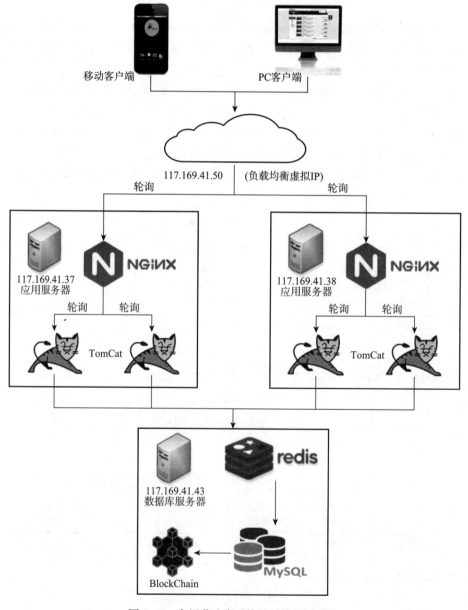

图 8-6　食用菌追溯系统的系统部署结构

务服务器，并且配备负载均衡服务，采用加权轮询机制。客户端的请求会通过负载均衡服务发送到其中一台的 Nginx 服务器，然后由 Nginx 服务器将请求均衡地分配给两台 Tomcat 服务器。两台 Tomcat 服务器分别向 Redis 及 MySQL 发起数据的操作请求。Redis 主要用于保存用户的动态数据，以提升用户认证、权限校验时的速度，MySQL 用于存储整个系统业务相关的所有持久化数据，区块链则用于存储溯源信息，消费者可以通过扫描二维码获取溯源信息和区块号，判断溯源信息是否被篡改。同时，本系统采用每日增量备份、每周全量备份的形式将数据备份到本机。

主要参考文献
REFERENCES

白树锋，2013. 鲁棒性音频水印算法的研究 [D]. 南京：南京邮电大学.

陈红华，田志宏，2007. 国内外农产品可追溯系统比较研究 [J]. 中国农业大学经济管理工程学报（1）：5-6.

陈圣烽，2021. 基于区块链的农产品质量安全追溯平台研究 [D]. 合肥：安徽大学.

陈松，钱永忠，王为民，等，2011. 我国农产品质量安全追溯现状与问题分析 [J]. 农产品质量与安全（1）：50-52.

邓春英，2012. 中国小皮伞属广义球盖组分类学研究 [D]. 广州：华南理工大学.

杜思深，刘晓琪，柳渊，等，2006. 综合布线 [M]. 北京：清华大学出版社.

段钢，2004. 加密与解密 [M]. 2版. 北京：电子工业出版社.

段宏波，赵树平，万端极，2009. HACCP 在乳品工业中的应用 [J]. 农产品加工（学刊）（2）：91-93.

范希文，2017. 金融科技的赢家、输家和看家 [J]. 金融博览（11）：44-45.

冯友谊，2008. 计算机通信技术 [M]. 北京：北京邮电大学出版社.

付金华，2020. 高效能区块链关键技术及应用研究 [D]. 郑州：中国人民解放军战略支援部队信息工程大学.

甘甜，2012. 数字图像大容量信息隐藏和盲水印算法研究 [D]. 南京：南京师范大学.

高莹，吴进喜，2018. 基于区块链的高效公平多方合同签署协议 [J]. 密码学报，5（5）：556-567.

桂小林，2010. 微型计算机接口技术 [M]. 北京：高等教育出版社.

和红杰，2009. 数字图像安全认证水印算法及其统计检测性能分析 [D]. 成都：西南交通大学.

胡敏，平西建，丁益洪，2003. 基于图像 DCT 域的信息隐藏盲提取算法 [J]. 计算机工程与应用（5）：89-91，104.

化希耀，高贤强，陈立平，2015. 基于数字水印的西域文化数字图像版权保护方法研究 [J]. 塔里木大学学报（2）：63-68.

黄容，2011. FC 加密存储交换机的密钥管理系统的研究与设计 [D]. 成都：电子科技大学.

黄婷婷，2008. QR 码识别方法研究 [D]. 长沙：中南大学.

姜利红，潘迎捷，谢晶，等，2009. 基于 HACCP 的猪肉安全生产可追溯系统溯源信息的确定 [J]. 中国食品学报（2）：87-91.

金渊智，2013. 一种 DC 系数的自适应水印算法 [J]. 常州信息职业技术学院学报（3）：

28-30.

李丹丹，2015. 图像密文域可逆信息隐藏技术的研究 [D]. 合肥：合肥工业大学.

李海强，2016. LTE 多模终端的关键技术及系统设计 [M]. 北京：北京理工大学出版社.

李琳，张领先，李道亮，等，2012. 温室智能控制系统适用性评价指标体系选择模型 [J]. 农业工程学报（3）：148-153.

李淑梅，2020. 食用菌电商行业信任提升对策研究：基于消费者信任视角 [J]. 中国食用菌，39（1）：168-170.

李玉，李泰辉，杨祝良，等，2018. 中国大型菌物资源图鉴 [M]. 郑州：中原农民出版社.

梁飞，2021. 信息价值感知、追溯行为与农产品质量安全追溯 [D]. 郑州：河南农业大学.

梁万杰，曹静，凡燕，等，2014. 基于 RFID 和 EPCglobal 网络的牛肉产品供应链建模及追溯系统 [J]. 江苏农业学报（6）：1512-1518.

林梦圆，李惠芳，徐珍喜，2011. 综合布线技术 [M]. 北京：机械工业出版社.

刘恒，2016. 面向多重需求的灵活可配的哈希算法硬件加速器研究 [D]. 杭州：浙江大学.

刘记水，许占伍，孙长杰，等，2015. 食用菌生产安全管理体系（HACCP）的构建与应用 [J]. 食药用菌，23（2）：76-81.

刘培培，王宏霞，2012. 基于 IWT 的自适应迭代混合图像隐藏算法 [J]. 计算机应用研究（4）：1449-1451.

刘宇，2010. 常用加密算法比较研究 [J]. 科技风（19）：280.

陆栋，2015. 试论电子数据取证规则 [J]. 北京警察学院学报（5）：24-29.

陆新泉，李宁，陈世福，2001. 形态、颜色特征及神经网络在肺癌细胞识别中的应用研究 [J]. 计算机辅助设计与图形学学报（1）：87-92.

马金平，陈彦珍，王佳，等，2015. 二维码追溯技术在葡萄栽培及葡萄酒上的研究与应用 [J]. 北方园艺（21）：205-207.

齐林，2014. 面向可追溯的物联网数据采集与建模方法研究 [D]. 北京：中国农业大学.

钱建平，李海燕，杨信廷，等，2009. 基于可追溯系统的农产品生产企业质量安全信用评价指标体系构建 [J]. 中国安全科学学报，19（6）：135-141.

钱亚彬，2015. 基于 RSA 算法的二维码防伪技术在生鲜产品领域的设计与应用 [D]. 郑州：河南大学.

屈晋宇，2014. 结合压缩编码的图像选择加密研究 [D]. 重庆：重庆大学.

饶丰，2013. 基于变换域和自恢复技术的双重水印算法研究 [D]. 南昌：南昌大学.

邵力平，沈瑞祥，张素轩，等，1984. 真菌分类学 [M]. 北京：中国林业出版社.

沈晔，2009. 楼宇自动化技术与工程 [M]. 北京：机械工业出版社.

施荣华，王国才，2012. 计算机通信网络技术及应用 [M]. 北京：中国水利水电出版社.

孙桂明，2007. 基于二维条形码的图形图像处理与应用研究 [D]. 北京：北京工业大学.

孙杨，2013. 基于 MD5 加密算法的系统安全登录研究 [J]. 计算机光盘软件与应用（6）：228-229.

田恩静，2011. 中国球盖菇科几个属的分类与分子系统学研究 [D]. 长春：吉林农业大学.

图力古尔，2012. 多彩的蘑菇世界：东北亚地区原生态蘑菇图谱 [M]. 上海：上海科学普及出版社.

涂植跑，2012. 数码迷彩的信息隐藏技术研究 [D]. 杭州：浙江大学.

汪洋，2021. 基于区块链的农产品质量安全追溯平台的设计与实现 [D]. 大庆：黑龙江八一农垦大学.

王峰，2012. 基于条形码解析技术的 POS 系统设计与实现 [D]. 厦门：厦门大学.

王璜，2020. 中国生猪质量安全追溯体系有效运行研究 [D]. 长沙：湖南农业大学.

王相林，2012. 计算机网络组网与配置技术 [M]. 北京：清华大学出版社.

王协瑞，2006. 网络工程施工 [M]. 北京：高等教育出版社.

王子钰，刘建伟，张宗洋，等，2018. 基于聚合签名与加密交易的全匿名区块链 [J]. 计算机研究与发展，55 (10)：2185-2198.

吴柏钦，侯蒙，2006. 综合布线 [M]. 北京：人民邮电出版社.

谢四连，董辉，许岳兵，等，2015. 微机原理与接口技术 [M]. 修订版. 长沙：中南大学出版社.

徐凯，2008. 图像信息隐藏算法研究 [D]. 贵阳：贵州大学.

徐其江，刘志雯，2016. 基于矢量地图的数字水印算法分析 [J]. 科教导刊（电子版）（上旬）：1.

薛智良，2016. 基于 RFID 的农产品跟踪与追溯系统的设计开发与应用 [D]. 上海：上海交通大学.

杨帅，金帆，2021. 单细菌表型的高通量表征和控制 [J]. 科学通报，66 (3)：367-383.

杨信廷，王明亭，徐大明，等，2019. 基于区块链的农产品追溯系统信息存储模型与查询方法 [J]. 农业工程学报，35 (22)：323-330.

杨祝良，2015. 中国鹅膏科真菌图志 [M]. 北京：科学出版社.

叶云，2016. 农产品质量追溯系统优化技术研究 [D]. 广州：华南农业大学.

尹斐生，2020. 基于可视化技术的食用农产品追溯系统的设计与实现 [D]. 南昌：南昌大学.

于冬菊，2020. 蔬菜供应链质量安全管理体系研究 [D]. 济南：山东大学.

于泽伟，2019. 基于区块链的农产品追溯系统设计与实现 [D]. 大连：大连理工大学.

袁晓辉，付永平，肖世俊，等，2021. 食用菌表型组技术研究进展 [J]. 菌物学报，40 (4)：721-742.

苑超，徐蜜雪，斯雪明，2018. 基于聚合签名的共识算法优化方案 [J]. 计算机科学，45 (2)：53-56，83.

张登银，孙俊彩，2005. 空间域信息隐藏算法性能分析 [J]. 微机发展（12）：53-55.

张戈跃，马令法，2020. 我国食用菌出口贸易中的卫生安全风险及法律防范 [J]. 对外经贸实务，38 (4)：47-50.

张海东，黄树帮，倪益民，等，2015. 智能变电站 ICD 模型文件数字签名设计及应用 [J]. 电力系统自动化（13）：124-128，143.

张海洋，2014. 基于哈希算法的增强编码位图数据方体索引的研究与实现 [J]. 计算机光盘软件与应用（8）：62-63.

张健，刘丽欣，张小栓，等，2008. 肉类食品安全追溯系统中的流程优化建模 [J]. 食品科学（2）：451-455.

张金霞，赵永昌，2017. 食用菌种质资源学［M］. 北京：科学出版社.

张良清，2016. DOS/BIOS 高手真经［M］. 2 版. 北京：中国铁道出版社.

张明，2016. 华南地区牛肝菌科分子系统学及中国金牛肝菌属分类学研究［D］. 广州：华南理工大学.

张瑞丽，2015. 数字签名的相关研究及应用［D］. 西安：陕西师范大学.

张素贞，叶建隆，邹采荣，2011. 织物图像增强技术的研究［J］. 电子器件（4）：473-476.

张兴华，2009. 矩阵式快速 QR 码的研究和应用［D］. 成都：电子科技大学.

赵琨，王稷罡，江中林，等，2014. 基于二维码的蜜饯类产品安全溯源系统的设计与实现［J］. 上海师范大学学报（自然科学版），43（6）：600-604.

赵显莉，2020. 关于食用菌保健功能及保健食品应用与开发［J］. 现代食品，6（15）：134-135，138.

赵哲，2018. 基于区块链的档案管理系统的研究与设计［D］. 合肥：中国科学技术大学.

周乐乐，2017. 基于数字签名的二维码防伪认证技术在农产品追溯体系的应用［D］. 合肥：安徽农业大学.

周立功，2018. 面向 AMetal 框架和接口的 C 编程［M］. 北京：北京航空航天大学出版社.

朱晓晖，2008. 基于多种加密体制的网络信息传输安全技术的应用研究［D］. 贵阳：贵州大学.

卓先德，赵菲，曾德明，2010. 非对称加密技术研究［J］. 四川理工学院学报（自然科学版），23（5）：562-564，569.

Bessette A，Bessette A R，Fischer D W，1997. Mushrooms of northeastern North America［M］. Syracuse：Syracuse University Press.

Chen H，Shen X，Wei W，2009. Digital Signature Algorithm Based on Hash Round Function and Self-Certified Public Key System［C］//International Workshop on Education Technology and Computer Science. IEEE：618-624.

Chen Y，Xie M Y，Zhang H，et al，2012. Quantification of total polysaccharides and triterpenoids in Ganoderma lucidum and Ganoderma atrum by near infrared spectroscopy and chemometrics［J］. Food Chemistry，135（1）：268-275.

Cui B K，Du P，Dai Y C，2011. Three new species of Inonotus（Basidiomycota，Hymenochaetaceae）from China［J］. Mycological Progress（10）：107-114.

Dai Y C，2010. Hymenochaetaceae（Basidiomycota）in China［J］. Fungal Diversity（45）：131-343.

Delgat L，Dierickx G，Wilde S，et al，2019. Looks can be deceiving：the deceptive milkcaps（Lactifluus，Russulaceae）exhibit low morphological variance but harbor high genetic diversity［J］. IMA Fungus（10）：14.

Du X H，Wu D M，He G Q，et al，2019. Six new species and two new records of Morchella in China using phylogenetic and morphological analyses［J］. Cell Cycle，111（5）：857-870.

Eastlake Rd D，Jones P，2001. US Secure Hash Algorithm 1（SHA1）［M］. RFC Editor.

Fanfara P，Dankova E，Dufala M，2012. Usage of asymmetric encryption algorithms to enhance the security of sensitive data in secure communication [C] //IEEE，International Symposium on Applied Machine Intelligence and Informatics. IEEE：213-217.

Kaur B，Kaur A，Singh J，2011. Steganographic Appoach for Hiding Image In DCT Domain [J]. International Journal of Advances in Engineering & Technology，1 (3)：72-78.

Khan A M，Torelli A，Wolf I，et al，2018. AutoCellSeg：robust automatic colony forming unit (CFU) /cell analysis using adaptive image segmentation and easy-to-use post-editing techniques [J]. Scientific Reports (8)：7302.

Khanna N，Nath J，James J，et al，2011. New Symmetric Key Cryptographic Algorithm Using Combined Bit Manipulation and MSA Encryption Algorithm：NJJSAA Symmetric Key Algorithm [C] //International Conference on Communication Systems and Network Technologies. IEEE：125-130.

Knudsen H，Nordica V J F，2012. Agaricoid，boletoid，clavarioid，cyphelloid and gastroid genera [M]. Copenhagen：Nordsvamp.

Largent D L，Baroni T J，1990. How to identify mushrooms to genus VI：modern genera [J]. Mycologia，82 (3)：410.

Lee H，Wissitrassameewong K，Park M S，et al，2019. Taxonomic revision of the genus Lactarius (Russulales，Basidiomycota) in Korea [J]. Fungal Diversity，95 (4)：275-335.

Liimatainen K，Niskanen T，Dima B，et al，2014. The largest type study of Agaricales species to date：bringing identification and nomenclature of Phlegmacium (Cortinarius) into the DNA era [J]. Persoonia (33)：98-140.

Liu Y F，Chen Z，Xiang E，et al，2016. Secure neighbor discovery (SEND) using pre-shared key：US09537872B2 [P].

Ma Y，He H，Wu J，et al，2018. Assessment of Polysaccharides from Mycelia of genus Ganoderma by Mid-Infrared and Near-Infrared Spectroscopy [J]. Scientific Reports，8 (1)：10.

Michael M P，Darianian M，2008. Architectural Solutions for Mobile RFID Services for the Internet of Things [C] //Services. IEEE.

Orton P D，1955. The genus Cortinarius I [M]. London：The Naturalists.

Soop K，2014. Cortinarius in Sweden [M]. 14th ed. Sweden：Éditions Scientrixk.

Wang R Z，Lin C F，Lin J C，2001. Image hiding by optimal LSB substitution and genetic algorithm [J]. Pattern Recognition，34 (3)：671-683.

Wei M G，Geladi，et al，2017. NIR hyperspectral imaging and multivariate image analysis to characterize spent mushroom substrate：a preliminary study [J]. ANAL BIOANAL CHEM，409 (9)：2449-2460.

Whan A P，Smith A B，Cavanagh C R，et al，2014. GrainScan：a low cost，fast method for grain size and colour measurements [J]. Plant Methods，10 (1)：23.

Wu M，Yu H，Liu B，2003. Data hiding in image and video II Designs and applications [M] //Clinical anatomy of the masticatory apparatus peripharyngeal spaces/G Thieme Verlag：696-705.

Xiong B，Wang B，Xiong S W，et al，2019. 3D morphological processing for wheat spike phe-
notypes using computed tomography images ［J］. Remote Sensing，11（9）：1110.

Yu X D，Deng H，Yao Y J，2011. Leucocalocybe，a new genus for Tricholoma mongolicum
（Agaricales，Basidiomycota）［J］. African Journal of Microbiology Research，5（31）：5750-5756.

Zhang Y Q，Wang X Y，2014. A symmetric image encryption algorithm based on mixed linear-
nonlinear coupled map lattice ［J］. Information Sciences，273（8）：329-351.

图书在版编目（CIP）数据

食用菌工厂化生产质量追溯关键技术及应用 / 王风
云等著 . —北京：中国农业出版社，2023.11
ISBN 978-7-109-31469-6

Ⅰ．①食… Ⅱ．①王… Ⅲ．①食用菌－质量管理体系
－中国 Ⅳ．①F326.5

中国国家版本馆 CIP 数据核字（2023）第 219013 号

中国农业出版社出版

地址：北京市朝阳区麦子店街 18 号楼
邮编：100125
责任编辑：冀　刚　　文字编辑：李兴旺
版式设计：王　晨
印刷：北京中兴印刷有限公司
版次：2023 年 11 月第 1 版
印次：2023 年 11 月北京第 1 次印刷
发行：新华书店北京发行所
开本：700mm×1000mm　1/16
印张：16
字数：300 千字
定价：88.00 元